困在大腦裡的人

INTO THE GRAY ZONE

A Neuroscientist Explores the Border Between Life and Death

安卓恩・歐文Adrian Owen／著 王念慈／譯

獻給傑克森

如果我無法親口告訴你這個故事
你可能會看到其中的含義
它一直存在
它一直存在

——披頭四樂團約翰．藍儂和保羅．麥卡尼之創作《*Tomorrow Never Knows*》

目錄

—前言—

探索人腦的灰色地帶

我在艾咪床邊觀察了將近一個小時，才終於看到她在睡夢中靜止不動的身軀做出了一些動作。艾咪現在躺在一間加拿大的小醫院裡，著名的尼加拉大瀑布離這間醫院只有幾英里遠。

老實說，喚醒艾咪的舉動似乎沒什麼意義，甚至可說是有一點無禮。畢竟艾咪已經被診斷為植物人，而植物人雖然仍會有呈現半睡半醒的時候，但這對評估他們的病況來說，並沒有多大的參考價值。

艾咪的動作並不大，僅僅是睜開了雙眼，將頭從枕頭上微微抬起；她就如此渾身僵硬的睜著眼睛，兩顆眼珠漫無目標地盯著天花板緩緩打轉。艾咪豐盈的黑髮被剪的短而有型，就彷彿是剛剛才有人幫她打理過一般。看著艾咪的反應，我心想，她這突如其來的舉動會不會只是大腦神經迴路裡的自主反射？

於是，我望進艾咪的眼裡，在她的眼中，我只看到了一片空洞。那片深沉的空洞，我已經在像艾咪這樣「清醒但沒意識」的病人眼底見過無數次。艾咪對我的對視毫無反應。她只是大大的打了一個哈欠，然後在一陣宛若悲鳴的嘆息聲中，把頭重新倒回枕頭上。

走進「清醒卻沒有意識」的世界

艾咪發生意外已經七個月了，看到她躺在床上的樣子，很難想像意外發生前她曾經是大學籃球校隊的傑出球員，而且對人生充滿願景。意外發生在一天深夜，當時艾咪正和一群朋友從酒吧離開，而她稍早才劃清界線的前男友就杵在酒吧門口等著她，一見到她便猛力推她一把，艾咪重心不穩，當場摔倒，腦袋還不幸撞到了人行道邊緣的水泥磚。

換做是其他人，可能頂多是縫個幾針或是腦震盪，但艾咪卻沒這麼幸運；她的大腦因為這個重擊，撞擊到了顱骨，大腦裡重要區域的神經軸突和血管因為這股強大的撞擊力道出現大面積的受損和撕裂傷。這導致艾咪不僅無法自行進食，更喪失了自主大小便的能力，所以現在所有她維生所需要的液體和營養素都必須靠一個手術植入的胃管來餵食，至於最基本的生理問題也必須仰賴導尿管和尿布來解決。

兩位男醫師步履輕巧的走進了病房，年紀稍長的醫師問我：「你覺得她的狀況怎麼樣？」語畢，目光仍直視著我。

「沒做掃描前我不方便下任何結論。」我回道。

「嗯，謹慎評估是好事，不過依我的判斷，我想她已經處於植物人的狀態！」他的語調果斷，不帶一絲惡意。

我沉默不語，沒有對他的言論做出任何回應。

此刻這兩位醫師才將目光放到艾咪父母——比爾和阿格妮斯——身上，在我觀察艾咪的期間，他們倆人都很有耐心地坐在一旁守候。他們是一對面容端正、年屆五十的夫妻，但他們顯然已經因為艾咪的狀況心力交瘁。當醫師在跟他們解釋艾咪目前的狀況並不能理解話語，或是有記憶、思想和感受，甚至是感覺到歡愉或疼痛的時候，阿格妮斯的手始終緊握著比爾的手。

醫師還委婉地提醒比爾和阿格妮斯，未來艾咪的一生都需要有人二十四小時照料，所以在缺乏進一步的醫療數據支持艾咪的狀況還有轉機的情況下，他們或許應該考慮讓艾咪不要再靠著維生器延續生命，選擇放手讓她告別這個世界；畢竟，艾咪絕對不會想要一直處在現在的這個狀態。然而，艾咪的父母還沒有打算放棄任何有可能挽回艾咪的機會，因此他們簽下了同意書，允許我帶走艾咪，為她做「功能性核磁共振造影」（fMRI），藉以瞭解他們所深愛的女兒，是否還留存在艾咪現在這副看似空洞的軀體裡。

救護車將艾咪送到了安大略省倫敦市的西安大略大學，我在那裡有一間實驗室，專門從事評估有急性腦損傷或是患有神經退化性疾病（如阿茲海默症或巴金森氏症）病人的腦部狀況的研究。透過日新月異的頂尖掃描科技，我們將這些患者大腦裡的活動狀態影像化，從而一窺他們內在無法言喻的祕密世界。**在探尋他們大腦狀況的同時，也可以讓我們理解人體是如何思考和感受外在的事物，又是如何構築起意識和自我認知；這一切都向我們揭示了「人之所以為人」還有「人活著」的必備要素**。

五天後，我再次踏入了艾咪的病房，她的父母比爾和阿格妮斯都在床邊陪著她。看著他們充滿期待望著我的臉孔，我稍微緩了一下動作、深吸了一口氣，然後才向他們宣布這個他們過去一直不敢奢望的消息：「掃描的結果顯示，艾咪並非處於植物人的狀態。事實上，她能感受到外在的一切事物。」

在經過五天的徹底分析研究後，我們發現艾咪不只是活著，她還具有完整的意識。她能夠聽到每一句對話、認出每一位訪客，甚至是專注地聆聽每一個與她有關的決定。只是她就是無法活動她的肌肉，告訴這個世界：「我還活著。我還沒死！」

禁錮的靈魂永遠活著

《困在大腦裡的人》就是一本在講述我們是如何想出該怎樣跟艾咪這樣的人交流的書，這對現代科學、醫學、哲學和法律的影響極為深遠，是一門快速演進的新興研究領域。

在這個探究的過程當中，我們最重大的成果或許就是發現：有百分之十五到二十被斷定跟一顆花椰菜一樣毫無意識的植物人病人，其實還擁有完整的意識，即便他們確實無法對外界任何形式的刺激產生反應。[1]

被診斷為植物人的病人或許能夠睜開眼、發出呻吟，或是偶爾從喉頭擠出一些片段的字句；但他們看起來就像僵屍一般，似乎完全活在自己的世界裡，無法思考，對外界也沒有感覺。確實有許多被確診為植物人的病人就如他們的醫師所言，對外界沒有絲毫反應，也沒有任何思考能力，不過，這當中還是有相當多的人，是處於與「植物人」非常不一樣的狀態：**他們的心智完全正常，但卻只能深沉地飄盪在受損的軀體和大腦中，無法向外界表達自己的想法。**

植物人只是病人意識被困在軀殼裡的其中一種形式，而另一種則是昏迷（coma）。昏迷與植物人的差別在於，昏迷的病人不會睜開雙眼，從外表來看，他們就像是徹底不省人事般。許多家長都耳熟能詳的迪士尼動畫《睡美人》，裡面沉睡的奧蘿拉公主就是處於一種類似昏迷的狀態。然而，在現實世界中，昏迷的畫面大多不可能如此美好，因為昏迷的患者通常都會因為重創出現頭部變形、四肢歪曲、骨頭碎裂和各種使他們身形瘦削的併發症。

某些意識被困在軀殼裡的病人，有時候還是可以透過一些非常小的舉動來跟外界表達他們的意念，比方說移動某一根指頭或是轉動眼球的視線。他們的意識就像在泥沼裡載浮載沉的浮木，有時候會突然從深深的池底浮出表面，短暫的向外界傳遞了一些訊息，然後沒多久又會被拉回深沉的泥沼。

嚴格來說，閉鎖症候群（locked-in syndrome）的病人與植物和昏迷狀態的病人並不相同，因為閉鎖症候群的病人意識完全清楚，而且通常可以眨眼或轉動眼球；單單透過這個微小的眼部動作，這類患者就足以提供我們不少資訊，讓我們了解那些貌似處於植物或昏迷狀態，但在掃描後卻發現他們只是意識被禁錮在身心深處的人，可能有著怎麼樣的感受。

《*ELLE*》雜誌的法國總編尚——多米尼克．鮑比（Jean-Dominique Bauby）就是閉鎖症候群患者的著名代表。鮑比在一次大中風後全身癱瘓，只剩下左眼還能夠活動，之後他在語言治療師的輔助下，靠著眨動左眼完成了《潛水鐘與蝴蝶》（*The Diving Bell and the Butterfly*）這本回憶錄——為此他的左眼眨了多達二十萬下。[2]

鮑比生動地敘述了他當時的感受：「我的心就像蝴蝶一樣輕盈飛舞，有好多事情可做……。我可以去探望我所愛的女人，悄悄貼近她的身邊，撫摸她沉睡中的臉龐。我可以在西班牙建造城堡，掠取金羊毛，勘察亞特蘭提斯，實現童年的夢想，完成成年的雄心壯志。」當然，這個鮑比心中的「蝴蝶」是他的思想，他的思想可以不受生理和軀體的限制，任意遨遊；可是，在此同時，鮑比的身軀卻被拘鎖在「潛水鐘」裡頭，而這個鐵製的沉重潛艙只會帶著他不斷沉入更深更深的無底洞。

她只是無法開口說「我都聽得懂！」

為艾咪做完功能性核磁共振造影幾天後，我又來到了艾咪的病床邊，然後再次坐在她身邊仔細地觀察她，渴望能藉此知道她正在想些什麼，又或者正感受到些什麼。遺憾的是，除了偶發性的肢體抽動和喉頭顫動外，我再也沒有看到她有什麼其他的舉動。

她的狀況和鮑比一樣嗎？她已經進入鮑比不受禁錮和約束的想像國度了嗎？或者，她的內心早已變成一個她無處可逃的煎熬牢籠呢？

經過我們團隊的掃描評估後，艾咪的日常也出現了極大的改變。阿格妮斯幾乎不曾離開她的床邊，總是斷斷續續的朗誦一些文章給她聽；比爾則每天早上都會短暫出現在病房，送上當天的報紙，並且即時向艾咪更新家族裡的大小事。平日病房開始有川流不息的朋友和親戚來探病，週末艾咪則會回家住，親朋好友們也不會忘了要幫她舉辦慶生會。

不僅如此，他們還帶艾咪去看電影。照護她的人員永遠都會記得向她自我介紹，並在靠近她床邊前，就先告知她現在他們是準備幫她洗澡或是換床。從那一刻起，進行任何治療、藥物和療程時，醫護人員都會詳盡地和她解說。就在艾咪的意識被困在軀殼裡長達七個月後，她終於又被當作一個人對待。

其實，我原先並沒有想要一頭栽進這個新興的科學領域，我會踏入這個領域簡直可說是誤打誤撞。儘管如此，當我回首過往，我才發現，之所以我會如此深入探討這個領域，又能夠透過這本書讓我們大家聚在一塊兒，或許都是我人生中錯綜複雜的際遇使然。若要從頭說起我展開這一段探討「意識灰色地帶」的旅程，恐怕得把時間往前推回到二十年前，從一件發生在溫暖七月天，倫敦南部一處綠蔭密布寧靜郊區的黑暗離奇事件說起……。

第 **1** 章

我心中揮之不去的痛

人們既非活著也非死了，只是載浮載沉在兩者之間。
於是，她選擇追隨那位身穿黑色大衣的男人。

——美國民謠教父　巴布·狄倫（Bob Dylan）

人生的際遇難以捉摸

年輕時，我是一名在英國劍橋大學（University of Cambridge）研究人類大腦與行為表現關聯性的神經心理學家，因緣際會之下，當時我和同為神經心理學家的莫琳墜入情網。莫琳是蘇格蘭人，一九八八年的秋天，我們在泰恩河畔新堡（Newcastle upon Tyne）相遇，這是一座距離蘇格蘭邊界僅僅六十英里的英格蘭城市。我之所以會北上到新堡，是因為我實驗室的老闆特雷弗·羅賓斯（Trevor Robbins）派我到新堡大學（Newcastle University）鞏固我們實驗室和莫琳實驗室之間的合作關係，莫琳實驗室的老闆是派崔克·瑞畢特（Patrick Rabbitt），當時他正在進行探討大腦如何老化的創新研究。

在瑞畢特教授實驗室交流實驗技術的時候，莫琳是負責接待我的人，相處的過程中，我很快就被莫琳自然不造作的機智、迷人的栗色秀髮和愛笑的眼睛深深吸引。因此，後來我開始不單純為學術目的地頻繁往返劍橋和新堡，即使在週末擁擠的車陣中，這段路會讓我坐困在我老舊的福特 Fiesta 汽車（它是我領到第一份薪水時，用一千一百英鎊買下的中古車）裡長達六個小時，我仍樂此不疲。

莫琳帶我進入了音樂的另一個世界。

我青春期的時候曾經很迷八〇年代早期那些打扮的奇裝異服的搖滾樂團，這些樂團的成員總是化著誇張的眼線、抹著厚重的髮膠並穿著華麗的服飾，例如亞當和螞蟻樂團（Adam and the Ants）、文化俱樂部合唱團（Culture Club）和頭腦簡單樂團（Simple Minds）就是其中代表。不過，莫琳喜歡的卻是對土地和人文表達深厚情感的凱爾特音樂，像是水男孩合唱團（The Waterboys）、克里斯提·莫爾（Christy Moore）和迪克·高恩（Dick Gaughan），他們的音樂不僅充滿靈魂，更能為人心帶來豐沛的活力，這也是為什麼至今我仍常常聽這類音樂的原因。

過沒多久，我更在莫琳兄弟菲爾的鼓舞下（當時他就住在離劍橋不過四十五英里遠的聖奧爾本斯〔St. Albans〕，常跟我說什麼「一把吉他在手希望無窮」之類的話），買了我人生中的的一把 Yamaha 吉他，而現在這把他親自帶我去挑選的吉他也依舊在我的日常中旁伴著我。

就在我持續於劍橋和泰恩河畔新堡往返幾個月後，我搬到了位於劍橋南方六十英里遠的倫敦居住，一方面是因為我正在研究的患者在那裡進行治療，另一方面則是因為我也開始在倫敦大學（University of London）的精神疾病研究所（Institute of Psychiatry）攻讀博士學位。

在此同時我仍舊保有神經心理學家的身分，受雇於我劍橋的老闆，因此，為了滿足我個人研究的需求和老闆交代的事項，每週數次開車奔走於這兩座城市之間，成了我的家常便飯。

儘管這段日子我過得並不輕鬆，但我對工作的熱情絲毫未減。至於莫琳，這時候她已經辭掉了她在新堡的工作，順利在倫敦覓得新職。我和莫琳一到倫敦就一起買了一間屬於自己的小窩，那是一間位於南倫敦的三樓公寓小套房，步行數分鐘便可到達我和莫琳的主要工作地點：莫茲利醫院（Maudsley Hospital）和精神疾病研究所。

雖然說倫敦大學精神疾病研究所在學術界赫赫有名，但是它「掉漆」的建築外觀實在一點都烘托不出它的盛名，甚至還會讓在裡面工作的人完全提不起勁。

我的辦公室就位在一棟組合屋裡，冬天時屋內寒風刺骨，夏天時又熱到令人大汗淋漓；而且每次我用力關上大門時，整棟建築都會隨之微微晃動。

每一年校方都會向我們開出承諾，說他們會為我們建造新的永久性校舍，讓我們不必再克難地在組合屋裡工作；但是就在我畢業幾十年後回到學校，我卻意外地發現這些組合屋竟然仍在原地屹立不搖，而且讓人不禁莞爾的是，在這些建築裡工作的人很可能正是另一批滿腔熱血的博士生。

岔路的開始

剛跟莫琳在倫敦的小窩展開同居生活時，我們心中當然都有一股難以言喻的歡欣和悸動，只是這樣的浪漫生活很快就被日常中漸增的繁瑣事務占據：平日我們必須駕著車到處探訪分散在整個南倫敦的病人，大把的時間就這麼耗在倫敦無止盡的擁擠車陣中，或是梭巡停車位上。有的時候我老舊的 Fiesta 汽車還會在一大清早的時候鬧脾氣，我和莫琳就必須另外幫它接上電瓶，讓它的引擎可以順利發動——這每一件事都一點一滴侵吞著我們相處的時間。

在莫茲利醫院裡工作，你的思慮幾乎不太可能完全不受到醫院裡的氛圍和景象影響，因為你每天都會接觸到大量患有憂鬱症、精神分裂症、癲癇症或其他精神疾病的病人，看到他們猶如靈魂出竅般的在醫院走廊上四處晃蕩。

對莫琳這樣富有同理心又善解人意的人來說，這樣的環境更是深切地撼動了她，於是她馬上決定接受精神科護士的訓練，親身投入照護病人的行列。

精神科護士無庸置疑是一個崇高的職業，但當時她的這個決定著實讓我嚇了一跳，因為這表示她放棄了在學術界上發光發熱的機會。至此之後，我和她的工作方向就朝著兩個不同的目標前進：她開始在漫漫長夜中，與新同事在醫院裡傾力照護精神病患，而我則在家中挑燈撰寫和反覆修改我的第一篇學術論文，探討移除腦部部分區塊後，對癲癇或惡性腫瘤患者在行為表現上的轉變。

我對這些因為各種事故，傷到大腦結構，進而產生行為變異的患者有著無法抗拒的研究慾望，因為大腦的奧祕和精巧實在令人嘆為觀止。曾經我研究過一名病患，他雖然僅僅是額葉受到輕微的損傷，但他的行為卻因而出現了一連串巨大的變化。

該名患者在大腦受傷之前，旁人都說他是一名「靦腆又謙謙有禮」的年輕人，然而在他的大腦受損後，他卻做出了許多過往他從未做過的脫序行為，例如：當街攻擊路人、任意用油漆毀損公共或是私人建物的外觀、滿口穢語等等。

後來他不受控制的行為甚至變本加厲，他開始用各種近乎瘋狂的方式做出許多令人膽顫心驚的舉動，然而就在一次瘋狂的行動中，他的額葉不幸地又遭遇到更大的創傷。那次他在疾駛的火車上成功遊說了朋友，讓朋友抓著他的腳踝將他倒吊在火車的車窗外，不過在這個過程中，他的頭卻不巧一頭撞上了鐵軌旁的橋墩，導致他的顱部和前額皮質受到極大的損傷，而追根究柢這一切發生在他身上的災難，其實都是源自於一開始那小到不能再小的額葉損傷。

在我研究過的無數個案中，其中一名患有「自動症」（automatism，此類患者會在無意識的情況下做出一些舉動）的年輕男患者最令我印象深刻。自動症患者之所以會無意識的做出某些舉動，通常是因為他們的顳葉和額葉出現了不正常的放電現象，而這股不正常的電流透過神經之間的連結很快就會蔓延到整個腦部，進而吞噬掉大腦正常運作的能力。

每當自動症患者發病時，他們就會墜入某種「意識的灰色地帶」：雖然他們睜著眼睛，做出的行動彷彿也帶有某種目的，但是他們的舉止卻顯得很奇怪。

這些不尋常的舉止常常是某些他們平常就會做的日常活動，像是煮飯、洗澡或是驅車前往熟悉的地方。等患者腦部的放電恢復正常後，他們便會重新恢復意識，但除了感到頭昏腦脹外，他們一點都想不起自己剛剛究竟是做了些什麼事。

我接觸的這名自動症患者外型瘦高，留著一頭不羈的頭髮，在我幫他進行記憶損傷評估時，他就已經有為了治療癲癇動過相關腦部手術的病史。那為什麼我必須為這名患者進行記憶力方面的評估呢？因為當時他涉及了一件謀殺案，並被列為被告。這件謀殺案的受害者正是他的親生母親，警方抵達案發現場時僅有他和他的母親共處一間密室，但他的母親已被勒斃。

由於該名患者本身是個武術專家，又有癲癇症的病史，因此為他辯護的律師提出了「該名病患在案發當下是處於癲癇引發的自動症狀態，才會導致其在完全無意識的狀態下，以一連串的武術技巧勒斃被害人，造成這起不幸的人倫悲劇」的主張，希望法官能藉此從輕量刑（雖然案發現場的一切證據也只能間接證實這名患者是殺害他母親的兇手）。

在我透過當時最先進的機器分析該名患者的記憶力狀態時，我滿心忐忑地坐在最靠近診間門邊的位置——這是我在許多犯罪影集中看到的一種自保方式。老實說，那個時候我甚至巴不得身上能配有武器以備不時之需。我知道從現在的角度來看，我當時的想法實在是有點可笑，但假如你以我當下的處境想想，或許就能明白，當你與一名被控在無意識下，徒手殺死自己母親的嫌疑犯單獨共處一室，是一件多麼令人不安的事！況且，假如他真的在這個情況下殺了他的母親，他能夠因此被判刑嗎？我根本無法斷言。

自動症患者發病時表現出的行為並非是他們潛意識中的衝動，而是一種純粹受到大腦不正常放電所驅策的結果。也就是說，發病時患者完全無法掌控自己的舉止表現，因此假如這名患者過去是名木匠，或許發病時他就會跑去鋸木頭，而不會用空手道的技巧勒斃自己的母親。

「他的大腦有可能再次驅策他重演殺人的行為嗎？」在替他評估的過程中，這個念頭一直盤據在我的腦海中揮之不去。我心想，「在這個房間裡，我身邊有什麼東西可以用來保護自己？」環顧診間，整個空間裡只有一堆堆疊的高高的紙張、書本和進行科學分析的各種器材，除了一支我放在書桌旁的壁球拍，舉目所及整間房裡幾乎沒有一件可以當作自衛武器的東西。

於是我一手悄悄抓著球拍，一邊在腦中仔細地盤算著，如果眼前這名年輕人突然展開攻擊，自己要如何閃避、自保。所幸，直到整個評估結束，都沒有發生任何我預想中的景象：該名患者以忍者般的身手對我展開攻擊，而我則試圖用壁球拍擊向他的頭部，終止他的攻勢。

迥異的發展方向

我很熱愛這份工作，但在此同時，我卻失去了和莫琳之間的交流。就在我們買了倫敦小窩不到一年的時間內，我倆的關係就漸行漸遠。我們的人生走向了兩個完全不同的方向：我選擇繼續在學術界深耕，而她則選擇投入親身照護精神病患的行列；這樣迥異的發展方向亦是導致我們感情生變的主因。我無法理解為什麼她會失去了對大腦運作的好奇心，以及放棄探討疾病和損傷對大腦的影響；我也不明白為什麼她寧願花時間去照顧一個病人，也不願意把這些時間用在找出徹底解決病人問題的方法。

早在很多年前，我就已經下定決心，絕對不要做一個只會依照病人講述的症狀，開立標準處方藥的傳統醫師，而是要做一個致力於解開人類心智運作模式，並且開發新療法的神經科學家。年輕的時候我總以為自己是個「大處著眼，目光長遠」的科學家，認為身為科學家的我們早晚會破解大腦的奧祕，找出治癒巴金森氏症和阿茲海默症等神經性疾病的方法；殊不知現在看來，當時的我充其量只是個充滿理想、抱負又自以為是的菜鳥科學家罷了，人類精密大腦的奧祕哪有這麼容易就被我們這些科學家摸透。

除此之外，年少無知的我也天真的以為，成為一名神經科學研究員可以讓我成為一個功成名就的大人物，因為我的老闆常常派我代他出席許多國外的研討會。在一次舉辦在美國亞利桑那州鳳凰城的學術研討會上，我更深切的感受到我和另外兩名英籍神經科學家在會場裡的炙手可熱。你能夠想像那種飄飄然的感受嗎？在那天之前，我們三人都只不過是個在英國實驗室裡埋頭苦幹、默默無名的小小研究員，但是就在那場研討會上，我們的研究成果卻讓我們一夕之間成了大紅人，宛如在沙漠中挺立的仙人掌般，吸引了會場所有人的目光。

我必須老實說，參與完這些研討會回國後，我的確是有些志得意滿。我和莫琳也因此多次在精神照護和神經學術研究方面產生爭執，畢竟理論派的學術研究和務實派的醫療照護之間本來就存在著微妙的對立關係。

「我不否認這些研究確實很透徹地剖析了這些患者的狀況，」我還記得莫琳當時這麼說，

「但是如果可以把這些資源拿來實質的幫助他們改善眼前遭遇的困境，會是更好的做法。」

「如果我們不去做這方面的研究，那他們所遭遇的這些困境永遠也不會消失！」我反駁道。

「或許幾年後，你的研究的確可以幫助一小部分的人徹底脫離苦海，但是你自己心知肚明，大多數的時候，這些研究很可能都做不出個結果。況且你的所作所為對那些花時間參與你研究的病人根本一點幫助也沒有，卻會讓他們天真的以為你能夠他們的生活變得更好。」

「我都有『明確』的告訴他們，我做的研究不是單純為了讓他們的生活變得更好。」

「是喔？可你不是說你做這些研究都是為了要『消除他們遭遇的困境』嗎？」

我們總是為此展開唇槍舌戰，激辯當中，或許也參雜了一些自古以來就存在於蘇格蘭和英格蘭民族之間的微妙情結。由於蘇格蘭民族一直都覺得自己受到英格蘭人的剝削，所以他們始終覺得英格蘭人是個唯利是圖又冷酷、無情的民族，至於他們蘇格蘭人，則是克勤克儉又熱情、老實。今日再憶起這段往事，我發現，我們對照護與學術研究的論戰，似乎恰好就呼應了這兩個對立已久的民族性格。

最後，在一九九〇年，我遇到了另一個與我志趣相投的人，離開了莫琳。

屋漏偏逢連夜雨，英國的經濟和房價正好也在那時候崩盤，我和莫琳當初用六萬英鎊買下的小公寓，一下子就只剩下三萬英鎊的價值。由於我們有用這間房子貸款，崩盤的房價導致我們的貸款利率漲了一倍之多。因此，儘管當時我們已經分手，也不再住在一起，但為了解決眼前房貸的問題，我們不得不先將這間房子出租給一名巴西籍的朋友。莫琳完全不想插手這件事，所以房租由我收、房貸由我繳，一切有關房子的稅金和維修也歸我打理。我和莫琳之間變得無話可說，我們靠著通信聯絡，但字裡行間也充斥著滿滿的火藥味。

離開莫琳後，我借宿在一位住在北倫敦的朋友家，在交通尖峰時間，從那裡開車到莫茲利醫院探視我的病人需要花上整整一個鐘頭的時間。不僅如此，那位朋友家的前任房客有養貓，在屋裡留下了滿室的跳蚤，這對只能在他家打地鋪的我來說，無疑是一段難熬的日子。

同年，當我持續在南倫敦收案，記錄一個又一個腦損傷患者腦部的狀況和故事時，我母親的健康也陸陸續續出現一些奇怪的徵兆——她開始常常因為不明原因頭痛，舉止也變得古怪。一天下午，她突然一聲不響地外出了幾個小時，返家後，她才告訴家人，她是到附近戲院去看了一場電影。我母親過去幾年都沒有看電影的習慣，可想而知她在日正當中之際，獨自一人去看一場電影的行為，在我們眼中是一件多麼不尋常的事情。

被迫換位思考

由於當時我母親才剛過完五十歲大壽，所以我們的家庭醫師把她頻繁發生的頭痛症狀和一切有違過往習慣的異常舉止全歸因於更年期作祟。

然而，家庭醫師的診斷簡直大錯特錯，情況根本不是那麼簡單。我們直到某天晚上才終於發現，母親的健康狀況其實已經十分危急，那時候我的父母正一起在家裡看著電視。「你覺得那個女人的打扮怎麼樣？」我的父親邊指著電視螢幕裡最左側那個女子的身影，詢問著我母親的意見。「哪來的女人？」我的母親看不到那個女人，事實上，她看不到她左側視野裡的所有事物。

不論究竟是什麼原因讓她開始老是頭痛和做出一些古怪的行為，依當時的情勢來看，那個原因很顯然也正慢慢侵吞了她的視力。於是，她再也無法獨自完成一些尋常小事，例如過馬路，因為對已經徹底喪失左側視野的她來說，這類行動實在是太危險。讓我們試想一下，萬一有一天你失去了某部分的視野（當你頭部面向前方，眼球由左方掃視到右方所能看到的範圍），你眼前看到的景象會是怎麼樣的畫面呢？

你或許會以為，你眼前看到的畫面會在某處出現一片空白或漆黑，但實際上並非如此。我們的大腦非常善於「藏拙」，在這種情況下，它會直接忽略掉我們眼睛看不見的景象，並將我們眼睛看得見的景象重新在大腦裡重組出一個看似完整的畫面。

正因為如此，我才會說讓我母親獨自一人穿越馬路實在是太過危險，因為她根本完全不曉得自己的左側的視野裡到底有些什麼事物。

電腦斷層掃描的影像顯示，我母親的腦袋裡長了一顆混合型膠質瘤（oligoastrocytoma），而且這顆持續長大的惡性腫瘤正不斷壓迫著她的大腦皮質，才會導致她的行為、心情、視力和對一切事物的感知能力出現一連串的變化。這個晴天霹靂的真相，簡直讓我們一家無法承受，尤其是我。突然之間，我腦中浮現一個可怕的念頭：我至親的人生很可能會以這樣糟糕透頂的方式與我的工作產生交集；因為假如我的母親接受手術，並切除掉一部分的大腦，那麼她很可能就會因此成為我的研究對象之一。

然而面對我母親的病況，我不可能還能夠稱職的扮演一名客觀超然的年輕科學家，一瞬間，我也成了一個心急如焚的家屬——此刻我就像在南倫敦拜訪醫院患者時，陪伴在他們身邊的家屬那般心煩意亂。遺憾的是，醫生判定我母親的腦瘤並不適合進行手術，所以她只能靠一次又一次的化療、放療和類固醇藥物來對抗這顆腫瘤。

發現這顆腦瘤後，我母親常頭痛的原因也真相大白。由於腦瘤周圍的組織會出現腫脹的狀況，並擠壓到附近其他的組織，所以我母親的頭自然會因為這股壓力感到疼痛難耐。服用類固醇雖然可以降低腦瘤周圍組織腫脹的狀況、減緩我母親的不適感，但類固醇常見的副作用卻也讓我母親的身體變得浮腫，除此之外，她頭上的髮絲也因為多次的療程一撮一撮的落下。

在這場不幸中的大幸是，我們家有人從事專業的護理工作：我的姊姊在一九九〇年取得了護士執照，並任職於皇家馬斯登醫院（Royal Marsden Hospital）一段時間，這間醫院是倫敦著名的醫療機構，致力於癌症的診斷、治療、研究和相關教育。一九九二年七月，她特地辭掉了工作，親自在家裡照護我的母親。同年七月，我也提交了我的博士論文，整份研究的主題都在探討腦部失能的患者，研究的個案中還囊括了幾名腦瘤患者。

不過，其實在我正式畢業之前，我還必須要邀請相關的評委為我的論文進行審核、口試，整個流程跑下來，可能還需要花上好幾個月的時間。我非常渴望讓我的母親能親眼看到我取得博士學位，但是當時我心裡很清楚，我母親的時日不多了，根本沒有辦法撐到我正式畢業的那一刻。於是，我打了通電話給倫敦大學的行政部門，向相關人員解釋我的情況，懇求他們能夠讓我先取得博士學位的畢業證書。聽完了我的故事和請求，他們毫不猶豫地答應讓我「先畢業」，至於其他尚未備妥的畢業資格，則可以待日後再逐一補齊。

這件事我們從未告訴我母親。畢業典禮時的畫面至今我仍歷歷在目，當天我穿著飄逸的博士長袍，看著她坐在輪椅上，穿著我們為她換上的美麗衣裳，被我的家人推進了典禮現場，雖然當時她或許已經不太曉得自己身處何方。

我和父親合力將她從輪椅抬起，想讓她坐在會場裡的椅子上，跟著大家一同觀禮，不過她全身軟趴趴的，只要我們一鬆手，她的身體便會不受控制的從椅子上滑落。沒有人能肯定的告訴你腦損傷最終會對患者造成什麼樣的後果，所以患者就只能日復一日地默默承受自己生理狀態惡化的事實，並無條件接受自己最終會無法獨立完成那些尋常小事的殘酷現實。

就在畢業典禮那天之後，我母親的意識很快就滑入了灰色地帶，她雖然近在眼前，神智卻不知雲遊何方。我們仍然將她留在家中照護，只是由於當時她的狀態已無法再上下樓梯，加上醫師為她開立的大量止痛藥和鎮定劑常讓她的意識漂浮於半夢半醒之間，所以為了方便照料，我們將一樓餐廳的空間清了出來，將她的臥鋪從樓上房間搬了下來。她的狀況時好時壞，有時候她的腦袋條理分明，認得我們每一個人；有時候她的神智又混沌不明，認不清我們是誰。

我們知道我母親的時間不多了，我在美國馬里蘭州戈達德太空飛行中心（Goddard Space Flight Center）進行博士後研究的哥哥，還特地暫時放下他手上如火如荼進行的研究計畫飛回家裡，好送我母親走完這人生的最後一程。

一九九二年十一月十五日的清晨，我母親安詳的離開了這個世界，從她臨走前的最後幾天到她嚥下最後一口氣的那一刻，我們一家人都在她身邊陪伴著她。

母親過世後，有段日子我並不好受，但就某種層面來說，我母親的死也為我的人生帶來了一些正面的影響。那個時候我已經邁入腦神經研究的第四年，為了研究，過去四年間我會晤過無數的腦損傷病人和家屬，但在我母親生病之前，我根本無法體會家屬眼睜睜看著心愛的人躺在病床上漸漸凋萎的那種感受。我不知道是不是陪伴我母親對抗腦癌的那段經歷讓我更下定決心投入於腦部的研究，但我知道這件事確實讓我在往後面對腦損傷病患和家屬時，更能將心比心的為他們著想；因為我曉得他們正面臨著什麼樣的難關，我想竭盡所能地幫助他們。

在我母親快病逝的時候，其實我就已經取得了到加拿大蒙特婁做博士後研究的資格，於是在我母親辭世後，我便毅然決然地接受了這份出國深造的機會。

飛離英國國土之際，我明白我也同時將我在倫敦窩居的那間破舊小公寓、跟莫琳之間的失敗感情以及我母親在年僅五十歲就死於腦癌的事實拋諸腦後。歷經長途的飛行，當飛機重新落地，降落在加拿大國土之時，我也就此展開了在蒙特婁神經科學研究院（Montreal Neurological Institute）為期三年的博士後研究生活。

正子放射斷層造影

一九九二年底，我正式加入蒙特婁神經科學研究院暨醫學中心這個大家庭，並且很幸運地和麥可・派翠德斯（Michael Petrides）共事。

麥可當時是認知神經科學部（Department of Cognitive Neuroscience）的主任，很熱衷於腦部結構的研究，總是敞開雙臂接納各種最新的研究方法，就為了能夠更清楚的釐清人類大腦心智活動（例如記憶力、專注力和策劃力）的運作模式。

在這三年期間，我們花了很多時間鑽研大腦額葉這個區塊，也記錄下一些大腦各區塊可能發揮的功能，並且設計了許多新穎的實驗，測試大腦不同部位對記憶力的影響。當時我會把我的所有實驗資料丟到 IBM 386 電腦裡，讓它用程式幫我歸納、整理實驗的數據—儘管 IBM 386 電腦是那時候最先進的電腦，但以現在的標準來看，它的性能簡直是差到不行。[1]

一九九二年這一年，恰好也是學術界開始頻繁利用「正子放射斷層造影」（positron-emission tomography，PET）做研究的分段點；這樣的轉變，有一部分原因大概得歸功於電腦運算工業的興起，因為如果沒有電腦用程式幫我們歸納、整理龐大的腦部數據和影像，光靠人力根本很難利用「正子放射斷層造影」這門技術分析出什麼資訊。舉凡哈伯太空望遠鏡（Hubble Space

Telescope）的發射，到人類基因組計畫（Human Genome Project）的進行，電腦已經改變了每一種科學的發展方式；當然，我們每一個人也深受這場電腦革命的影響。

自願參與正子放射斷層造影研究計畫的受試者，醫療人員會先在他們體內注入少量的放射性物質，再請他們躺在掃描儀中，聽從我們的指令執行任務（比方說，我們會在他們眼前閃現一張陌生人的照片，請他們記下這位陌生人的容貌），如此一來，掃描儀就可以偵測出腦部在執行特定指令時的活動狀態。[2]

這套檢測的原理十分簡單：由於大腦活動最活絡的區塊耗氧量相對也會比較高，而這些氧氣則仰賴血液來運送，因此在執行任務的大腦區塊血流量自然會變多，掃描儀偵測到的放射能量也會比較大，我們便可以藉由正子掃描儀的偵測，直接繪製出大腦活動時的血液流量變化。這對神經心理學家來說簡直是美夢成真。

至此之後，我們終於不用再老是被動的在實驗室裡等著有哪個病人因為大腦受損，出現了特殊的異狀，才能經由他們的反常推斷出大腦特定區塊的功能。有了「正子放射斷層造影」的幫忙，科學家就能在腦部研究上主動出擊，因為我們就像是有了一副看穿大腦運作的透視眼，只要直接請注射了微量放射物質的健康受試者在掃描儀中執行特定的認知測驗，我們便可以透過掃描儀呈現的畫面，了解大腦各部位在執行任務時的活化狀態。

不僅如此，正子放射斷層造影也證實了不少腦神經科學家早期研究成果的正確性，大大鼓舞了我們的士氣。譬如，在「正子放射斷層造影」應用在腦神經研究的前幾年，我們就已經知道位於大腦底部的梭狀回（fusiform gyrus）和臉部辨識的能力有關；假如病人的梭狀回受損，他們就會深受「臉盲症」（prosopagnosia）所苦：無法辨識任何人臉，即便是他們最親密的家人也不例外。但是就算我們已經有了這個概念，可是當我們利用正子放射斷層造影親眼看到一群健康的受試者，在看到一系列他們熟人的照片時，大腦裡的梭狀回在電腦螢幕上亮起的畫面，還是感到相當震撼。

那個時候，有了正子放射斷層造影這項研究工具的我們，天真的以為，再不用多少時間，我們就可以解開所有蘊藏在大腦裡的祕密，因為這項研究工具看起來無懈可擊；可是很快地，我們就發現正子放射斷層造影在應用上還是有一定的限制。

第一，它會對人體造成輻射負擔。由於每一次進行掃描前，我們都必須為受試者施打少量的放射性物質，儘管這些藥劑的劑量都符合安全規範，但是人體過度暴露在這些物質下，仍可能衍生不好的後果，因此我們必須嚴格規範每一位受試者接受「正子放射斷層造影」的次數，這無疑大大限制了我們在單一個體上解開大腦奧祕的機會。

第二，我們不可能單憑一次的正子放射斷層造影就偵測到受試者腦部血流量變化，因為受試者在執行每一個指令時，其大腦血流量的變化都很細微，所以若要確切描繪出腦部在執行該指令當下發生的變化，我們必定得經由多次反覆的掃描，才可歸納出一個結果。這個反覆掃描的步驟，無可避免地一定會占掉不少受試者可承受的輻射負擔量，再加上大腦在執行任務時的血流量變化實在太過微妙，因此通常我們很難光靠一位受試者的掃描影像就找出我們尋覓的答案；一般來說，要找出一個問題的答案，我們大概都必須動用到多名受試者。

第三個麻煩是，我們的科學結論常常不是出於單一受試者的影像，而是一整群受試者的影像，所以我們在說大腦特定區塊可能扮演什麼樣的角色時，往往只能下這樣的結論：「整體來說，這個群體的大腦影像顯示……。」

正子放射斷層造影的第四個限制是「時間」。由於「正子放射斷層造影」每次掃描的時間落在六十到九十秒之間，所以每次掃描後，你就僅能得到發生在這段時間內的大腦影像，至於其他超過這個時間範圍的大腦活動影像則無法被掃描儀紀錄到。

也就是說，我們必須在這短短的九十秒內，請受試者看著並記下一連串的照片，同時透過掃描儀蒐集他們大腦活動在這九十秒內的變化。

試看，這會是一件多麼不容易的大工程，畢竟我們很難判定在這段短暫的時間裡，他們大腦出現的活動變化，是否真的是因為他們正在看和記這些閃現在他們眼前的人臉圖片，還是因為他們腦中因此想到了其他的人或是其他的事……，這當中有太多太多的變數我們都無法徹底掌握。儘管正子放射斷層造影有如此多的限制，但對當時研究腦神經科學的我們來說，根本瑕不掩瑜，很快地它就成為我們研究上的得力助手，我也陸續設計了不少以它作為研究工具的大腦研究計畫。

我早期的一個研究成果，就是靠著正子放射斷層造影，成功發現額葉的某個區塊是我們擁有組織記憶能力的要素。這個區塊既非大腦儲存記憶的位置，也非大腦形成記憶的部位，它所執行的工作純粹是正確「組織」大腦裡已存在的記憶。[3]

比方說，假如你每天都有開車，請你回想一下今天早上你把車子停在哪裡。請問你是如何想起今天停的位置，而不會和昨天、前天或上週停的位置搞混呢？或許你會說，你會以車位附近的路樹或建築來分辨，但你有沒有想過，你之前很可能也停過同樣的車位，用過同樣的地標來記憶停車的位置，可是為什麼你腦中的記憶卻還能辨別先後順序，不會出現混亂呢？

這是因為你的大腦裡有一個特殊的記憶「決策」機制，因此就算過去的日子裡你已經停過了無數的車位，但你仍可以透過這個機制讓大腦特別記得你「今天」的停車位置。我舉的這個例子，就是我們形成「工作記憶」（working memory）的過程，這種記憶只會短時間的保留在大腦中，等到我們順利利用這段記憶中的訊息完成任務後，就會將這些記憶拋諸腦後（以停車為例，取車之後我們的大腦就不會再清楚記得當日的停車訊息），如此不斷周而復始。[4]

「工作記憶」在我們的生活中無所不在，你能用它短暫背下電話號碼，把號碼鍵入手機；你能用它及時記下擁擠房間內借筆給你的陌生臉孔，把用畢的筆歸還給她；又或者，你可以在今天取車前，用它牢牢記住你今早的停車位置。至今還是沒有人曉得，這些頂多只能暫存在腦海中一天的記憶是怎麼一回事。難道幫助我們完成任務後，就這麼從腦中煙消雲散了嗎？

研究的成果顯示，大腦裡處理這類「工作記憶」的空間有限，假如這類記憶的訊息量過多，大腦就不得不把比較不重要的訊息洗掉，將騰出來的空間優先讓給比較重要的事情使用。後來，許多不同領域的研究都應證了額葉的這個區塊在「工作記憶」方面的功能。於是我們開始用正子放射斷層造影掃描巴金森氏症病人的大腦，試圖釐清他們特別容易在工作記憶方面出現障礙的原因。

他們跟阿茲海默症患者的狀況不同，如果你給巴金森氏症患者看一張他之前從未見過的圖，他們幾乎都能輕鬆記下這張圖的內容。但是，如果你是一次給他們看好幾張圖，然後再特別要求他們記下其中的一或兩張圖片，那麼對他們來說，執行這件事的難度就會大增。為什麼呢？這就跟記停車位的道理一樣。他們的問題不在於記不起這些訊息，而是他們無法從大量的訊息中有條理地汲取出他們所需要的部分。[5]

改變研究理念重心的關鍵

我在蒙特婁進行博士後研究的這三年，仍然努力繳著我在倫敦那間公寓的房貸。不過，我跟莫琳之間幾乎沒有任何聯繫，就算偶有聯絡，我們的對話也都言簡意賅、充滿了敵意。到了一九九五年的時候，我在劍橋的前老闆特雷弗．羅賓斯打了一通電話給我，問我願不願意回國貢獻所學；因為劍橋的艾登布魯克醫院（Addenbrooke's Hospital）新成立了一個腦神經研究單位——「沃爾福森大腦研究中心」（Wolfson Brain Imaging Centre），正需要我這樣的人才。

特雷弗不斷遊說我加入團隊，跟我說該單位有正子放射斷層造影掃描儀等高端儀器，假如我願意接受他們的聘任，將擔任精神病學部的研究人員，在劍橋展開大腦相關的研究，還有機會擁有自己的實驗室、收自己的學生，指導後輩做實驗。

更重要的是，特雷弗說，只要我有心，我很可能能夠因此在劍橋謀得一份更長久的職務，當時我在蒙特婁根本沒有機會擔任什麼長久性的職務。基於種種考量下，一九九六年我重返了我的家鄉——英國。在我離開的這段期間，英國變了很多，尤其是大腦掃描科技方面。

大腦掃描科技在當年已經成了腦神經科學領域研究的必備工具，因為如果你沒有在研究中提出大腦的掃描影像，就無法實質地證明任何理論的真實性；而英國在大腦掃描科技的發展可說是領先各國。儘管如此，在英國還是有些事情沒有發生任何變化，比方說，我和莫琳之間緊繃的關係。我們雙方仍對這段感情難以釋懷，並竭盡所能地避免碰面。

反觀我自己，儘管那個時候我們已經分手了四年，但每當我想起我們曾經共同生活過的那間公寓，以及我們之間那段破碎的關係，還是會覺得既挫敗又疑惑。我總會想，過去我們怎麼會如此相愛，有共度一生的念頭？這一切又是從什麼時候開始變質？是什麼原因讓她的想法出現如此大的轉變？否則原本想法如此投機的我們，怎麼會走到今天這個局面？遺憾的是，即便我想破了頭，也理不出個頭緒。

接著，在一九九六年七月的某天早上，我接到了一通同事打來的電話。他跟我說莫琳出了意外，被人發現倒臥在莫茲利醫院附近陡坡的路上，完全失去了意識，她騎乘的腳踏車則傾倒在她身邊。一開始急救人員以為莫琳只是不小心失速衝撞到路樹，然後在強大的撞擊力道下出現短暫昏迷的狀況。然而，經過一連串進一步的檢查後，醫護人員才發現，莫琳的狀況遠比他們想像的嚴重，而且嚴重的程度非同小可。檢查報告顯示莫琳的大腦有蜘蛛膜下腔出血（subarachnoid hemorrhage）的狀況，除此之外，她腦部的動脈瘤（aneurysm）破裂，導致該條動脈中的血液正從那個縫隙不斷溢流到她的顱腔中。動脈瘤的成因相當複雜，家族史、性別

（常見於女性）、血壓和抽菸都有可能是促成動脈瘤的風險因素。

沒錯，就這樣，我的人生際遇又和我的專業領域以一種前所未見，又糟糕透頂的方式產生交集。在此之前，我曾經評估過許多跟莫琳一樣蜘蛛膜下腔出血的病人，病癒之後，通常會在記憶力、專注力和策劃力方面出現問題，因為蜘蛛膜下腔出血和治療該出血的手術，一定或多或少會對他們往後的人生、思維、記憶和個性造成不可預測的永久性衝擊和改變。

也就是說，我再度面臨了我母親生病時的相同情況：莫琳最終很可能成為我研究計畫中的其中一個研究對象！不幸的是，莫琳動脈瘤破裂的狀況超乎預料的嚴重，很快地，她就被宣判為植物人；同時主治醫師也請我要做好心理準備，因為她的狀況相當不樂觀。雖然這可能不是我第一次聽到「植物人」這個名詞，但絕對是我第一次對這個名詞有如此刻骨銘心的體會。

你能想像這個宣判對我的震撼度嗎？當下我有如五雷轟頂，腦中一片混亂，思緒千迴百轉，這些問題也不斷冒出我的心頭：莫琳到底怎麼了？醫生說的「植物人」又代表了什麼？她這樣算是生還是死？她現在還知道自己身在何方又是誰嗎？儘管她的軀體近在眼前，但她的靈魂卻彷彿已遠走高飛。

她明明就還活著，呼吸和睡眠也都如此規律，可是為什麼我卻已經感受不到她原本的生氣？這一切讓我對莫琳的感覺更加混亂。如果你問我，面對曾經如此親密又如此疏離的人，一夕之間變成了植物人，是怎麼樣的感受？我會說，這個感受真是難以言喻地奇怪。

植物人在適當的照護下可以活相當長的一段日子，就在莫琳腦部受損的幾個月後，她的家人把她轉到了蘇格蘭的照護機構，方便她的雙親就近探視。靠著眾人和機器的協助，食物和水順利的進入了莫琳的體內，支持著她的生命，但她看起來對外界仍沒有一丁點反應。

為了避免久臥產生褥瘡，護理人員常常幫她翻身，儼然成了莫琳生活上不可或缺的小幫手：他們替她洗頭、修剪指甲、用沾有溫水的海綿幫她洗澡，還替她鋪床和更衣，甚至還會跟她說話（每天他們都會充滿朝氣的和她打招呼，並問：「莫琳，今天感覺還好嗎？」）。

週末的時候，他們會幫莫琳打扮一番，安放到輪椅中，推著她去她父母家，而家中其他深愛她的家人則會三不五時到照護機構探視她。

某一天，一個想法突然在無意間閃現我的腦海：會不會像莫琳這種看似對外界毫無反應的病人，其實大腦裡還是有著跟常人一樣的意識。儘管以當時的背景來說，這樣的想法相當荒誕不經，可是就在那一刻，這個念頭卻深植我心。

或許莫琳的不幸正是改變我研究理念重心的關鍵點，她的植物人狀態讓我開始不再汲汲營營地想著該怎麼用最新的科技解開大腦運作的方式，而是把研究的焦點放在該如何幫助病人減緩痛苦上——莫琳如果知道我這麼做，一定會舉雙手贊同我的作法。

過去莫琳曾經多麼推崇這樣的理念，她認為科學家做研究的態度不該淪為「為科學而科學」，而應該以「造福人類」為研究的中心思想。因此，儘管莫琳的遭遇令人心痛，但我想這大概也是我得以實踐莫琳理念的契機。

第2章

首次與處於「意識灰色地帶」的病人交流

我不能再這樣默默聆聽了，現在我必須竭盡所能地向你傾吐心聲。

——英國小說家 珍．奧斯汀（Jane Austen）

接觸真實的「腦」

先來簡單了解一下凱特的個人資料。她二十六歲，是一間托兒所的老師，與男友和一隻貓住在一間位於英國劍橋的小房子裡。不久後的將來，我們將在人生的道路上相遇。

重返劍橋工作後，我在劍橋市中心的北部租了一間便宜的單人套房，那是一個長年潮濕又陰寒的房間，距離我工作的地方約三英里遠，所以每天我都騎著腳踏車通勤。

我無窗的辦公室位在劍橋大學的艾登布魯克醫院深處，擔任的職務則是精神病學部的研究人員，因此除了專心的做研究外，平常我不需要從事任何教學或是行政方面的工作。艾登布魯克醫院新成立的腦神經研究單位「沃爾福森大腦研究中心」是我主要執行研究的地點，只要穿過迷宮般的醫院廊道，大約五分鐘的時間就可以抵達該中心。

「沃爾福森大腦研究中心」在動線的安排上有一個很特別的地方：它把正子放射斷層造影掃描儀放置在與神經加護病房只相隔了幾步之遙的房間。也就是說，假如我們要掃描患者大腦的狀況，只需要推著他們的病床穿過兩扇門，就可以把他們送入掃描儀。

事實上，沃爾福森大腦研究中心創立時秉持的理念就是：「既然病人沒有力氣走到掃描儀前，我們就把掃描儀送到他們的面前！」因為被轉進神經加護病房的患者大多是從重大車禍、嚴重中風或是長時間缺氧（例如心搏停止或是溺水）裡搶救回來的重症病患，所以這種讓神經加護病房與正子放射斷層造影掃描儀比鄰的動線安排，確實能讓研究人員有更多機會透過掃描儀，了解這些臥床的重度腦傷患者腦袋裡的狀況。

我在劍橋沃爾福森大腦研究中心和蒙特婁神經科學研究院暨醫學中心雖然都是在做腦部的研究，但研究的方向卻南轅北轍、各有利弊。在劍橋時，「腦傷」是我研究的重點，但我研究腦傷並非是為了「治療」患者，而是為了透過他們腦部的掃描影像釐清各種腦傷影響行為的路徑和原因，算是一種非常臨床的研究。（不過，其他在劍橋與我共事的同事，倒是皆以「治療」患者為目的；他們大多是醫師，每天都在搶救生命、救治傷患以及幫助病人重返健康。）

反觀在蒙特婁時，我的研究方向比較偏向基礎科學，著重在揭開健康大腦的運作方式以及開發研究大腦的新技術。奇妙的是，儘管我在這兩個機構裡的研究方向迥異，但多虧在蒙特婁神經科學研究院暨醫學中心的研究經驗，為我奠定了良好的大腦學理基礎，因此後來到沃爾福森大腦研究中心做臨床研究時，我才有辦法把這些理論實際應用到臨床上。

大腦成就了我們的樣貌

在蒙特婁神經科學研究院暨醫學中心做博士後研究的時候，我曾經摸過活生生的人腦。因為蒙特婁醫學中心的神經外科醫師在動腦部手術的時候，常會邀請像我們這種專門做腦部研究的科學家入手術房親眼見證他們盈握病人生命的過程：先是剝除頭皮，然後鋸開頭骨，最後拉起腦膜，一顆活生生、隨著脈搏微微跳動的脆弱人腦就坦然呈現在眼前。

回想起來，我初次在蒙特婁手術房裡近距離旁觀神經手術的經驗，完全是因為一場閒聊。那一天我在醫院的員工餐廳裡吃飯，一位神經外科醫師剛好就坐在我旁邊。「你是說，你從來沒有進手術房旁觀大腦手術的經驗？」他說，臉上滿是困惑，不懂眼前這個整天盯著大腦掃描影像看的年輕腦神經科學家，怎麼會從未親眼見過活生生的大腦。「明天我有一場手術，你可以到手術房來旁觀。」

不諱言，比起過去那段只看大腦掃描影像的歲月，這些在蒙特婁手術房裡旁觀的臨場經驗，實在是讓我學到了太多前所未聞的事物。

其中，「你的大腦決定了你的樣貌」是我最深刻的體悟。不論你規劃哪一項計畫、愛上哪一個人，還是對哪一件事感到遺憾……，這一切的行動和感受全都源自於你的大腦；它是體現人類意念的根本，如果沒有了大腦，我們的「自我」也將蕩然無存。如果沒有了心臟，裝上一顆人工心臟，我們還是可以延續過去的理念生活；如果沒有了肝臟或腎臟，靠著醫療設備和接受器官移植，我們還是可以保有原本的個性待人；如果沒有了手、腳、眼睛和其他部位，透過義肢或是其他輔具的幫助，我們還是可以遵從以往的的態度處世。

沒錯，基本上，不管我們失去或替換掉了全身上下的哪一個部位，我們的「自我」都不會因此改變，我們的心智依然能夠繼續承襲過去的經歷，引領我們續寫出獨具個人色彩的人生篇章。然而，大腦卻是唯一的例外。

如果沒有了大腦，我們的「自我」就會徹底灰飛煙滅，當然，對其他人而言，沒了大腦的我們，充其量不過是一具沒有靈魂、徒留形體的空殼。正是蒙特婁手術房裡的震撼教育，讓我真真切切地領悟到了腦神經科學裡最重要的一門學問：我們的大腦成就了我們的樣貌。

在劍橋從事研究工作的時候，我從未進手術房旁觀過，不過卻有另一個特別的經歷。說這件事之前，我必須先簡單向大家說明一下蒙特婁神經科學研究院和劍橋沃爾福森大腦研究中心的研究模式，讓大家對兩者進行研究的方式稍微有點概念。

蒙特婁的研究模式比較簡單，因為我們當時的研究只以健康受試者作為研究對象，旨在釐清正常大腦的功能，屬於很基礎的腦神經研究。畢竟，當時我們對大腦的狀況一無所知，能做的就只是利用正子放射斷層造影掃描儀解開大腦中的祕密。因此在蒙特婁做研究時，我們有一套既定的研究流程：提出問題、設立假設，並設計受試者在掃瞄時執行的任務。

相對來說，我在劍橋做的研究則充滿了不確定性。由於在那裡，我的研究對象都是來自臨床的腦傷病人，他們腦部受損的狀況五花八門，有時候受損的部位甚至還從沒有人研究過，所以我們在進行研究時，很難提前架構出執行研究的方式，只能根據病人的情況，一步一步從無到有的擬定計畫。儘管這樣的研究過程相當艱辛，卻也讓我們在患者身上看到了無限的可能性，凱特正是最好的例子。

何謂「植物人」？

一九九七年六月的某一天，我的同事兼好友大衛・曼能（David Menon）醫師跟我提起了凱特。大衛是專門醫治神經加護病房患者的印度裔神經外科醫師，身材瘦高、充滿魅力又醫術高超。凱特會被送進神經科加護病房起源於一場重感冒。重感冒有時候會導致病人處於一種嚴重的病毒感染狀態——急性瀰漫性腦脊髓炎（acute disseminated encephalomyelitis, ADEM），病人會陸續出現神經系統方面的症狀，例如思緒紊亂、嗜睡甚至是昏迷等；凱特就是這樣。

急性瀰漫性腦脊髓炎會讓病人的大腦和脊髓組織大範圍發炎，損害位在大腦內側的白質（white matter）。雖然大家對大腦白質的熟悉度沒有灰質（gray matter）那麼高，但白質對人體也相當重要。先來介紹一下大家比較熟悉的灰質，它是大腦皮質（cerebral cortex）最外側的一層組織，由無數神經細胞（一種專門傳遞神經衝動的特化細胞）組成，舉凡我們記憶、思考、策畫和執行任何動作，全少不了皮質的幫忙。

至於大腦內側的白質，扮演的角色是讓分處不同區域的灰質得以互通有無的通訊網絡。白質主要由軸突（axon）構成，而大量高度絕緣的軸突聚集在一起的時候，從外觀看來就像是一束複雜、精密的白色電纜。白質之所以是白色，是因為軸突表面有滿滿的脂肪，或者專業一點的說法是，有許多脂肪組成的「髓鞘」（myelin）包覆在軸突的表面。眾所皆知，脂肪是良好的絕緣體。白質裡肩負聯絡各區灰質的軸突有了這些絕緣體的包覆，便可以更快速地傳遞各神經細胞間的訊息；如果沒這些絕緣體包覆，神經細胞的電子訊號很可能在傳訊的過程中出現溢流，導致訊息無法確實傳遞。

現在重新把焦點帶回凱特身上，她被送入艾登布魯克醫院精神加護病房時，大腦裡的溝通網絡已經因白質受損而受到影響，整個人陷入昏迷。所幸，在加護病房裡住了幾個禮拜後，凱特的狀況有了改善：她開始有了睡眠週期，雙眼也不再只是緊閉，偶爾也會短暫睜開，環顧病房的景象。只是，凱特卻彷彿成了一具空殼子，對外界的刺激沒有半點反應。醫生認為是感染讓凱特的大腦徹底地失去了功用，所以即便她仍舊會睜開眼，卻完全不曉得自己是誰、身在何方又發生了什麼事。最後，經過數位醫師的評估後，他們宣判凱特已經成了一名植物人。

面對凱特這樣的植物人，我不知道大衛和我當時怎麼會有掃描她大腦的想法，不過就我個人而言，我想我的這個念頭可能和莫琳脫不了關係。那個時候莫琳被確診為植物人才不到一年的時間，我心中對她的遭遇始終念念不忘，總是希望有朝一日能了解莫琳大腦的狀況。他們說莫琳是植物人，就跟凱特一樣，但是何謂「植物人」？也許，凱特的狀況可以幫我找到答案。

他們看得見！

大衛和我一塊兒討論了能對凱特進行哪些測試，然後我們決定在她躺在正子放射斷層造影掃描儀裡時，在她眼前播放她親友的照片，因為我在蒙特婁的研究中，利用正子放射斷層造影掃描儀找到了很多對熟識人臉有反應的大腦區塊。

決定測試方法後，我們便和凱特親切和藹的父母聯絡，告知他們我們想透過最新的掃描技術釐清凱特大腦的狀況，並請他們準備十張她親友的照片。

凱特的父母很快便給了我十張她親友的照片，照片上頭的人我一個都不認識。我把這些照片一張張放入文書掃描機裡，轉成電子檔，上傳到我的電腦裡，接著就騎著腳踏車返回我潮濕的公寓，花了整個晚上的時間用微軟（Microsoft）的 QuickBASIC 軟體寫了一套簡單的程式，讓這十張照片能夠以十秒鐘的間距依序出現在電腦螢幕上。

除此之外，我還需要製作一組做為「對照組」的照片：這些照片對受試者在色彩上的視覺刺激必須和原本的照片相同，但上頭卻沒有清晰的人臉影像。於是我把每一張相片的電子檔又複製了一份，用當時僅有的陽春版相片編輯器逐一把這些相片後製成失焦的影像，整個過程雖然花了我不少時間，但最終我還是順利地把這些相片上的人臉修改成模糊難辨的影像。

我和大衛打算分別給凱特看這兩組正常版和失焦版的相片，再看看她在看這兩組相片時，大腦的活動狀態是否有出現差異性。如果我們發現凱特在處理這兩組人臉影像的時候，大腦活動的區塊有出現變化，那麼就表示我們可能在凱特身上發現了一件重要的事實，即：凱特（或說至少她的大腦）還認得熟人的臉孔。

嘗試刺激一個植物人的大腦是個非常創新的想法，不過我們要問得問題很單純，只是想確認「她的大腦到底還會不會對她熟識的人臉有所反應」。

話雖如此，我們卻忘了一件重要的事，那就是展開測試前，我們必須先確定投射在凱特視網膜上的影像，能否如實傳遞到她的大腦裡，意即「她視神經和大腦皮質之間的傳導路徑是否暢通」。萬一她在視覺生成的路徑上有狀況，即使測試的結果發現她的大腦對這些人臉沒有反應也不令人意外，因為她根本看不到它們！

我們需要盡快排除這個疑慮，好對凱特進行測試，否則在這段期間，不論凱特不幸病逝或是奇蹟康復，我們都將失去這個掃瞄機會。我看著我們準備對凱特顯示親友相片的電腦螢幕，腦袋裡飛快地想著該如何是好，此時電腦螢幕的畫面因為長時間呈待機狀態，自動轉換成了螢幕保護程式。

沒錯，在一九九七年，非常流行動態的螢幕保護程式。霎時間，這些微軟工程師用紅色、藍色、綠色和黃色組成的動態、絢麗星河畫面吸引了我的注意力。我盯著眼前不斷閃現的影像，腦中靈光乍現——我們可以用這個螢幕保護程式的畫面測試凱特是否看得見！

於是，我們把凱特送進了掃描儀，先讓電腦的螢幕保護程式發揮它的功用：刺激她的視網膜，啟動她的視神經傳導路徑，以及活化她的視覺皮質。掃描過凱特看著螢幕保護程式的大腦後，我們先把螢幕關掉，並在她的臉上蓋了一塊可以遮住所有光線的布，才再次掃瞄凱特在視覺休息的狀態下，大腦活動的狀況。我們連續做了好幾次這樣的測驗，就這樣螢幕保護程式畫面、蓋布、螢幕保護程式畫面、蓋布的輪替進行。經過一連串的掃描，我們終於得到了答案。

掃描的畫面顯示，每次我們給凱特看螢幕保護程式的畫面時，她大腦的視覺皮質都會明顯活絡起來；蓋一層不透光的布在她的臉上時，她視覺皮質的活動度則都會回歸到相對不活絡的狀態。因此，視覺的訊息確實可以順利抵達凱特的大腦，至少凱特的大腦是「看得見的」。

排除了這層顧慮，我們就可以無後顧之憂地探討原本想要釐清的問題了。凱特躺在掃描儀裡，這次我們在懸吊於掃描儀上方的螢幕裡快速播放著正常版和失焦版的兩組相片。結束測試後，凱特被推回病房，我們則開始分析數據。我們沒有預期會得到怎麼樣的結果，但是我們歸納出的結果卻讓我們大感震驚。我們發現凱特的梭狀回不僅對人臉有反應，而且其反應的活絡程度就跟意識清醒的健康人無異。

這個結果登時讓我們的內心激動萬分，就像是太空人找到了向外太空發出訊號的外星生物一般，只不過我們的狀況有點不同，因為這個測試是我們向植物人患者內心的小宇宙發射了訊號，然後發現了她對這個訊號竟然有所反應！這是我們首次與處於「意識灰色地帶」的病人交流。然而，這個結果又意味著什麼呢？我們能說凱特儘管看起來像個植物人，但實際上是有意識的嗎？光要解開這個問題就又花了我們十年的時間。

看得見是否等於有意識？

在腦神經科學的世界裡，沒有一個問題可以輕易找到答案。「意識」（consciousness）通常以兩種形式表現，一為生理上的清醒（wakefulness），一為神智上的清醒（awareness）。全身麻醉時，你的意識會進入一種類似睡覺的狀態，失去了生理上的清醒。同時，你也會完全不曉得自己身處何方、扮演什麼角色和遭逢怎麼樣的處境，失去了神智上的清醒。

若以理解和評估的角度來看，生理上的清醒是相對比較容易讓人明白和監測的意識形態，因為只要你的眼睛有睜開，就表示你生理的狀態是清醒的。不過，神智上的清醒可就沒有這麼容易理解和評估了。面對虛無的神智你該拿什麼做為評估的指標？凱特這樣遊走在「意識灰色地帶」的人就是最好的實例。就生理層面來看，她是清醒的，這一點無庸置疑，因為她的眼睛會大大的睜開。但，她的神智是清醒的嗎？

由於凱特對周遭的光線和聲音都沒有反應，也沒有任何事物可以吸引她的注意力，所以臨床上的診斷才會將她歸類為喪失意識的植物人。凱特彷彿被抹去的意識狀態跟阿茲海默症的患者有一點相似，因為阿茲海默症到了末期會讓患者不再有任何感覺和認知，只是凱特的狀況看起來似乎比阿茲海默症患者還要糟糕。

儘管阿茲海默症患者在極末期有可能會變成植物人，但至少在此之前，他們仍會對外界保有某種程度的知覺，之後這份知覺才會隨著病情的加重逐漸消散、崩毀。

看著對外在環境絲毫沒有反應的凱特，讓我們不得不推論凱特對外界的感知能力徹徹底底地被切斷了，再也無法感受到任何事物。

所幸，在我們對凱特進行了這一個不太完美的小實驗後，我們從實驗結果發現了一項從她大腦傳達出的重要信息，即：當凱特看到親友的照片時，她大腦產生的反應十分活絡，簡直就跟意識清醒的健康人沒有兩樣。根據凱特大腦反應的狀況，我們該做何解讀？我們能就此斷言她在做這套實驗的時候，也擁有跟常人一樣的意識嗎？凱特在看到這些熟人照片的瞬間，是否也會跟我們一樣，腦海裡不自覺湧現對他們的記憶和情感呢？

當她在看親友照片時，是不是「知道」自己正躺在正子放射斷層造影掃描儀裡呢？又或者，她大腦出現的這些反應，會不會只是一種自動反射，彷彿「自動導航」一樣，自動對這些相片做出反應，其實躺在掃描儀裡的她對一切根本毫無所悉，呈現「身在，心不在」的狀態？

許多類型的刺激，諸如人臉、言語或疼痛等，皆可以讓大腦自動產生反應；這表示，大腦在接收這類訊息的時候不一定是呈現在有意識的狀態。舉例來說，在一個嘈雜的派對上，我們可能完全不會注意到自己右側的人在談些什麼，直到我們突然在他們的對話中聽到了自己的名字，這段對話才會吸引我們的注意力。

由此可知，我們可以從一片嘈雜中聽到自己的名字這件事，意味著我們在無意識的狀態下，大腦還是會自動監測周遭的對話內容，以防錯失什麼重要訊息，例如提及我們姓名，可能與我們有關的對話內容。

值得注意的是，就算我們因為聽到了自己的名字，開始注意到旁人的對話內容，但並不代表我們的大腦在那一瞬間就能記下那段提及我們姓名的對話內容。大腦在處理記憶和感知的途徑完全不同，所以聽到一段對話，不等於你就會記得它。

為什麼某段對話會特別吸引你的注意力？又是什麼原因讓你能從眾多訊息中捕捉到這個信息？這都是因為你的大腦時時刻刻都在自動搜羅周遭的訊息，並從中過濾出重要的資訊給你；這個過程中，大腦根本不打算記得所有的對話訊息。

大腦在處理臉部訊息時也是一樣。走在人潮擁擠的街道上，就算當下我們正在想別的事，可是往往人群中出現熟悉的面孔，我們還是會馬上發現。沒錯，我們會從茫茫人海中注意到他們，或者以心理學的說法來說，我們會把注意力「轉移」到他們身上。

換而言之，在我們的大腦決定要注意哪些人臉，又要忽略哪些人臉之前，必然已經先蒐羅過周遭的人臉影像，只是這件事是在我們不自覺的情況下進行。一旦大腦發現了人群之中出現了我們熟識的面孔，便會無條件地要我們把注意力轉移到他們身上。我們完全無法控制這個過程，因為我們不可能「認不得」熟人的臉，就像我們不可能在派對上「忽略」自己的名字一樣。

不過，這個現象最終呈現的結果與我們身處的地點和正在做的事情息息相關。當我們身處在充斥著陌生人的人潮中，熟人的面孔自然會吸引我們的注意力；然而，如果我們是置身在一個到處都是熟人的派對裡，那麼吸引我們注意力的，反而會是人群中突然出現的陌生臉孔。

簡單來說，這樣的現象和我們所處的環境背景和預期心理有關；這一點很可能也為我們在演化上創造了生存優勢——因為我們可以在眼前的一片阻礙中，梭巡到突破的出口。在人潮擁擠的街頭，我們不會料想到自己會見到認識的人，所以當我們在一群陌生人中看到了朋友，這個超乎我們預期的事就會刺激我們大腦的活動，然後我們就會依照自己的習慣做出相對應的反應。如果你覺得遇到朋友是一件好事，你就會感到滿心歡喜，和他聊聊近況、相約出遊，甚至是進一步與他展開一段戀情、共同生活。

相反的，在滿是熟人的派對上，陌生人的臉孔肯定最引人注目。因為我們預期在那裡只會見到朋友，完全沒有料想到會有生面孔出現。我們對自己朋友的背景瞭若指掌，但是卻不清楚那位陌生人的底細，而我們受到刺激的大腦同樣會依我們自己的習慣，對這張超乎預期的生面孔做出相對應的反應。

就人類演化的優勢來說，在任何情況下，能夠從大量的外來資訊中發現到不同或出乎意料的信息，是一件重要的事情，所以就算在我們不知情的情況下，我們的大腦也常常自主性的在執行這項任務。

人類大腦的運作就是如此精巧，很多事情它都會自動自發的為我們完成，由不得我們選擇。像是我們無法對他人的話語充耳不聞，無法忘記每天上班通勤的路線，無法不去喜歡某一種曲風或是藝術等等；儘管面對這一切，很多時候我們可以在「口頭上」表達自己喜歡或甚至是討厭什麼，但是這些言語卻不能改變我們大腦在潛意識中對它的反應。

換句話說，儘管我們完全沒有意識到大腦默默地為我們做多少事，但我們對許多面向的想法和感受，其實正是來自大腦發射出的訊號。基於這個理由，就算我們看到了植物人的大腦對某些事物出現了「正常的」神經反應，也不可斷言這些被宣判為植物人的患者「有意識」。

當然，我們也不能說他們「沒有意識」，因為他們大腦產生的這些反應就跟有意識的正常人無異。總之，即便凱特的正子放射斷層造影結果令我們大感振奮，但實際上，我們還是不能確定她是否有意識。

不過，我們對這個議題的探討並未因此中斷。後來，我們把對凱特做的實驗結果投稿到世界最悠久（創刊於一八二三年）的知名醫學期刊《柳葉刀》（*Lancet*），當這篇特別的研究成果登載在上面時，引起了媒體不小的關注。[1]

我和我的同事大衛·曼能還因此上了BBC的晨間電視節目。節目中，我緊張地坐在攝影棚裡，一手上拿著一顆仿真的塑膠人腦模型，一手對著這顆大腦模型比畫，對著鏡頭解釋梭狀回的功能。我記得，在我說完後，大衛還在一旁替我補充說明了這段話：「想想看，假如一位患者的大腦因為外力或是疾病受損了，導致全身上下完全無法動彈，甚至連眼睛都無法活動，這會是一個多麼可怕的情況；**因為單從患者的外觀，我們根本無從得知他究竟是對外界的刺激『沒有反應』，還是『無法反應』。**」

他們以為「我沒有感覺」

回首我如煙的過往，我發現，我現在的人生面貌似乎就是由過去那一連串的巧合和機運所堆砌而成。如果莫琳沒有發生意外，我可能不會對植物人有任何興趣，說不定連植物人的確切定義都搞不清楚。但就是因為莫琳發生了那場意外，在我心中種下了研究植物人大腦的種子，而凱特的出現則正好讓這顆種子萌芽，給了我展開研究的機會。

展開實驗之前，當然也有許多思緒曾在我腦中千迴百轉，比方說「萬一凱特的大腦對刺激完全沒反應呢？」、「凱特有沒有可能只是處於睡眠狀態？」或者是「凱特的大腦如果對『視覺刺激』沒有反應，我們又該以何種刺激方式繼續測試凱特大腦的反應？」所幸，最後實驗的結果和時間證明，凱特當時的確是還存有意識。雖然凱特這樣的個案不多，但她的例子卻給了我們一股動力，讓我們願意投注更多心力研究植物人的大腦反應，而我內心也忍不住一直浮現「莫琳或許也跟凱特一樣」的念頭。

幾個月後，凱特終於醒了過來，轉往一間位在劍橋郊區的康復中心進行後續的療養、復健。這段期間，她的家人仍有持續跟我分享凱特的進步。在康復中心的協助下，凱特慢慢可以回答別人問題、閱讀和看電視。她仍保有正常的思考和認知能力，不過她某部分的生理功能卻嚴重失能，因為她大腦裡控制行走和說話的區塊受到了損傷。

凱特為什麼會醒過來？[2]從醫學的角度來看，當時被確診為植物人好幾個月的凱特，應該再也不可能醒過來。是那些關心凱特的人在看到我們的掃描結果後，改變了照顧她的行為和態度所致？還是因為他們花了更多心思和時間在凱特身上，努力幫助她從昏迷中清醒過來？這些行為、態度上的改變真的與凱特醒過來有關嗎？現在心理學的研究已經發現，在社交上被孤立會對大腦產生非常負面的影響。試想一個人的感受連續好幾天、好幾週、好幾個月被忽視，並且被人當作是一件物品般的對待，心中會是怎麼樣的滋味。

這無疑是最糟的一種社交孤立。在這種情況下，你怎麼能奢求一個植物人醒過來？我想，凱特處於植物人狀態時，別人對她說得每一句話或是讀得每一篇文章，肯定都有一股撫慰她的力量。雖然我們不曉得這股力量會怎樣影響大腦，但它對大腦的正面影響力卻無庸置疑。

凱特後來憶起那段她被判為植物人的往事時，仍是揪心不已。

「他們說我不會有痛的感覺，」凱特用紙筆寫下了她在這段期間受到的苦痛，「這簡直是大錯特錯。」護理人員幫她抽痰的舉動總會令她驚恐萬分。「我無法跟你說他們的這個動作對我帶來多大的驚嚇，尤其是他們把抽痰器放到我嘴裡，啟動機器的瞬間。」她常常會有股強烈的渴意湧現，但卻無從表達，有時候她終於使盡力氣喊了一聲，護士卻只是以為她在嗝氣。

他們從來都沒跟她解釋過要在她身上做的事。就像許多存有意識，但意識卻被困在「灰色地帶」裡無所伸張的人一樣，凱特也曾企圖要靠著閉氣自殺。「**但我發現我無法停止呼吸這個動作，儘管我因為自己的狀態心灰意冷，可是我的身體似乎還不想死。**」

我們本以為凱特的實驗可以讓我們解開許多和植物人有關的謎團，沒想到首次與凱特展開交流，以及她從植物人狀態中醒過來後，她為我們帶來的疑惑竟然遠比解答多。例如，她是什麼時候開始恢復神智上的清醒？在這段過程中，主要又是跟大腦裡的哪一個部分有關？又有哪些因素對這個過程有輔助效益？

我覺得我和大衛好像意外闖入了一道通往陰曹地府的小門，把一些在鬼門關邊無助晃蕩的遊魂透過這道小門帶回了人間。凱特似乎也跟我們有同感。在我們首次利用正子放射斷層造影掃描儀了解凱特大腦對熟人面孔的反應的幾年後，凱特已經返回劍橋，與雙親住在一塊兒，當時她寫了一封信給我：

親愛的安卓恩：

請把我的故事跟大家分享，告訴他們掃描大腦的重要性。

我希望有更多人能夠了解，對有意識卻貌似植物人的患者來說，掃描大腦的活動狀態是多麼重要的一件事。我就是蒙受其利的受惠者。

過去那段我無法對外界做出任何回應的無助時光，要不是有掃描儀顯示了我大腦的活動狀態，其他人恐怕根本就不曉得我的意識還深深禁錮在軀體裡。

對當時動彈不得、身處絕望的我來說，掃描儀就像是一個擁有神奇魔法的巫師，終於找到了我。

滿懷感恩的凱特　筆

太陽從雲層裡探出頭

多年來，我和凱特一直保持聯繫，電子郵件則是我們主要的聯絡方式。有時候她會一個禮拜寫四、五封信給我，有時候又會好幾個月音訊全無。我想，我和凱特之間有一道密不可分的連結，因為在某種程度上，她深深地影響了我往後的人生和研究方向。畢竟，凱特是我「第一個」交流的意識灰色地帶患者，所以每次我在演講時，總會用凱特的例子當作整場演說的開場白，讓聽眾明白我展開這方面研究的契機。我們可以說是互相改變了對方的人生。

雖然凱特奇蹟似的從植物人的狀態「醒了過來」，但之後她的人生其實過得並不輕鬆，現在我看著過去我們往返的電子郵件，仍可清楚感受到她脫離植物人狀態後，面臨的重重難關。

「這是個很難熬、憂喜參半的一年。我兩腳的大拇指都被截肢了，住院的日子真的很煎熬。」她在一封電子郵件裡寫道。看到這封信時，我被她的狀態嚇了一跳。沒多久，她又寄了一封信給我，寫道：「很抱歉，上一封信的情緒如此負面，但我今年的耶誕節實在過得很糟糕。」

這些凱特寄來的電子郵件就這樣乘載了她復健過程中起起伏伏的情緒。儘管復健的艱辛難免使得凱特的文字帶點晦暗的色彩，但她仍不時在其中展現她勇敢捍衛生命的堅毅精神。「我覺得，我的決心是幫助我挺過這一切困境的主力，因為我已經下定決心要好好的活下去。」

後來，二〇一六年六月，就在凱特大腦受損快要屆滿二十年之際，我到劍橋探望了她。飛機一抵達倫敦的希斯羅機場（Heathrow Airport），我便搭著火車前往劍橋；步出火車時，我發現劍橋正下著滂沱大雨。劍橋似乎總是大雨滂沱，或者說英國的夏天總是被這些帶著寒意的雨幕籠罩。眼前的景致讓我不禁想起了童年時光，還有往日我和家人在英格蘭南方飄雨的海灘度過的假期。由於我的托運行李被滯留在多倫多，所以抵達英國時，我全身上下除了一台伴我多年的 Canon 相機，還有身上穿的輕便衣服外（我沒穿外套），可說是雙手空空。

計程車載著我在這城市裡狹窄的巷弄裡穿梭，我的心情也隨著窗外的景色五味雜陳起來。我已經超過七年沒見到凱特了，上一次我們見面，是我要再次離開英國，重返加拿大久居的一年前左右。那個時候她已經和她的父母（比爾和吉兒）同住，我們一邊喝著熱茶，一邊閒話家常，不過我們的溝通方式有點特別。

雖然凱特當時的康復狀況已大有展進，不過她口語表達的能力仍尚未恢復，我很難聽懂她在說些什麼。所以，我們溝通時，都是我問問題，然後再看著她在字母板上緩緩、有條不紊地指出一個個字母，拼湊出她的答覆。在計程車上，我滿心期望這次我們的面對面交流不用再像上次那樣，透過一個個單字，拼湊出一段段句子，我相信她也不願意再以這種方式和我溝通。

然而，不管怎麼樣，光是凱特願意與我碰面這件事，就已經讓我滿懷感激，為了回應她的友善，我想我自己也應該竭盡所能的讓她在我們會面時自在一些。或許，努力聽懂她支離破碎的話語會是一個好的開始。

計程車駛進凱特家所處的靜僻巷弄時，我的心情也隨著思緒大為振奮。計程車在凱特家門前停下，我注意到天空的雨突然停了，太陽從雲層裡探出頭來。這是個好預兆嗎？凱特家位處劍橋郊區，我注意到他們整個社區的房子都是單層平房。沒有階梯，輪椅在這裡暢行無阻。這個社區的房子是英國政府所有的國宅，由於凱特沒有收入，又領有殘障補助，所以她不需要繳付任何房租，基本的生活花費也由政府提供。

我按了門鈴，來開門的一位充滿活力的女人，她熱情地與我握手問好，說她叫瑪麗亞，是凱特的看護，接著就領著我走進屋內。凱特不必擔心全天看護的費用，因為她的狀況符合英國國民健保（National Health Service）提供她這方面服務的標準。瑪麗亞帶我走進了一間舒適的起居室，凱特就在那裡，坐在一輛電動輪椅裡迎接我。

「嗨，我們又見面了！」我主動上前握住凱特的雙手，「我買了一束花給妳！」說完，我伸手朝著我剛剛放在桌上的百合花比了比。

「謝謝你，」凱特語調清晰又自然的答道，「這束花真美。」

「這束花真美」這句從凱特口中吐出的簡短話語讓我驚呆了。凱特剛剛說話了，沒有靠字母板，也不是支離破碎的話語，凱特可以說話了！

「妳的話說得太好了！」我脫口而出。

「因為我重新教會自己說話啦！」凱特臉上綻放出一朵迷人的微笑，清楚顯露出她對自己的這個轉變有多麼開心。「我喜歡說話。」

「妳介意我錄下我們談話的內容嗎？」

她的臉上的光彩突然黯淡了下來，「我不喜歡聽到自己的聲音。」

不過，經過一番笑鬧後，凱特還是同意讓我錄音了。

「妳第一次從無意識狀態中醒過來的感覺是什麼？」我問。

「我覺得自己被關在牢籠裡。我根本不知道自己身在何方。」

「那一刻妳腦中記得的最後一件事是什麼？」

「我在我任教的學校裡吃午餐。從昏迷中醒過來後，我不覺得自己睡著了，只覺得自己怎麼莫名其妙地出現在另一個地方。」

「我以為妳是慢慢恢復意識的。」

「的確是這樣，我的意識是慢慢恢復的。一開始我每天只有很短的時間能感受到外界的事物，之後這個時間才漸漸拉長。我終於能夠保有整天的意識時，我記得當時有一位叫賈姬的職能治療師正在替我進行療程。在我被宣判為植物人的那些日子裡，賈姬是唯一一個跟我自我介紹，告訴我姓名和職稱的人；那時候幾乎沒有人會跟我說他們叫什麼名字。」

「妳覺得他們為什麼會這樣？」

「他們覺得我已經不是我，他們以為躺在病床上的我只剩一副空殼子。這真是一個可怕的誤會。因為我還是有感覺，我還是一個人！我內心怒氣滿溢，而且完全搞不清楚自己在哪裡，又為什麼會出現在那個地方。我覺得自己大概忘了該如何走路。」

「都沒人告訴妳，妳在哪裡嗎？」

「我根本聽不到。我聽到的只是一堆雜音，而非可以理解的話語。」

我的感受就跟你們的一樣

凱特的自白讓我大為震驚。我遙想起和大衛幫凱特掃描大腦，第一次與她產生交流的時刻。從現在看來，我和大衛多年前很顯然誤打誤撞的在凱特身上發現了一些很重要的線索。因為我們掃描的結果很可能意外讓眾人明白，某部分的凱特其實還留存在凱特當時被宣判為植物人的身體裡。

一想到在她被誤認為是植物人的幾個禮拜、甚至是幾個月裡，曾經歷過的那些可怕對待，我就不禁反思未來我們能多做些什麼避免這類的情況再度發生。以後我們在照顧被宣判為植物人的患者時，是不是應該要盡量讓「每一個人」都把患者當作是一個有感覺的人來看待？我們是不是應該更積極的制定出一套流程，讓所有照護像凱特這樣患者的醫療人員能夠用正確的態度對待他們？

從前我們根本不曉得，我們這一種「偵測患者是否是植物人」的方式可能不太成熟，而我們在期刊文獻中分享的結果，更有可能讓成千上萬狀況與凱特相似的家庭，因此抱有不切實際的期望。當時我們掃描凱特大腦的結果，充其量只能證明凱特大腦某部分運作的方式仍和受損前相同，但還不足以斷言凱特不是植物人。

畢竟，那個時候我們完全無從得知她的神智是否清醒，單憑一項掃描結果就妄加揣測既不合理也不科學。不過，能夠在二十年後親耳聽到凱特自述她當時的感受，瞭解可以為她這類的患者多做些什麼，避免他們再度經歷凱特的這些苦痛，還是令我感到萬幸。

凱特跟我談到那場把她拋入「意識灰色地帶」的大病。「我很想知道為什麼這個病會找上我，但是卻沒有一個人能回答我。有時候我會想，一定是我做錯了什麼事，神才會這樣懲罰我。」她說。

「妳有受洗嗎？」

「沒有，儘管我從未上過教堂，也沒受洗過，可是我發現這個信仰幫了我很多。人生充滿苦難，我需要一個繼續堅持下去的信念。雖然我的大腦的功能沒有徹底被這個疾病打敗，但我失去了哭泣的能力，現在我無法流出一滴淚。你知道這有多恐怖嗎？這種感覺真的非常難受、糟糕透頂。」

我問凱特，她在病癒初期寄給我的其中一封信裡，提到的「掃描儀找到她」是什麼意思。

「掃描儀找到了我潛藏在軀體裡的意識。那個時候我對外界沒有什麼意識，只覺得想睡，大概是因為我的大腦必須花很大的力氣才能看清眼前的事物。」聽到這裡，我想凱特說的「看東西費力」應該是單純指在掃描儀裡看親友照片的那個時候，雖然當下我很想進一步跟她確認這件事，不過為了不要打斷她的思緒，我決定先按捺下自己發問的衝動，繼續聽她說。

「即便到了今天，我發現自己還是很難在電影院裡看場電影，因為我頂多只能看個半小時或一小時，然後就會睡著。不過，我還是很喜歡看電影，我已經等不及要看新上檔的《BJ單身日記》（*Bridget Jones*）續集。我也很愛我的 Kindle 電子書閱讀器，我在上面看了很多書。我不看當代的文學作品，因為當代的文學作品總會讓我想起自己失去了什麼，我都看過去的經典名著。珍．奧斯汀的小說是我的最愛，她筆下的角色都很迷人。

雖然我的大腦仍不斷的運轉，但我一直以為自己的身體會挺不過眼前的難關。我想我能夠醒過來都要歸功於我大腦的努力不懈，因為它一直不願罷工。不過，我大腦這股強勁的活動力，卻也成了現在我每天要對抗的難關之一。它常常不願意讓我隨心所欲，做自己想做的事。」

「妳的意思是？」

「我的大腦會讓我的身體做出一些我不想要的反應。比方說，我的腳會不由自主的抽搐，就像腿不是我的一樣。我的大腦老和我犯沖，在我身上製造了一堆苦難。在我還沒生病之前，我覺得自己身體裡就只住著一個人，但是現在我覺得自己身體裡好像住了另一個人。一個是以前還沒生病、與現在截然不同的我，但那個我已經死了；現在住在我體內的則是重生的我。

凱特花了不少時間跟我描述這種貌似擁有兩個不同靈魂的奇特感受。她說，她覺得現在的自己已經不再是過去的那個她。就某種意義來說，她的說法相當貼切：她人生中的許多面向的確都因這場大病產生巨變，但大部分是生理上的變化，而非心智。我想要凱特告訴我她記得些什麼，這些記憶是決定她是誰的關鍵；也許她從「意識灰色地帶」返回的過程中，有一些記憶會受到影響，但大致上她的記憶還是很完整。儘管如此，凱特的感受似乎卻恰恰相反，甚至覺得她腦袋裡運轉的大腦處處與她作對。這場大病終究還是改變了某部分的凱特，因為某部分的她確實已經遺落在意識的灰色地帶中、一去不復返。

最後我問凱特，她還有沒有什麼我沒問到，但她想說的事情要分享。

> 大家一定要知道的事就是，請記得我是一個人，一個就跟你們一樣的普通人，我有的感受就跟你們一樣。

結束與凱特的訪談後，我在凱特家門前的車道上等著計程車。就在我上了計程車，車子緩緩駛出凱特家靜僻的巷弄，從郊區奔向繁忙喧囂的劍橋時，天空又降下了大雨。在車上，我的思緒忍不住一直繞著凱特說過的每一句話打轉。

「意識灰色地帶」是一塊深沉、黑暗的境地，但她卻親自跟我證明了脫離那個地方的可能性。凱特的故事讓我明白人類的大腦擁有驚人的自癒力，也讓我了解一個人的「本質」，那個「我之所以為我」的根本，即使在最艱困的時光中，也有留存下來的機會。不管這個過程迫使凱特歷經了多少困難，但最終她依然靠著堅定的信念不屈不撓地挺了過來。

第3章

改變我一生的研究單位

亞瑟王說：「拿一條鯡魚砍樹？簡直是白費力氣。」

——電影《聖杯傳奇》（*Monty Python and the Holy Grail*）

從蒙特婁回到劍橋不久後，我就和一群學術圈的朋友組成了一個叫做「先鋒部隊」（You Jump First）的樂團，並陸續在劍橋各地的酒吧公開表演。一開始我不僅是樂團的主唱還身兼貝斯手一職，但貝斯這個樂器實在是太難掌握，樂壇能將貝斯彈奏得淋漓盡致的人可說寥寥可數，例如警察合唱團的史汀、前披頭四成員保羅・麥卡尼等人就是箇中好手。

於是我很快就把彈奏的樂器改成木吉他，同時確立了我們樂團的曲風——以凱爾特音樂為基調的流行搖滾樂，帶點布魯斯・史普林斯汀（Bruce Springsteen）的風格。我們參加了很多樂團比賽，有本地的，也有外地的。

有一次我們參加一場在哈福特（Hertford）舉辦的比賽，這座小鎮位在英格蘭南方，距離莫琳兄弟菲爾居住的聖奧爾本斯不遠。那個時候，菲爾在美國 3Com 公司的英國分公司上班，是一名專門設計軟體的電腦工程師。

菲爾的外型瘦高，每次看到他，都會讓我想起莫琳，因為他們有一口相似的白牙。

我邀他和我們一起參加那場比賽，他欣然接受了。賽後，我藉機跟他探問了一下莫琳的狀況。莫琳還是在蘇格蘭的愛丁堡附近生活，長住在一間離她家鄉達爾基斯（Dalkeith）短短數英里遠的照護中心裡。菲爾說，除了她的父母希望幾個月後能把她轉到離家更近的照護中心外，莫琳的一切還是如常。

當時莫琳的大腦已經受損了快兩年，我心中不禁思忖著她究竟還有沒有醒過來的可能。我跟菲爾說了我們對凱特做的實驗，告訴他在凱特身上發現的掃描結果讓我多麼振奮，以及這對莫琳這類患者所代表的可能性。我們相談甚歡，離別前，我倆也約定了日後要繼續保持聯絡。

劍橋研究生涯

現在想想，一九九八年，我和大衛在《柳葉刀》期刊上發表了凱特實驗結果的這件事，成了我在劍橋研究生涯中的一個重要里程碑，對我後來在學術研究的方向有很大的影響，即便當時我絲毫不曉得自己會被它引向何方。發表實驗結果的時候，我沒有任何研究經費，付出的心力也超乎我的薪水，更沒有一間像樣的實驗室；我發表的一切實驗成果都是靠著我辦公室裡的一台電腦、周圍朋友的鼎力相助，還有有限的研究補助金完成的。

發表這篇研究成果後，因緣際會之下，我意外獲得了一個改變我一生的機會。我收到了英國醫學研究理事會（Medical Research Council，MRC）的邀約，他們問我願不願意到他們的應用心理學部門（Applied Psychology Unit）擔任研究專員。

英國醫學研究理事會是一個政府經營的組織，英國國內許多醫學研究的資金都是由該機構挹注，截至今日，該機構資助的醫學研究已經孕育出了三十名諾貝爾獎得主。這個千載難逢的機會實在讓我難以抗拒，因為當時艾登布魯克醫院只跟我簽下了三年的約聘合約，三年期滿後，隨著計畫的結束，我的薪水肯定也將沒有著落；反觀英國醫學研究理事會，它不僅提供我終身職，同時我還可以在應用心理學部門裡，盡情投入在我有興趣的研究主題上。

應用心理學部門是一九四四年於劍橋成立，我收到該研究單位的工作邀約時，它已經屹立了超過半個世紀，深深奠定了英國在心理學界的影響力。在應用心理學部門裡工作的科學家，除了每天致力於研究人類在記憶力、注意力、情緒和語言等方面的運作模式外，我們在上午和下午也分別有一段放鬆的小憩時間；這段時間我們會到交誼廳喝杯茶、聊聊天，如果天氣允許的話，我們還會到戶外的草地上打打槌球。

事實上，應用心理學部門還雇了一名身形佝僂的年長男士，他叫布萊恩，有著一頭稀疏的白髮。在部門裡，布萊恩的主要工作就是幫我們準備茶和咖啡，每到休息時間，他就會把準備好的茶和咖啡放到一台外觀看起來跟他年歲不相上下的陳舊下午茶推車上，推著它到交誼廳，彬彬有禮地為我們服務。碰到特殊的節日，像是部門裡有人生日，布萊恩還會為我們準備一些餅乾小點，不過絕大多數的時候，推車上只會有茶和咖啡。

我只有在早上和下午的這兩段休息時間見過布萊恩，所以並不清楚其他時候他在忙些什麼，但我也從沒想要過問就是了。我們喝茶的交誼廳過去可能是一個富麗堂皇的客廳，廳裡有一面顯眼但不再生火的大型壁爐，頭頂上的天花板則鑲嵌著華美的邊條，大廳中央的地面還孤伶伶擺放著一座古老的擺飾，半世紀之前它的正上方很可能有一座水晶吊燈相互輝映。

英國的傳統習俗聖誕節默劇（Christmas pantomime）是應用心理學部門的經典活動，在這個活動裡，男性會把握住每一個機會，穿上女裝、畫上紅唇和戴上假髮，竭盡所能地裝扮成他們心目中的美豔尤物。由於我小時候曾就讀過格雷夫森德語法男校（Gravesend Grammar School for Boys），那時候就常常參加這類活動，所以應用心理學部門的經典活動一點也不會造成我的困擾。

應用心理學部門的總部位在劍橋市南部一條綠樹成蔭的喬塞路（Chaucer Road）上，座落於一座占地廣闊的愛德華式莊園裡。應用心理學部門的總部本來隸屬於劍橋大學心理學系的一部分，但到了一九五二年，該部門的第三任部長諾曼．麥克沃斯（Norman Mackworth）發現，劍橋心理學系的空間已經不足以容納這個日漸茁壯的部門。此時，諾曼注意到，劍橋市的外圍有一座舒適的古老愛德華式莊園，不僅有廣大的花園還有一片適合打槌球的大草坪；於是他自掏腰包買下了這個莊園，然後通知英國醫學研究理事會，請他們把這一塊地列為應用心理學部門的財產，做為總部的新址。我敢說，這樣的事大概只會發生在劍橋。

到了一九六〇年代中期，在應用心理學部門裡工作的科學家大多衣著俐落，加上部門裡的人員幾乎都是男性，所以在那裡你總是可以看到上身穿著軟呢西裝外套、脖子上打著領巾式絲質寬領帶的男士；他們聚在一起的時候，常一邊抽著菸草，一邊把玩著手中的煙斗，有時候還會倒上一杯雪莉酒小酌一番。這是就是英國人做研究的典型樣貌，而一九六〇年代你在劍橋大學裡看到的科學家，大概正是最經典的代表。了解劍橋大學的這層背景後，你大概也不難理解為什麼在一九六〇年代末出道的英國六人超現實喜劇劇團「蒙提巨蟒」（Monty Python）會有一半的成員都來自劍橋大學。

大腦搶先一步替我們做了這件事

老實說，我在應用心理學部門工作時碰到的某些狀況，有時候還真的跟「蒙提巨蟒」編導的荒誕情節有著異曲同工之妙。我曾經負責執行一項專門用來評估受試者有沒有「重複性反應」（perseveration）的檢查，「重複性反應」是一個和注意力有關的問題，它會讓你不由自主地不斷反覆做著同樣的事，甚至就連旁人請你不要再這樣下去，你仍會依然故我的重複做那件事。

有一次，我評估的是一位額葉受損的患者。我先跟他說，等下我會分次提問，請他說出「F」、「A」和「S」開頭的英文單字，而且要他在回答每一個字母時，盡可能把想到的單字都說出來。大部分大腦沒有受損的人，在聽到這個要求後，都會說出像是face（臉）、field（田野）、fox（狐狸）、falcon（獵鷹）、frost（霜）等「F」開頭的單字，直到他們再也想不出新的詞彙為止。然而，我評估的患者聽到「請說出『F』開頭的單字」這個問題時，一開口卻說：「Five（五）、fifteen（十五）、fifty（五十）、five hundred（五百）。」接著，我又聽到他滔滔不絕地說：「Five hundred and one（五百零一）、Five hundred and two（五百零二）、Five hundred and three（五百零三）……。」聽到這裡，我就知道如果我不打斷他，他大概可以就這樣說上一整天。

「好！」我說，「那我們來換個字母，現在來說說你知道有什麼『S』開頭的單字。」一聽到我的話，這名患者馬上就興奮的跟我說：「簡單！」然後，不出我所料地，他說：「Six（六）、sixteen（十六）、sixty-six（六十六）……。」

一九九七年，同為劍橋大學卓越研究組織的應用心理學部門和實驗心理學系（Department of Experimental Psychology），在理念上產生了巨大的分歧，兩者之間的關係可謂是劍拔弩張。一九八八年到一九八九年間，我在實驗心理學系曾當過一段時間的研究助理，所以我曉得他們兩者雖然皆致力於大腦的研究，但研究的切入點卻大不相同。以記憶數字為例，我在應用心理學部門裡，曾探討過這個主題，想了解我們是如何記住一連串的數字。

大部分的人在聽到由五到六個數字組成的字串時，通常都可以準確無誤地複述一遍。[1]如果想記住更長的一串數字，可以透過意元組集（chunking）這類的技巧來強化記憶數字的能力。簡單來說，意元組集就是一種把一長串資訊拆解成數個較短的單位，方便大腦記憶，例如，當你聽到 362785 這串數字時，把這一串數字拆成 362 和 785 就會比原本更容易記憶。

同樣地，如果你聽到的一長串數字是由重複排列的數字組成，利用這個技巧也會讓人比較容易記憶。舉例來說，假如我們聽到 497497497497 這一串由十二個數字組成的字串，我們一定可以很輕易地複誦一遍，因為我們只需要記得這串數字是由四個 497 組成。沒錯，我們的大腦不僅非常擅長把一長串的資訊拆解成方便記憶的片段，對重複出現的數字也很敏感，很多時候我們根本還沒意識到自己做了些什麼，就已經用這些技巧記住了這些數字。

我的意思是：我們「知道」自己運用了這些技巧幫助記憶，但是在當下，我們常常都沒意識到這件事，大腦就自動幫我們執行了這些技巧。儘管我們可以刻意要求大腦執行這個自發性的行動，但往往在我們會意過來之前，大腦早就搶先一步替我們做了這件事。

我之前在應用心理學部門指導的學生丹尼爾．博爾（Daniel Bor）就透過一連串巧妙的實驗發現，我們大腦執行記憶重新編碼（recoding，即重組資訊，方便我們日後更快速的從腦中提取出所需的部分）任務的區域和掌管智力的腦區有關，這裡說的智力就是指我們平常在測的IQ。[2]如果仔細想想，你會明白這之間的關聯相當合理。當然，想要當個「聰明人」需要的絕對不是只有超凡的記憶力。

真正的「聰明」是我們可以學以致用，讓腦袋中乘載的資訊，轉化成實際的行動，有效率地處理生活中遇到的各種狀況。除此之外，我們「聰明」的程度還跟大腦記憶、組織和分類資訊的方式，以及在需要的時候檢索出需要資訊的速度息息相關。

我們組織記憶的方式，不僅幾乎會影響到我們所有面向的認知功能，還有機會讓我們在整體生活上比其他人多了一些競爭優勢。

至於拆解數字和字母則是體現「組織記憶」這個過程最基本的方法。一旦你學會了這些記憶的技巧，你便能更快速地記下電話號碼、車牌號碼、地址等等五花八門的資訊。

誠如美國歌手艾拉·費茲潔拉（Ella Fitzgerald）曾唱過的一段歌詞：「重點不在於你做了什麼，而是你用什麼方式去做。」

讓我們之所以為我們的原因

單就研究「記憶力」這一塊來說，雖然應用心理學部門和實驗心理學系皆有深入探討「人腦組織記憶的方式」，但兩者探討的方法卻截然不同。在實驗心理學系裡，你很可能會以非常不一樣的角度來探討工作記憶（working memory）和意元組集，例如工作記憶方面，他們會藉由巴金森氏症患者，看看為什麼基底核的多巴胺（dopamine）含量減少，會導致患者的工作記憶能力受損；或是，他們會利用利他能（Ritalin）這類藥物，探討為什麼它能提升健康者的工作記憶能力。

在我抵達應用心理學部門的這一年，一九九七年，這兩個大腦科學界的巨頭恰好正處於對立和融合的緊繃氣氛裡，以現在的觀點來說，我們應該會把它倆之間的衝突稱之為「心理學與神經科學之役」吧！接著，就在這場大腦科學界的衝突和緩後，「認知神經科學」（cognitive neuroscience）成了一門熱門的研究學科，它是一門跨領域的學科，同時融合了心理學、神經科學、生理學、電腦科學和哲學等領域的概念。認知神經科學為致力於大腦科學研究，卻非醫師的研究人員（我即是其中一員）規範了一套嚴謹的研究規範，讓我們可以合法的從形形色色的患者身上探究各種科學知識。

應用心理學部門之所以聘用我，有一部分的原因是希望能借重我在沃爾福森大腦研究中心的人脈，為他們突破在大腦掃描影像這方面遭遇的困境。在沃爾福森大腦研究中心做大腦研究時，艾登布魯克醫院裡的正子放射斷層造影掃描儀是了解大腦運作狀態的基本配備，但當時應用心理學部門沒有這項設備。

儘管如此，那時候的應用心理學部門裡已經出現了許多專門從事認知神經科學研究的科學家，他們無不渴望能早日取得掃描儀，好利用它探討他們對人類大腦的疑問。於是應用心理學部門和沃爾福森大腦研究中心達成了一個協議：應用心理學部門將有酬借用沃爾福森大腦研究中心的掃描儀，而我則是雙方的窗口，負責處理應用心理學部門的研究人員預約掃描儀的相關事項，諸如替他們安排使用的時間、評估他們的研究是否適合使用掃瞄儀等，盡可能確保整個借用掃描儀的管道暢通無阻。

因此，一九九七年七月，我一到應用心理學部門位於喬塞路上的莊園總部就職時，馬上就得到了一大筆的研究經費。政府每五年會撥一筆經費給應用心理學部門，而這筆經費最多只會有二千五百萬英鎊；我們所有研究人員的薪水、研究花費都從這筆經費支付，當然整座莊園的暖氣、電燈、布萊恩和茶水以及照料槌球草坪的園丁等等雜支費用也必須靠這筆經費。

我很快就發現身邊環繞著一群滿腔熱血的科學家，他們全都對大腦的運作方式求知若渴，或者更貼切的說法是，為了在神經科學的研究上有新的斬獲和突破，他們無不竭盡所能地利用可以取得的新穎儀器輔助研究。

事實上，這些新穎大腦掃瞄儀器的問世讓我們每一個人都欣喜若狂，因為它賦予了我們前所未有的研究能量。

當時我們認為有了這些儀器的輔助，必定不用花多少時間就可以告訴世人「是什麼成就了我們每一個人現在的樣貌，讓我們之所以為我們的原因」！我們就帶著這樣的信念，用茶和煎餅陪伴我們度過了無數研究時遭遇的瓶頸。

應用心理學部門裡奇特的工作氛圍（說婉轉一點是「英式幽默」），對我來說是一個很棒的研究環境，而且我也可以持續追蹤凱特的狀況。

然後，在我於此任職的階段，我遇見了另一名腦傷患者——黛比。

第4章

正子放射斷層造影對研究的助益

你的每一個想法都如一縷幽魂，自由飄揚。

——英國作家 艾倫．摩爾（Alan Moore）

與黛比的相遇

黛比當時三十歲，是一名銀行經理，不幸發生了一場對撞車禍。意外發生後她受困車內，大腦處於缺氧狀態，這種狀況在車禍中其實常常發生。她被送入艾登布魯克醫院急救時，我們發現她的瞳孔對光線毫無反應，這是個壞預兆，意謂著她的第三腦神經和腦幹上部可能受到傷害或壓迫。即便發生在腦幹上的損傷再細微，都會對人體產生極為嚴重的影響，因為腦幹掌控著我們的睡眠週期、心率、呼吸和意識等重要生理機能的運作規律。

除此之外，腦幹上方的視丘（thalamus），它就像是我們感知訊號的中繼站，負責傳遞與聽覺、味覺、觸覺和痛覺相關的感知訊號。綜合上述種種，相信你應該不難理解為什麼對腦幹造成任何一丁點傷害，即足以讓人陷入昏迷。

當我還是博士生的時候，曾經旁觀過不少場神經手術。在這些手術中，醫師為了改善患者癲癇或是腫瘤的病況，常必須大量切除他們大腦上某部分的皮質，有時候切除掉的皮質體積甚至就跟一棵柑橘的大小一樣。然而，儘管這些患者的腦部被切除掉了這麼大的一個區塊，術後他們整體心智和行為上出現變化的幅度卻相當小；反觀腦幹或視丘這類重要的腦部區塊，任何一分一毫的細微損傷，都將會對整個人體運作的狀況掀起巨大的波瀾。

由於黛比車禍中產生的腦傷正是位處這兩個部位，所以在發生車禍後十四週，她的瞳孔始終處於放大狀態，對外界的刺激沒有一點反應。

不只瞳孔，這段日子裡黛比全身上下對外界都沒有絲毫反應，也沒有任何自主行為能力。她大小便失禁，所有的食物都必須靠旁人藉由一條插入胃部的塑膠管灌入，二十四小時身邊也都需要有人看護……，種種情況讓醫生老早就將她判定為植物人。儘管如此，她的家人卻覺得，黛比在精神狀態良好時，偶爾還是會對他們的舉動做出回應。

遺憾的是，醫生和我從未在黛比身上看到這類跡象。沒錯，我們是有看過黛比對痛覺方面的刺激出現反應，比方說按壓她的指尖，她的指頭會稍微抽動，但這類反應其實是一種反射，很多意識處於灰色地帶的患者都會有，所以有這樣的反應不代表患者就是有意識。

你不小心摸到高溫的爐台時，手之所以會快速地從爐台上移開，不是因為你的腦袋叫你把手移開，而是你脊髓神經在感受到手部傳來的溫度時，自動迅速地發出指令叫手部的肌肉收縮，讓你把手縮回。因為如果要等到腦袋接收到「燙！」這個訊息，才讓你手部的肌肉做出反應，從爐台上移開，要浪費太多時間了，所以我們在面臨這種緊急狀況時，都會先由脊髓神經對肌肉發出指令，讓身體盡快離開威脅源。

也就是說，這些反應都是一種不經大腦的反射動作，因此，就算這些意識落入灰色地帶的患者對按壓指尖或是燙這類痛覺刺激有反應，也不代表他們的大腦有在運作。

二〇〇〇年的時候，我們陸續掃描了黛比的大腦十二次。為了獲得最佳的大腦影像，每次的掃描時間最多只能持續九十秒，因為我們使用的放射性追蹤劑是氧—十五，超過這個時間它的能量就會衰退到掃描儀幾乎無法偵測的地步。

就跟許多用於醫療和研究的放射性物質一樣，氧—十五是利用一種叫做「迴旋加速器」的機器製造。在艾登布魯克醫院裡，這台機器被放置在閒人不得進入的幽深地下室，四周圍繞著厚實的水泥牆，以防輻射線外漏。

地下室和大腦研究中心之間有一條輸送放射性同位素的管路，當迴旋加速器製造出氧—十五這個放射同位素後，我們就可以直接從樓上抽取這些同位素，然後以手臂靜脈注射的方式，將這些放射性物質注入躺在掃描儀裡的黛比體內。

氧─十五的半衰期是一百二十二點二四秒，[1]比進行一次正子放射斷層造影的時間長不了多少，但利用這個方法，每次的掃描都能夠完整提供我們患者血流狀態的影像，而且平均注入氧─十五的九十秒後，這些放射性同位素就會隨著血流流入大腦的位置。氧─十五剛從靜脈注射進患者體內時，會先隨著血流進入心臟右側，接著流入肺臟，再回到心臟左側，最後流向到大腦；這段過程大概要花十五到三十秒左右，期間氧─十五會在血流中形成一道能量平穩遞減的放射流，一步步為我們揭開隱藏在大腦裡的祕密。

在蒙特婁，我們也是用同樣的技術掃描患者的大腦。掃描的過程中，你會發現大腦每區的活動程度不太一樣，而這一切都取決於患者當時的狀態，例如思緒、行為和情緒等。活動最劇烈的大腦區塊，消耗葡萄糖的速度也越快，如果要讓這些區域持續地運轉下去，就必須為它們送來更多的葡萄糖，如此一來這些大腦區塊才有辦法克盡己職。

大腦配給各腦區葡萄糖的媒介是血液，所以活動狀態比較活絡的腦區就會吸引比較多的血流，進行掃描時，由於患者的血液中已經標定了帶有放射性的同位素，在正子放射斷層造影掃瞄儀的偵測下，便可以清晰呈現出大腦的活動狀態。

不過，在掃描黛比的大腦前，我們碰到了一個難關：掃描她大腦時，到底該讓她做些什麼事？我們為此苦思了好幾個星期。我想起和大衛一起掃描凱特大腦的那一天，同時又想起在掃描凱特大腦的十二次中，其中有三次，我們在掃描室隔壁的控制室裡，透過觀測窗清楚地看到凱特在掃描的過程中闔著眼，看起來就像是睡著了。在這三次掃描中連眼睛都沒睜開的凱特，當然看不到親友的照片；好消息是，其他九次的掃描中，我們都得到了不錯的結果，發現了她大腦對外界有反應的明確證據。

只不過回頭想想，萬一當時凱特在十二次的掃描中，一直或是大多呈現在睡著的狀態，結果會變得怎樣？又萬一當時在掃描的過程中，她曾經刻意或不經意地閉上過雙眼，結果又會有什麼變化？在凱特之後，我們等了足足三年之久，才終於有機會再次掃描被宣判為植物人的患者。這三年間我們一直心心念念著凱特究竟是植物人裡的特例，還是其實這樣的個案並不罕見。因此，當時面對即將掃描黛比大腦這件事，我們內心可說是七上八下，覺得自己肩負重任，絕對不能搞砸這個等待多時的機會。

你可能會很好奇，為什麼我們必須花三年的時間才終於能掃描另一位植物人的大腦。因為掃描過凱特的大腦之後，我們又花了點時間慢慢開發探測這類患者是否有意識的方法。簡單來說，我們必須思考，應該請意識處於灰色地帶的患者在掃描時做哪些事，還有每一位患者是不是都可以對這些事做出相同的反應？加上我在探討「意識灰色地帶」的研究並沒有任何經費資助，所以大部分的時間我還是必須去做其他有經費的計畫案，例如額葉是如何運作、巴金森氏症的患者為什麼會出現認知障礙……。

另一方面，我們當時也沒有管道可以得知其他醫院有無植物人傷患，想要獲得合適的掃描人選也僅能在艾登布魯克醫院裡尋覓；而且即便我知道其他醫院有可供我們掃描大腦的植物人人選，但將病人從別院載運到我們醫院的費用該由誰支付，也是個無解的難題。總之，各種因素的相互拉扯之下，在掃描凱特的三年之後，我們才又得以掃描另一位植物人的大腦狀態。

刺激大腦的聲音

我們在思索該對黛比進行哪種實驗時，心中非常明白我們必須分秒必爭。因為那時候的黛比隨時都有可能出現死亡、再次陷入昏迷，或是必須接上維生機器的狀況，讓我們錯失掃描她大腦的機會。評估黛比的狀態後，我們覺得以視覺的方式刺激黛比的大腦太冒險，凱特的那套方法對她恐怕行不通。

驀地，「聲音」這個選項躍入我們腦海。你可以閉上眼睛，但你關不上耳朵！在其中六次九十秒的掃瞄中，我們會透過耳機在黛比耳邊播放一連串的字彙。這些字不是普通的字彙。在應用心理學部門工作，我發現身邊有不少心理語言學家和語言專家，他們知道我們在理解哪些字彙時，大腦必須產生活動。小心拿捏字彙的難易程度和其對聽者的故事性，不僅可以引導聽者的大腦產生心智活動，還可以喚醒他們腦中某段與這些字詞有關的記憶。

這些我到應用心理學部門才結識的心理語言學家，對語言與大腦之間的關係瞭若指掌，包括：哪方面的語言是由哪些部位的大腦處理，以及哪種類型的言語刺激會讓大腦產生哪些形式的活動等。假如有人說了一個你從未聽過的陌生語言，你覺得這些語句聽起來會像什麼？噪音？除草機的聲音？肯定不是！你會知道這些落在你耳裡的語句是一種你無法理解的陌生語言，可是你有沒有想過，為什麼你的大腦會知道它是一種可以傳達意義的語言，而非是噪音？

答案是：大腦在顳葉處有一個特定的區塊，它能明確地為我們辨別出聽到的聲音是否為語言，即使你是第一次聽到的這個語言也不例外。這就是為什麼如果我們聽到電視劇裡虛構的語言（例如HBO的中世紀奇幻影集《冰與火之歌：權力遊戲》〔*Game of Thrones*〕中，特別為該劇創造出的多斯拉科語）和過去從未聽過的真實語言，我們的大腦會無法辨別兩者的差異。

對我們來說，它們兩個聽起來都像是語言，而且皆難以理解，所以我們的大腦自然會將它們歸為同一類。多虧我們大腦顳葉（位處左右大腦兩側皮質區的底部）上部有特化的「語言偵測模組」（speech detection module），所以我們在聽到陌生的語言時，才不會覺得它們跟除草機的聲音一樣毫無意義。顳葉上部的皮質區塊主要是處理聲音方面的訊息，這也是為什麼我們常說此處顳葉是聽覺皮質區（auditory cortex）的原因。聽覺皮質區裡還有一個特化的區域叫作「顳平面」（planum temporale），這一區的特化皮質主要是幫助我們處理語言裡涵蓋的資訊，它會依據偵測到的語句，告訴大腦我們聽到了哪些話。

我們用錄音帶錄下要放給黛比聽的單字。這些單字全是只有兩個音節的英文名詞，例如「沙發」，我們是根據它們出現在一般對話中的頻率、難易程度和容不容易讓人聯想到實體畫面等因素，精心揀選出這些字彙。比方說，雖然「沙發」和「無常」都是對話中常見的名詞，但是聽到「沙發」一詞很輕易就能讓人聯想到物體的樣貌，但聽到「無常」卻很難馬上在腦中浮現具體的視覺畫面。

我們審慎看待出現在錄音帶裡的每一個字以及每一個細節，舉凡單字播放的順序、朗誦單字聲音的大小和單字出現在英文口語中的頻率等等，我們都用最高的標準小心翼翼地把關。這一切無非是想要知道，當黛比聽到這些單字時，她的大腦會不會有反應。只不過我倒不清楚，只給黛比聽兩個音節的單字，又或者讓這些單字出現的頻率和一般口語一致，到底會不會對實驗的結果造成什麼影響。

我只知道，我請教身邊的語言專家時，他們告訴我，這些全都是我們實驗裡必須掌握的重

依照這個結果，我們是否可以說，她們沒有完全進入植物人的狀態，而是正在那個邊界努力奮戰、想要脫離那個意識的灰色地帶？倘若這個假設成立，那麼這對世界上其他也跟她們處於一樣狀態的人來說，又有著什麼樣的意義呢？

雖然我們的實驗無法確切得知黛比是否有意識，但我們的實驗結果卻顯示，人類說話的聲音可以刺激她這個植物人的大腦。這是一個振奮人心的成果，我們興奮的想像它可能為植物人帶來的無限可能性，不過應用心理學部門裡的人卻不是各個都跟我們一樣抱持著如此正向的看法。我的好友兼同事約翰．鄧肯（John Duncan）就對這項結果大感意外。

「我還以為你放這些聲音給她聽只是對牛彈琴！」他說。

「世事難料，沒試過誰知道呢？」我說，「或許她一直都知道自己周遭發生了什麼事。」然而，當時應用心理學部門的部長威廉．馬斯林．威爾森可就沒有這麼樂觀的看待這項結果，他說：「這樣的結果也很可能是大腦在患者無意識的狀態下，自動產生的反應。」

他的懷疑很合理，但是這份結果仍然給了我們很大的鼓舞，讓我們就像贏得夏季槌球錦標賽優勝般的歡欣不已。因為就算眼前的景況未明，我們卻很肯定地知道，我們的研究正開始在揭露一些沒有任何人知道的心智奧祕；即便是再怎麼經驗豐富或是聰明絕頂的神經學家，如果只是依循著傳統臨床研究的方式，必定都無法觸及我們探討的領域。這種感覺就像是我們開創了一個全新的研究局面，讓科學與醫學交織出了另一種可能性。

二〇〇〇年末，我們在科學期刊《神經學個案》（*Neurocase*）上發表了黛比的實驗成果，不過我們的結論下得非常中立、保守。說實在話，我們必須如此，畢竟，這之中還有太多未知數有待我們進一步去探討，不容我們妄下定論。[2]

在該文中，我們指出黛比的狀態有兩種可能性。其一，黛比在接受掃描的當下可能已經處於復原狀態，而非植物人狀態，只不過當時她身體復原的跡象太過微弱，很難單憑肉眼觀察到，但卻足以讓正子放射斷層造影掃描儀偵測到她大腦活動的狀況。也就是說，縱使黛比已經被診斷為植物人，她可能還是擁有部分的意識。另一種可能性則是，黛比或許真的就是一個植物人，而她之所以會對我們的實驗有反應，純粹只是她大腦裡仍存有部分可自動運作這些功能的區塊，因為也沒有任何證據可以具體證實她的這些反應是在有意識的狀況下進行。

在某種程度上，我們此次的實驗成果和另一篇登載在《認知神經科學期刊》（*Journal of Cognitive Neuroscience*）上的研究結果有幾分吻合；這篇科學文獻是在我們於《柳葉刀》發表了凱特研究的一年後左右登載出來的，作者是在曼哈頓東北岸極有名望的威爾康乃爾醫學院（Weill Cornell Medical College）從事研究的尼古拉斯・希夫（Nicholas Schiff）博士。[3]

一九九八年，凱特的研究成果發表在《柳葉刀》上的前幾個星期，希夫博士陪同他的指導教授弗雷德・普拉姆（Fred Plum）造訪了劍橋。普拉姆教授是腦傷研究領域的巨擘，[4]所以可想而知，我們一碰面後，馬上就發現雙方的研究方向極為契合。他們跟我們分享了他們自己的研究個案，這個個案在某些方面跟凱特的狀況很相似，但嚴格來說，他們的情況其實完全不同。

這是研究「意識灰色地帶」這門科學常見的一個矛盾現象：由於這門學科研究的對象都是被判定為植物人的患者，所以總會讓人誤以為這些患者的狀況很相近，可是實際上，他們每一個患者的狀況根本大不相同。

希夫博士和普拉姆教授告訴我們的個案是一名四十九歲的美國女性，她因為深層腦動靜脈血管畸形（arteriovenous malformation）歷經了三次腦出血，失去意識長達二十年的時間。不過這段期間，這名患者偶爾還是會說出一些讓人摸不著邊際的片段單字。

經過正子放射斷層造影掃描儀的掃描後，他們發現該名患者腦中，確實有某些區塊的代謝活動比一般沒有意識的人旺盛，尤其是在跟說話有關的區塊。

對此，他們做出這樣的結論：「**我們發現被診斷為植物人的患者，其大腦裡有某些獨立的區塊仍可運作，但這個現象尚不足以用來評定患者是否擁有清醒的自我意識。**」

他們的結論下得非常中立，抱持謹慎的態度走在這條研究路上——就跟我們一樣。因為這些都只是初步的研究結果，重要的是下一步我們能做些什麼。儘管如此，他們文獻的標題「不經大腦的話語」，卻明顯透露出他們對這些發現的樂觀程度沒有我們這麼高。

或許，我們會對這樣的個案抱持著如此樂觀的態度，不單純是凱特的掃描結果，而是凱特後續驚人的復原狀況，她不斷向前的好消息無疑給了我們滿滿的希望和想像。至於黛比的實驗成果，則只是更增添了這個想法的可能性。

最小意識狀態

除了我們這個在劍橋組成的小團隊外，希夫博士、普拉姆教授以及他們在威爾康乃爾醫學院的同事並不是唯一一組跟我們走在同一條研究路上的研究團隊。當時比利時的列日大學（University of Liège），也正在進行與「意識灰色地帶」這門科學有關的重要研究，年輕的比利時神經學家史蒂芬・洛瑞斯（Steven Laureys）就是其中一員。

洛瑞斯跟我們一樣是以正子放射斷層造影掃描儀為工具，探測植物人大腦的狀態，發現潛在身上的可能性。洛瑞斯和他的團隊曾在他們早期的一篇研究報告中，描述了四名植物人患者的掃描結果。與健康的對照組相比，這些患者的大腦之間的「連結性」似乎比較鬆散，大腦的整體活動度則呈現雜亂無章的狀態。[5]

學術界還有很多跟植物人有關的研究，他們發現的證據都不一樣，但是所有的證據卻都指向同一個方向。在劍橋，我們發現植物人患者能對我們給予的刺激做出正常的反應，即使從外表我們絲毫看不出他們是否有意識。在紐約和比利時，他們則發現了植物人患者大腦活動的狀態和方式。各種有關「意識灰色地帶」的研究在彼時正慢慢的互相融合。

接著，我們發表黛比研究成果的同一年，喬瑟夫・傑奇諾（Joseph Giacino）博士和其同事發表了一篇極具指標性的重要論文，該論文首次用「最小意識狀態」（minimally conscious state）來描述這些大腦活動狀態不太像植物人的患者。[6]根據該論文的說法，許多貌似植物人的患者，其實或許都處於一種「最小意識狀態」；他們的意識似有若無，雖然有時候他們還可以用薄弱的意識做出一些反應，卻無法把這些瑣碎的意識組織起來，跟外界有效地溝通。

當你半夢半醒之間，如果有人跟你說「請握住我的手」，你或許會照做，也或許不會。因為你可能聽到了這份指令，並如實作出了動作，也可能還來不及做出任何反應就又沉入夢鄉。然而，即便你這次能在半夢半醒間做出反應，也不代表下一次有人再對你說「請握住我的手」時，你還能一樣順利地完成指令，因為下一次說不定你睡得很熟，根本完全聽不見他說的話。

我們不清楚處在「最小意識狀態」的感受究竟是怎樣，但它卻說明了這些患者在臨床上的表現：時有時無的意識狀態。

他們的狀態和植物人的狀況截然不同，他們的意識不像植物人一樣深埋在一片純粹的黑暗中，而是浮沉在一片有深有淺的混濁浪潮之中。

傑奇諾的新論文發表後，我們才開始有「最小意識狀態」這個全新的診斷類別；這類的病患既非有意識，也非植物人，而是處在一種帶有極薄弱意識的狀態。

我們需要對黛比進行另一次的掃描，來評估她的狀態，但不幸的是，她已經達到了她的輻射負擔上限。除非我們能對倫理委員會（他們握有決定每一個科學研究最終能做哪些實驗和不能做哪些實驗的權力）提出有力的實例，告訴他們讓黛比再做一次掃描有利她的病況，否則他們是不可能讓黛比再去承受更多的輻射藥劑。

雖然我們已經從黛比身上得到了一些重要的資訊，但我們卻很難提出實際的例證，說服倫理委員會再對黛比做一次掃描能讓她受惠。

當時這門學問才在最初步的探索階段，要提出這些實驗有利臨床患者的佐證，還有一大段漫漫長路要走。

令人意外的是，就跟凱特一樣，掃描後的幾個月，黛比的病況開始好轉了。很快地，她的狀態就被重新診斷為傑奇諾他們所說的「最小意識狀態」。

接著，又跟凱特一樣，黛比的身體狀況有著超乎旁人預期的進步。在她掃描後一年左右，我再度看到她時，她身上雖然還有很多需要克服的缺陷，但整體的狀況卻大幅改善：她又開始能夠說話、活動四肢，並且徹底脫離了「意識的灰色地帶」。

出院前，她已經能夠自己坐到椅子上，看著自己最愛的電視節目哈哈大笑；我們跟她說話的時候，她能看著我們，用越來越清晰的片段語句應答。後來，她離開了醫院，轉往另一家在她家附近的長期康復機構療養，至此之後我就跟她斷了聯繫，難以再追蹤她的後續進展。

我常常想到黛比。很好奇那個時候，我們是不是找到了一個帶她回到這個世界的門路？我們的掃描和大量的關注是否促成了她病況的好轉？就凱特和黛比而言，我們的掃描是否有讓大家用不同的態度去對待她們，並且用某種我們不知道的方式默默幫助到她們？

遺憾的是，當時我們並沒有足夠的證據去確認任何事，只能從她們顯著好轉的病況中，隱約察覺到她們的轉變不太可能是偶然。

第5章

意識的骨幹

冥界之門晝夜皆大大敞開，
黑潭前方的洞穴即為入口；
沿著此徑進入冥界只需須臾，
但若你想循來時路重返人間，
必得付出極大的代價和心力。

——古羅馬詩人 維吉爾（Virgil）

人類意識從何而起

二〇〇二年到二〇〇三年之際，有幾件事一直讓我百思不得其解。首先是黛比和她大腦活動的狀態，說來洩氣，我們完全不曉得該怎麼解釋它所代表的意義。我們只知道，我們放了一串的單字給黛比聽，而黛比的大腦對這些單字的反應就跟你我一樣，她的大腦能夠正常地區分出雜音和語言。

我很想知道，除了可以對雜音和語言做出正常的反應外，黛比的大腦究竟能不能理解這些單字的意涵。一位大腦受損、失去意識的患者仍可能出於本能地記下身邊聽到的話語，只不過卻不見得表示他能將這些話語轉化成有意義的資訊。不過，話又說回來，失去意識的人還可以理解別人的話語嗎？在那種狀況下，患者對話語的「理解」又代表了什麼意義？

「究竟，一個人必須擁有哪些大腦功能才算是有意識？」這是一道難以回答的高深問題。往後數年，有越來越多人投入「意識灰色地帶」的研究，而這個問題也成為我在這個領域的研究重點。說實在話，探討「意識」這個問題牽扯到的不只是客觀的科學證據，還跟主觀的個人感受息息相關。

以孩子的意識狀態為例，我相信大多數的人都會同意，健康的十歲孩子對外界的感受和成年人沒有什麼兩樣，知道自己在做些什麼。他們能夠解讀語言、做出決定、回答問題、記下和運用生活中的經驗，儘管他們的表現可能沒有像成年人那麼成熟，但基本上他們已經具備成年人擁有的大部分認知能力。

那如果是兩歲的孩子呢？他們有意識嗎？多數人會說有，因為他們能理解部分語言，也可以做出一些簡單的決定，例如要不要玩玩具火車或是看故事書。他們會咿咿呀呀的說幾個單字，有時候還會說出一句完整的句子；他們會記得生活中經歷過的事情，有時候還會運用這些記憶採取行動（找出之前玩過的玩具火車就是一例）。整體來說，兩歲的孩子擁有了許多成年人的基本認知能力。

好，現在我們來談談剛滿月的嬰兒，他們有意識嗎？你也許會說：「滿月的嬰兒當然有意識！」但你想想看，如果你對一個滿月的嬰兒說話，他聽得懂你在說些什麼嗎？他們可能會被你發出的「噢」或「啊」之類的狀聲詞逗弄的手舞足蹈，也可能因你的厲聲尖叫嚎啕大哭，亦可能在你的輕柔哼唱中恢復平靜或安然入睡；但他們對外界的反應就僅僅如此。

無庸置疑地，一個滿月嬰兒做出的這些「反應」，絕大多數是出自於天生的本能。事實上，這個時候的寶寶對外界的反應還相當固化，因為他們不瞭解語言代表的意涵，所以不論你唱的歌詞是什麼，只要語調輕柔，都可以達到安撫嬰兒情緒的效果。當然，對無法理解語言的寶寶下達指令，他們也不可能做出適當的回應，因此這個部份我們先暫且不談。

除此之外，滿月的寶寶大概也不太能執行大腦裡存取記憶的功能（很少人會說記得自己在一個月大的時候發生了什麼事），很顯然無法跟兩歲的孩童一樣，根據過去的經驗採取行動。滿月寶寶的注意力或許會受到新玩具的吸引，可是一旦新玩具離開了他們的視線範圍，這個玩具對他們的吸引力便會徹底消失。

所以，我們可以說滿月的寶寶有意識嗎？他們「知道」自己是一個人，並處在一個他們可以探索、學習甚至是改變的世界嗎？如果答案是肯定的，那麼他們又會用怎樣的形式表達呢？

簡而言之，比起兩歲或十歲的孩童，要定論滿月寶寶是否具有意識，明顯難度高出許多，因此大家的意見出現分歧也不足為奇；一派人可能會主張他們當然具有意識，另一派人對此則會持保留態度。二〇一〇年在巴西，我曾和達賴喇嘛（Dalai Lama）討論過這個問題，他給我的答案，就跟我神經科學的同事給我的答覆一樣：「這要看你如何定義『意識』。」這正是癥結所在！有什麼心智表現足以彰顯一個人擁有意識？儘管黛比被醫師宣判為植物人時，她的大腦對語言仍有反應，但這並不能充分證明她是否擁有意識——至少我個人不這麼認為。

不過，並非人人都可以接受我的這個邏輯。不信的話，你可以問問身邊的朋友，馬上就會發現，有人會無條件的支持「滿月寶寶具備意識」的這個主張（或許你也是其中一員？）。然而，此時如果你再接著問這些朋友：「那你覺得肚子裡的胎兒有意識嗎？」我想，他們大概就沒辦法如此篤定地回覆你這個問題。

現在我們再回溯到更靠近生命源頭的階段：受精卵。這顆由精子和卵子組成的單細胞，九個月後便會發展成一個呱呱墜地的嬰兒，所以受精卵有意識嗎？絕大多數的人都會說沒有，部分的原因是因為它完全沒有嬰兒的樣貌，而且說一顆單細胞生物有意識未免也太不合理。

這裡衍生出了一個有趣的問題，即：從一顆受精卵發展成胎兒，再從嬰兒發育成學步孩童，乃至成人的過程中，人的意識是在何時出現的？這無關乎你是否覺得滿月的寶寶（或胎兒）有意識，而是只要你認同「受精卵不具意識，但是成年人有」的這個理念，那麼在這兩點之間，必定有一個階段讓我們發展出了意識。

但這個時機點是落在哪裡？寶寶的誕生絕對是生命的一個重大轉捩點，可是似乎我們很難說出，在意識的表現上，剛從媽媽肚子裡來到人世間的嬰兒，和一個足月準備來到這個世界的胎兒有什麼樣的差別。

是什麼造就了人類的意識

單純以人類的發展為例，我們就無法明確地說出一個人從無到有的過程中，是在哪一個時間點湧現意識的。我們可以很輕易地說一個十歲的孩子有自我意識，也可以很果斷地說一個受精卵不具備任何意識，但是這兩者之間呢？滿月大的寶寶或許可以提供我們一些線索，拼湊出構成「意識」的模糊骨幹，只是他們仍無法讓我們清晰地勾勒出促成人類意識的關鍵要素。

我們觀察黛比和凱特大腦活動狀態時，面臨的正是這種狀況；因為儘管正子掃描的結果顯示黛比和凱特的大腦分別能對言語和臉部影像產生與正常人相同的反應，但遺憾的是，我們卻不得不說，當時這些證據尚不足以讓我們斷言她們具有意識。

「人類意識從何而起」這件事，亦左右了我們生活中的許多面向。其中，墮胎和生存權這方面的議題最常爭論到這個問題。由於每一個生活在這個世界上的人，皆是從受精卵發展而成的個體，再加上立法者的想法通常更容易受到政界說客或宗教狂熱者的影響，所以相形之下科學證據對這類議題的影響力相當有限。

假如你認為生命是從卵子受精的瞬間就產生，或是堅信每一個胚胎都是神聖不容侵犯的生命，那麼對你來說，「人類意識從何而起」可能就是個毋須探討的問題。然而對於其他不抱持上述理念的人而言，在探討墮胎這個議題時，「人類意識從何而起」就是一個必須好好探討的問題，因為我們不曉得胎兒在媽媽肚裡發育的過程中，會不會在某個階段就已經具備意識，也就是說，他們可能會「知道」自己的命運，甚至是會「感受到」痛。痛覺是人的一種本能感受，雖然它無法跟溫度一樣以儀器測量出來，但每個人對痛覺的感受同樣會因經驗而異。

舉例來說，玫瑰梗上的刺扎到手指，或是不小心把手放到熱燙的電磁爐面板上時，你感受到的疼痛度一定不會跟我一模一樣。除了個人的經驗，疼痛發生當下身、心以及大腦的活動狀態也會影響每個人對疼痛的感受。痛覺是一種「有意識的感受」，換句話說，要感覺到疼痛，我們必須是處於清醒的狀態。如果這個假設不成立，開刀的時候，異丙酚（propofol）這類的麻藥就不可能幫助我們對抗手術時的劇痛。因此，以開刀來說，縱使我們無法不讓手術刀劃過我們的身體，但好險我們可以藉由麻藥，麻醉我們這個「有意識的感受」，使手術順利進行。

目前我們明確知道的是，人類卵子受精著床後的三到四週內，還不會形成大腦的構造，所以在此之前，我們可以說這個胚胎尚未具備構成意識的基本骨幹—痛覺。直到懷孕四到八週時，胚胎才會開始分裂出大腦的形體；大約第八週之後，成形的大腦皮質則會將大腦分為左右兩大半球。當孕期來到第十二週，胎兒大腦的各區塊之間會出現一些基本的神經網絡，可是這些仍不能夠充分證實此時的胎兒已經具備意識。

二〇一二年，丹尼爾．博爾（Daniel Bor）出版了《貪婪的大腦》（*The Ravenous Brain*）一書，這是一本言之有物的著作。一如他在書中所言，胎兒大約要到第二十九週時，大腦的構造和功能才會漸漸趨於完整，至於胎兒大腦要能夠有效地運作則必須等到三十三週左右。因此站在科學的角度來看，在胎兒三十三週大之前，他不太可能具備任何感知意識，包括痛覺在內。[1]

不過，也有人反對這項推論，因為研究發現，胎兒早在十六週大時就會對低頻的聲音和光線有反應。的確，十九週大的胎兒甚至還有可能因為不舒服的刺激收縮肢體。這些胎象極具說服力，難怪常有人拿它們作為反對「胎兒在三十三週前不具意識」的理論。針對這個部分，丹尼爾在書中亦有說明，就如他所說，胎兒的這些反應皆源自於大腦最原始的生理反射，跟意識扯不上邊，故也無法作為推論胎兒有意識的證據。

我們在胎兒發育初期看見的這些反應，很可能完全都是胎兒腦幹和脊髓掌控的原始反射，目的就是為了讓胎兒處在一個安定的生理狀態。就算如此，某些宗教色彩比較強烈的反對者仍可能義正辭嚴地說，丹尼爾的這番論點依舊無法說明「是什麼造就了人類的意識」。

人類生命從無意識轉換到有意識之際，就像是體內有一個神祕的開關被啟動了，而這個神祕的開關正是我們一直在探索的目標。由於截至今日，我們始終不太清楚這個開關到底是如何又是何時被開啟的，所以常有人將這個轉捩點歸諸於「天意」，因為就宗教的角度來看，世界萬物皆是神所創造。

身為一個把大半輩子投注在這個研究領域的科學家，我實在無法認同這種把一切歸諸於神蹟的言論。縱然現在我們尚不清楚「是什麼造就了人類的意識」，可是這並不表示我們未來就無法用科學來解釋這方面的機制。實際上，我相信就在不久的將來，科學家必能將這些與意識有關的謎團一一破解，就像近年他們利用科學解釋了許多宇宙間的奧祕那般。

作為科學家，我們的使命就是收集數據、設立假說，並設法驗證這些假說的可行性。有時候我們可以從中找到問題的答案、創立新的理論；有時候我們則會在這個過程中處處碰壁，必須另闢他法。

然而，就算今日我們不能解決眼前的這個問題，也不代表這個問題將永遠無解。因此，倘若只是因為我們現在尚無法從科學中找到有關意識的解答，就任意以神蹟這種「超自然」的見解來解釋它，對我來說，既不科學，也不合理。況且，如果我們一直都用這種方式來解釋宇宙萬物的話，現在我們恐怕還會以為地球如《聖經》所言是平的，而不敢航行到海平面的邊界！

生存權與死亡權

當我們在英國劍橋苦思著黛比是否算是個有意識的患者，以及「人類意識從何而起」這類問題的同時，與我們相隔一個大西洋的另一個國家——美國，恰好也正為「意識」這個問題爭辯不休。「意識灰色地帶」這個名詞因為一樁醫療事件，一夕之間成了美國晚間新聞的熱門關鍵字，而這則鬧得沸沸揚揚的醫療事件也很迅速地傳到了英國。

這則醫療事件之所以能夠在美國引爆一陣風暴，我想是因為它剛好囊括了一切迫使大眾深思人類生存權和死亡權的要素：被宣判為植物人的患者、意見分歧的家屬、涉及公眾利益的議題以及媒體的關注。

這件醫療事件的主角是一名被宣判為植物人的女人，泰麗莎．瑪莉．夏弗（Theresa Marie Schiavo），媒體在新聞中多以「泰莉」（Terri）暱稱她；在她躺在病床上的那段日子裡，顯然不曉得自己曾讓半數的美國國民為她唇槍舌戰。一九九〇年，住在佛羅里達州的泰麗莎因為心臟驟停昏倒在家中，儘管後來撿回了一條命，但她的大腦卻因長時間缺氧出現了大面積的損傷，整個人昏迷不醒，只能靠維生機器保持生存徵象。

一九九八年，泰麗莎的丈夫麥可，訴請佛羅里達州法院讓院方移除泰麗莎的管灌餵食器，希望已經沒有意識的泰麗莎能在沒有維生機器的干預下，順其自然的離世。然而，泰麗莎的父母，羅伯特．辛德勒和瑪莉．辛德勒，卻極力反對麥克的主張，堅稱他們的女兒仍具有意識，不可移除任何維生機器。

由於這起官司在美國受到了相當大的注目，因此就連身處英國劍橋的我們亦可透過媒體密切關注它的發展。美國民眾除了為此發起了聯署活動，許多節目也製作了相關的專題報導；我們在電視螢幕裡看到了家屬對著攝影機傾訴的沉痛控訴，也看到了群情激憤的美國民眾為了捍衛生存權和死亡權走上街頭示威抗爭──總之，當時這則新聞是美國媒體界最火熱的話題。

不過不管這起官司在美國引起了多大的風暴，它對我們這些置身事外的英國人來說，僅僅是讓我們在茶餘飯後多了一個閒聊的話題。

「嗯，至少美國總統沒有對此表態。」

「噢！總統竟然對此表態了。」

我們就這樣一邊看著報導，一邊說些無關緊要的評論。

畢竟，在看過美國媒體對柯林頓性醜聞和辛普森案的報導和裁決後，我們早就明白美國的司法體系「難以捉摸」，有時候還帶有一絲荒謬。

我會這麼說，是因為當時的英國才裁決完一起與「泰莉案」相似的訴訟案沒多久，因此更能凸顯兩國司法在處理這類案件的差異；整體來看，英國這起訴訴案的判決過程雖然不若「泰莉案」那樣轟轟烈烈，卻依然揪人心神。

英國訴訟案的主角是二十二歲的東尼・布蘭德（Tony Bland），他是利物浦（Liverpool）足球隊的球迷。一九八九年，十八歲的東尼不幸成為希爾斯堡慘劇（Hillsborough Disaster）的受害者之一，該場球迷踩踏事件一共奪走了九十六條的人命，調查事發過程時，現場警方和球迷皆互指對方才是造成這場慘劇的罪魁；這場踩踏訴訟案不僅獲得英國國民好幾個月的矚目，在法庭上往返受審的時間也長達數年。東尼在這場意外中，腦部嚴重受損，成了植物人，臥床多年後，院方在他父母的支持下，向法院提出讓東尼「有尊嚴地辭世」的請求。

首次在英國法庭上裁決這項請求的法官是史蒂芬・布朗（Stephen Brown）爵士，他認為透過管灌器執行人工餵食的舉動是一種醫療行為，故中止對植物人的治療是符合醫療準則的請求。想當然爾，反對者當然不會這麼輕易接受這樣的判決，所以當裁決一公布時，反對者馬上展開反擊，只不過他們沒有遊行抗爭，而是用一種很英式的方式表達抗議。

由法定代表律師辦事處（Official Solicitor）指派，為東尼發聲、捍衛權益的律師即以「不給東尼進食的行徑形同謀殺」向法院提出上訴。然而，最終上議院還是駁回了這項上訴。

一九九三年，東尼成了英國司法史上首位經由法院判決，可以不再使用維生機器（包括供給食物和水的管灌機器）生存，得以自然善終的病人。儘管在此案大局已定之際，社會上仍舊有些許反對的聲音，但是那股反對的勢力並不足以撼動判決的結果，加上英國媒體相當審慎的處理這件訴訟案的報導，僅僅對這件訴訟案的最終判決做出「**今非昔比，假如患者已沒有任何生存的希望，司法理當允許他們行使死亡權**」的註解。

這就是英國人特有的處事風格。依循著既定的準則評判是非，就算裁判的結果令人傷痛，但敗訴方仍會尊重並接受司法的裁定。一九九四年四月，捍衛生命運動（Pro Life Campaign）的創始人之一詹姆士・莫羅（James Morrow）確實曾試圖以謀殺罪，控告中斷東尼食物和藥物的醫師，不過高等法院很快就駁回了他的訴願。

這在黨派鬥爭激烈的美國儼然是不可能發生的事，現在就讓我們回過頭來看看美國對「泰莉案」的處置經過。

二〇〇三年，佛羅里達州議會緊急通過專為泰麗莎制定的特別法案「泰莉法」（Terri's Law），這條律法授權當時的佛州州長傑布．布希（Jeb Bush）以泰麗莎特別監護人的角色干預佛州高院的裁定。於是，傑布立刻命令院方將泰麗莎已經被拔除一週的餵食管重新插回。

此後，泰麗莎的父母更是竭盡所能的利用輿論的力量，好讓他們的女兒可以保持「活著」的狀態。他們委請捍衛生命運動的知名人士蘭德爾．特里（Randall Terry）替他們發表一切對外的言論，並且不斷尋求可以合法挽留泰麗莎生命的方法。因此就在家屬的放任和媒體的大肆炒作下，「泰莉案」越演越烈，成為那時候家喻戶曉的熱門新聞。

終於，二〇〇五年的時候，法院裁決泰麗莎的丈夫麥可，得以永久移除連接在泰麗莎身上的維生機器。截至當時，「泰莉案」已經在佛州法院歷經十四次的上訴，以及無數次的動議、請願和聽證會，甚至五度在聯邦法院開庭；期間更不乏政治力的介入，諸如佛州議會、佛州州長傑布．布希、美國國會和總統喬治．華克．布希皆曾為之發聲；亦曾四次上交到美國最高法院，並遭到駁回。正如法律專家戴維．加羅（David Garrow）在《巴爾地摩太陽報》（*Baltimore Sun*）所言：「這件在美國司法史上歷經最多審查和訴訟程序的案件，終於塵埃落定。」

泰麗莎死後，其屍檢顯示，她的大腦有大面積的損傷，且有多處掌管重要功能的皮質區塊嚴重萎縮。大腦在受傷或是長期缺氧後，常會造成腦細胞出現永久性、無法復原的死亡。這種細胞死亡的現象叫做「細胞凋亡」（apoptosis），在植物人患者身上很常見。

泰麗莎大腦皮質受損的部分主要落在與認知功能有關的區域，掌管思考、計畫、理解和決策等能力，所以很顯然她已經失去了構築我們意識的最基本骨幹，也就是說，她在被移除維生機器前早就喪失了所有的意識。

院方之所以可以很清楚的界定泰麗莎是否具備意識，是因為泰麗莎和滿月嬰兒的狀況完全不同。儘管我們仍舊不清楚滿月嬰兒到底有沒有意識，不過他們的許多行為反應的確會動用到大腦裡的某些神經迴路，然而泰麗莎的大腦卻宛若一攤死水，對外界的刺激完全沒有任何一丁點的反應。這證明了泰麗莎並非被困在意識的灰色地帶。

雖然遺憾，但這個躺在病床上，出生於美國賓夕法尼亞州蒙哥馬利縣，並與初戀情人麥可．夏弗共結連理的靦腆女人，確實已經永不復在了。

你或許會問，那在她徹底斷氣前，她的體內住著誰？這一點我們誰都無從知曉，因為從泰麗莎身上，我們唯一能夠斷言的就只有「她的意識已經遠走」這項事實。

藉由這件喧騰一時的「泰莉案」，大眾開始漸漸對「意識灰色地帶」這個名詞有一定程度的認知。因為此案首次將腦傷和大腦科學帶入了法庭，讓大眾一起從科學、法律、哲學、醫學、人倫和宗教等面向審視這個問題。

這也讓當時的我意識到，我們手上以探討「意識灰色地帶」為主題的研究，實際上就是在探討「何謂活著」的議題。說白話一點，就是我們正在探索那條分隔生與死的邊界。

透過一連串的實驗，我們試著釐清軀體（body）和個體（person）的不同，還有大腦（brain）和心智（mind）運作的差異。著名的物理暨分子生物學家弗朗西斯・克里克（Francis Crick），曾在他一九九四年發表的重要著作《驚天假說》（*The Astonishing Hypothesis*）裡說過這麼一段話：「構築出『你』這個人整體形象的喜憂、記憶、抱負、個性和想法等意念，其實都是源自你腦內大量神經細胞和其分子活動的結果。」幾年之後，我們這些研究大腦的科學家，陸續發現了人類產生一切想法、感受、計畫、意圖和經歷的機制，而這些機制果然全都跟我們腦袋裡這顆，僅僅三磅重、由灰質和白質組成的大腦脫不了關係。[2]

第6章

心理學語言

語言的界限就是我世界的界限。

——奧地利哲學家 路德維希．維根斯坦（Ludwig Wittgenstein）

意識之謎的鑰匙

有鑑於捍衛「生存權」和「死亡權」是兩個完全對立的概念，且兩方的擁護者始終水火不容，所以當時我們一直努力試著建立起一套線索，來幫助我們了解像泰麗莎．夏弗和東尼．布蘭德這類患者的心理狀態。

換句話說，我們需要更多、更可靠的線索，讓我們找出讓人完全無法辯駁的跡證。畢竟，喧騰一時的「泰莉案」已經充分說明了這件事的重要性。那個時候，我深信我們團隊正在進行的研究，其層次甚至比了解病患的心理狀態更高——因為假如我們能分析出，是什麼原因讓黛比和凱特的大腦對我們的「刺激」產生反應，就表示我們踏上了解開「意識之謎」的道路。

我們研究的下一步，即是設計出一套實驗，讓我們能夠斷言像凱特和黛比這樣的患者，確實具備「理解」語言的能力。雖然掃描的結果顯示她們的大腦可以處理語言訊息，但她們內在的意識真的能夠理解這些語句中傳達的實質意涵嗎？

在應用心理學部門裡，英格麗．瓊斯魯德（Ingrid Johnsrude）以及她的同事珍妮．羅德（Jenni Rodd）和馬特．戴維斯（Matt Davis）就是致力於這方面研究的科學家，精確定位出人類大腦中的哪個部位是負責執行理解口語的工作。他們確立這項理論的實驗十分簡練，又帶有一點天馬行空的色彩——可說是非常符合應用心理學應用部門的研究風格。

他們認為，我們在充滿雜訊的大海裡說話，聽者必須要格外費力才可以聽清楚對方的話，很可能表示此刻聽者大腦裡負責理解話語意涵的區塊也必須花費比較多的能量才可以完成這項工作，所以如果他們可以利用正子放射斷層掃描儀偵測海中聽者的大腦，或許便可偵測出這個掌管理解話語意涵的大腦區塊。

於是他們以這個想法為雛型，用電台調頻的方式建立起一套在「陸地上」可行的實驗方法。有時候你在車上轉開廣播，或許會發現電台裡的談話內容正好是你感興趣的主題，儘管此時你車上接收該電台的收訊很差，無法讓你輕鬆理解他們談話的完整內容，但引人入勝的談話主題仍會讓你繼續收聽，並促使你更專注地從收訊的雜音中聽清楚節目來賓的對話內容。

英格麗和她的同事建立一套與這種情境極為相似的實驗模式，並邀請了一群健康的受試者來進行這項實驗。他們讓受試者躺在正子掃描儀裡，依照受試者對語言的「理解度」來播放句子。他們播放給受試者聽的句子，其背景皆配有經過調整、大小不一的雜訊聲，所以受試者在聽這些句子時，有時可以很輕易地理解，有時則必須花點力氣，甚至有些時候他們還會因為雜音的干擾過大，而難以理解語句的意思。

該實驗的結果發現，隨著背景雜音的干擾越來越多，語句越來越難理解，受試者大腦左側的顳葉處，亦有一個區塊活動越來越活躍。也就是說，聽者大腦左顳葉的特定區塊與理解語言有關，因為當語句越難聽懂時，該腦區的活動就越為劇烈，讓正子掃描儀偵測到帶有放射性物質的血液不斷流往該大腦區塊，為該處的腦細胞補給能量。

沒錯，我的心理語言學家朋友們找到了，他們找到了一套可以分辨大腦究竟是在「理解」或是單純在「接收」一段語句的方法。這個方法會是我們了解泰麗莎這類病患心理狀態的解答嗎？它會是助我們揭開「意識之謎」的鑰匙嗎？我們需要透過另一位患者來釐清這個問題。[1]

他是否也被困住了？

二〇〇三年六月，五十三歲的劍橋公車司機凱文頭痛欲裂，整個人癱倒在床上，很快便昏昏沉沉地失去了意識。第二天，他被發現一動也不動的側躺在床上，雙眼則不受控制的怪異轉動。送到艾登布魯克醫院後，核磁共振造影（ＭＲＩ）掃描顯示，凱文的腦部發生了大中風，而且位置還在腦幹和視丘—這對患者的意識狀態可謂是「雙重打擊」。

就如我們稍早所言，大腦執行的許多最基本、重要的生理機能，包括睡眠週期、心率、呼吸和意識等，皆是由腦幹掌控。除此之外，腦幹還會向視丘發送許多跟聽覺、味覺、觸覺和痛覺相關的感知訊號；視丘就像是我們感知訊號的中繼站，串連起大腦的各個區塊，連結起各腦區間精密複雜、令人嘆為觀止的神經網絡。

可想而知，腦幹和視丘之間的關係是多麼密不可分，它們不僅齊心維持我們的意識狀態，也齊力保持我們的生命狀態，可謂是構成人的最根本要素。

來到艾登布魯克醫院後，凱文的昏迷指數曾數度起伏，不過後來便靜止在一個狀態、未見起色，於是經過三週的評估觀察，醫師不得不將他宣判為植物人。二〇〇三年十月，此時凱文已經癱倒在床上四個月，這段期間他的生理狀態日趨穩定，終於足以承受我們想要在他身上進行的正子掃描實驗。

我們決定把英格麗的實驗模式套用在凱文身上，在他聆聽播放器裡帶有雜訊的字句時，掃描他大腦的活動狀態，以了解他是否能理解這些話語的意涵。即便這項實驗能獲得正面成果的機率看起來有點渺茫，卻值得一試。

當凱文躺在掃描儀裡接受實驗時，我忍不住在心中自問：「在凱特和黛比之後，我們團隊還可能贏得幸運之神的第三次眷顧嗎？」神奇的是，幸運之神真的再度降臨了！

我們看到凱文大腦處理口語訊息的區塊劇烈活動，這個成果雖非新發現（凱文所呈現的結果就跟我們在黛比身上發現的東西幾乎一模一樣，黛比的大腦在實驗中亦能分邊單字和雜音的差異），但卻很振奮人心，因為它明確的告訴我們，凱文現在處理口語訊息的能力，的確無異於他大腦受損前的狀態。

以黛比的情況來說，我們能從她身上收集到的資訊相當有限。由於我們只有給黛比聽口語和非口語的聲音，而沒有給她聽同時夾雜口語和非口語的聲音，所以我們完全無法單憑她的實驗結果判定她的大腦是否可以「理解」這些口語的意涵。

反觀凱文，我們就有機會從他的結果中額外了解他的大腦是否可以「理解」口語的意涵：透過仔細比較他在聽到雜訊程度不一的口語時，掃描到的大腦活動圖像。因為先前英格麗在健康受試者的身上發現，大腦左顳葉的活動度和語言理解能力有密切的關聯性。

不可思議地，我們發現凱文在聽到雜訊比較多、較難以理解的句子時，大腦左顳葉中上部的活動真的明顯變得比較劇烈，就跟英格麗實驗中那些健康受試者的表現一樣。

換句話說，就在凱文被視為植物人四個月之後，我們終於藉由這個實驗證明，凱文大腦在理解口語的這個部分，其活動度就跟常人無異，而且他的大腦不僅能聽到這些語句，更能「理解」當中所傳達的意涵！

我們為凱文做了第一次的掃描實驗後，時間一下又過了九個月，但這段期間他的病況依舊沒有起色。他還是躺在醫院的病床上，身體對外界沒有一丁點的反應，呈現植物人的狀態。

於是，我們決定再對他進行一次相同的掃描實驗。這次的掃描結果和九個月前一模一樣；掃描影像裡顯示，他的大腦在聽到同樣的句子時，出現了同樣的反應，而且隨著語句裡夾帶的雜訊越來越多，他大腦該區的活動狀況也越來越劇烈。這表示我們重現了上次的實驗結果，再次證明了凱文的大腦確實具備處理「語言意涵」的能力。[2]

儘管能夠再次驗證我們的實驗結果很值得開心，不過這件事卻也讓我感到沮喪。

畢竟，我是真心想要了解凱文的狀況，希望我們能利用這些實驗的結果來盡可能幫助凱文少受一點苦。我常想著：凱文也會跟凱特一樣，湧現強烈的渴意嗎？他曾經試著閉氣了結自己的生命嗎？他正聆聽著身邊的每一句對話嗎？還是他已經離開了這個世界，徹底脫離了這個他生命中的夢魘？他知道我們掃瞄過他嗎？他曉得我們曾嘗試跟他溝通嗎？甚至是，他在乎我們對他做的這些事嗎？

面對這些關於凱文的問題，我求知若渴，但是我知道欲速則不達。倘若我想要找出這些問題的答案，必定得穩紮穩打、按部就班地運用科學的方式去探究，然後再經由仔細剖析每一筆科學數據，拼湊、構築出凱文身處的世界輪廓。當然前提是，凱文的意識必須仍在他的軀體裡占有一方世界。

在凱文和黛比的例子中，我們仍處於摸索語言與意識之間關聯性的階段。雖然我們在這方面的研究確實有新的斬獲，但許多既有的棘手意識問題卻仍未因此獲得解答。當時我們知道凱文的大腦可以理解語句的意涵，可是這就表示當他聽到「一個男人開著新車去上班」之類的句子時，凱文的腦海中確實閃現了這樣一幅栩栩如生的畫面嗎？

又或者，其實他聽到這個句子時，大腦並沒有出現上述如此充滿細節的動態影像，而只是出現比較低階、偏向自動化的影像；例如單純出現了一個男人和一輛車的畫面？「男人」、「工作」和「車子」都是生活中很常見的名詞，它們很可能早就內化到凱文（和其他跟他狀況一樣的病人）的腦中，讓他即便沒有擁有完整的意識，卻還是有辦法解讀這些單字的意思。

意識被囚禁的牢籠

人類大腦裡許多複雜的運作流程（我們理解口語意涵的能力也涵蓋其中），在我們神智沒有完全清醒的時候也能照常運轉。比方說，如果你睡著了（或許不是睡得很熟，處於淺眠的狀態），此時有人在身邊說到你的名字，你可能會突然驚醒。相反地，如果你旁邊的人說到的是別人的名字，而且這個人對你還沒有什麼特別意義，那麼你大概就會繼續地打盹下去。

你大腦對這兩種情況截然不同的反應，證實了即使你神智沒有那麼清醒的時候，也會時時刻刻監控和處理你周圍的口語訊息。因為假如你的大腦在你神智比較不清楚的時候「聽不到」任何名字，那它就不可能在別人提到你的名字時出現反應。況且，大腦也不可能「聽得到」你的名字，卻「聽不到」其他人的名字。換個角度來說，你的大腦必須在你神智清醒時就聽過這些人的名字，如此一來，它才能在你神智沒那麼清醒時，自動過濾這些名字對你的意義。

接下來，讓我帶著你更進一步了解這個推論的邏輯。你睡著的時候，你的大腦一定隨時都在監控和處理你身邊的所有言談，或者更正確的說法是「你周遭所有的聲音」；因此，它才能夠「知道」你身邊的言談提到的是你的名字、別人的名字，又或者是能區分出身邊談話聲和遠方除草機的聲音。

當然，在大腦處理這些聲音的時候，你還是會保持在睡眠的狀態，而且對外在環境的變動和大腦正在為你執行的工作渾然不覺。這個現象並非只有在人類身上才看得見，其他動物也有。如果你家有養貓或狗，你會發現，牠們在睡著的時候，假如周遭出現響亮但熟悉的聲音（例如除草機的聲音），可能仍會呼呼大睡；不過，有時候牠們卻會在一些細微的聲響中突然彈開眼皮，然後你才知道，原來牠是聽到了老鼠躲在櫥櫃裡搔抓的聲音！

你肯定不難理解為什麼牠們會有這種生理機制，因為這攸關牠們的生存；同樣的，在人類數千萬年的演化歷程中，這一項生理機制極可能也早已成為我們的一部分，因為它對我們的生存也同等重要。任何生物在聽到可能造成生命威脅的事物（或是可捕獲的獵物）發出的聲響時，一定會都從睡夢中甦醒過來。

說到這裡，請你試想，萬一每一個聲響都可以對我們產生一樣的效果，將我們從睡夢中喚醒，晚上睡覺會變成什麼景象？我想，我們必定會整夜不得安寧，根本無法好好睡覺！

對大腦在這方面的運作比較有概念後，現在我們把討論的焦點重新放到凱文身上。在透過正子掃描看到凱文大腦的活動狀況後，我們應該要怎麼解釋它代表的意義呢？這表示凱文有意識嗎？又或者，我們該說這些現象其實都只是凱文的大腦在他（凱文本人）沒有意識的狀況下，自動運作的結果？

當下單憑眼前的結果我們實在答不上來，我們還需要對凱文有更深入一點的了解。一方面，我希望凱文大腦的活動狀態是個徵兆，是他正向我們傳達的一則微弱訊息，告訴我們他的意識還困在身體裡面、亟欲破繭而出，告訴我們他還在等著我們找到他意識被囚禁的牢籠、將他從中釋放；每每想到這裡，我就彷彿切身感受到他為此承受的折磨。

另一方面，某部分的我卻為這樣的念頭不寒而慄。因為假如凱文確實還擁有意識，他就知道我們掃描過他的大腦，而且也知道我們正在苦思他大腦的活動究竟代表著什麼樣的意義。畢竟，如果凱文是有意識的話，他就會知道我們在他面前說過的每一句話，知道我們掃描他是為了找出跟他溝通的方法，更會知道我們不曉得該怎麼解釋他大腦掃描的結果。

知曉這一切的凱文，會不會覺得自己像是一個在荒島上靜待救援的船難者，本以為我們駕駛的船隻可以營救他，沒想到我們卻僅是幽幽地從遠方駛過，讓他希望落空又無語問蒼天？我們對他的所作所為，是不是反而加重了他內心所承受的痛苦？我總是盡量不讓自己去想這方面的事情。姑且不論凱文的狀況究竟為何，光是與他相遇和與他大腦產生交流的過程，就讓我不禁再次想起莫琳遭逢的困境，想知道他倆之間的情況是否有任何相似之處。

我明白造成他們腦傷的原因完全不同，可是他們所呈現出的生理狀態大同小異——身體仍保有睡眠和清醒的週期，對外界的事物和刺激卻毫無反應。倘若凱文的意識還留存在他體內的某一個角落，莫琳會不會也是如此？

功能性核磁共振造影

沒多久，這一切出現了轉機。

經過幾個月的協調和爭取後，沃爾福森大腦研究中心終於擁有一台「功能性核磁共振造影」（fMRI）。一九九〇年初，這套非凡的科技設備才開始陸續應用在人體上，同時也為「意識灰色地帶」這門科學開創出了新的可能性和革命性進展。

「功能性核磁共振造影」和「正子放射斷層造影」呈現的大腦資訊雖然很相似（舉凡偵測大腦於執行思考、感受和意圖等工作的活動狀態），然而它們卻是運用完全不同的科技原理呈現出大腦活動的影像。

由於送往大腦的含氧血和流出大腦的缺氧血在磁場上的表現有所不同（說得更白話一點，即：含氧血和缺氧血帶有不同的磁性），所以當大腦裡活動比較劇烈的區域接收到比較多的含氧血時，功能性核磁共振造影掃描機就可藉由磁性的差異，偵測出大腦發生活動的位置。再者，功能性核磁共振造影這個技術，不像正子放射斷層造影有「輻射負擔」的限制。

事實上，功能性核磁共振造影對受檢者不具任何傷害性，所以病人可以不限次數的接受掃描。也就是說，如果你利用功能性核磁共振造影在某一個患者的大腦影像上看見好預兆，便可以持續針對該目標去鑽研，不必再因為「輻射負擔」的問題中斷研究的腳步。

除此之外，功能性核磁共振造影還有一項更突出的優點。我們用正子放射斷層造影掃描大腦時，僅能以「幾分鐘」為單位來觀測大腦的活動狀況，但是功能性核磁共振造影卻能夠以「一秒」為單位來觀測。

這項差異對研究大腦的成果有很深遠的影響，尤其是探討口語理解方面的研究更是受益良多。因為大腦在處理口語訊息、讓我們理解語言意涵的過程，僅需費時數秒，而非數分鐘。

閱讀和理解這一頁文字的內容，你大概需要花一分鐘的時間，就跟做一次正子放射斷層造影的時間差不多。不過，在你閱讀的同時，你的大腦早就同步解讀了你看到的每一個文字和句子，所以當你讀到這頁的最後一個字時，你就會知道這頁文字所傳達的訊息，不需要讀完整頁再等個一陣子才能理解。其實，就算你想要這麼做，也不可能做到。

理解語言是一種持續性的過程，你在看一頁文字的時候，你的大腦便會逐字逐句地解析這些文字的意思。老實說，大腦執行理解語言這項工作的層次遠比我們想像中的低，等下你就會明白為什麼我這麼說。

有了功能性核磁共振造影的幫助，現在我們就能夠從更小的時間單位來了解大腦是如何處理接收到的每一段句子。如同前面所說，在只能利用正子放射斷層造影研究大腦的時期，我們僅能以「數分鐘」為單位來觀測大腦活動的變化，因此從正子掃描的結果我們頂多僅能了解患者在讀完整頁文字的大腦活動狀態；相對的，以「秒」為單位呈現掃描結果的功能性核磁共振造影，就能讓我們進一步了解患者大腦在處理每一個句子的活動狀態。

對凱文來說，功能性核磁共振造影的數據非常關鍵，因為這可以讓我們確定他口語意涵的理解程度到底落在哪裡。我們想知道：凱文聽到這些語句時，腦中是只有一個基本、粗略的概念，又或者，他的大腦也能逐字逐句地精準解讀出語句中的意涵，就跟你我一樣？

跟閱讀的狀況有點相似，我們在聽自己的母語時，通常可以很輕鬆的理解語句中的意涵，以至於我們完全不會察覺到大腦在執行這項工作時，實際上是經歷了多麼複雜的一段過程。大腦要正確理解一段話的意思，不但必須先一一辨認出句子中的每一個字，還要從我們腦中的字庫裡找出這些字代表的意思，最後才能拼湊出整句話的完整意義。

在英語中，很多字（大約百分之八十）不只一個意思。有些字是同形同音異義字

（homonyms），即雖然拼法和發音一樣，卻有兩個不同的意思，例如bark，它既可解釋為「狗吠聲」，也可解釋為「樹皮」；有些字則是異形同音異義字（homophone），即拼法和意思皆不同，可是發音卻一樣，例如knight（騎士）和night（夜晚）。

因此，當你聽到「The boy was frightened by the loud bark.」這句話，並明白這句話的意思是「男孩被狗吠聲嚇了一跳」之前，你的大腦其實已經先根據上下文快速地判定bark在這個句子裡指的是「狗吠聲」，而非「樹皮」。

由於大腦理解一句話的過程可能耗時不過千分之一秒，所以有了功能性核磁共振造影這個研究大腦的生力軍後，我們更有機會深入了解大腦解碼語句的運作模式。[3]

英格麗和她的同事當時就召集了一群健康的受試者，想利用功能性核磁共振造影和歧義字了解他們大腦在理解口語時的運作模式。他們的實驗方式如下：讓健康受試者躺在功能性核磁共振造影掃描儀裡，在他們的耳邊播放多句經過設計的句子，有些是含有數個多義詞的句子，例如「The shell was fired toward the tank.」（shell、fired和tank這幾個單字皆有數種字義）；有些則是語意清晰，完全不帶多義和同音詞的句子，例如「她把祕密寫在日記裡」。

該實驗的結果顯示，這些受試者的大腦對這兩類句子的反應，與心理語言學的推論完全吻合，即「含有數個多義詞的句子，在大腦裡必須歷經更多的訊息處理程序，才能讓大腦從上下文分析出這些單字在語句裡的意涵」。

從功能性核磁共振造影呈現的掃描畫面中，我們真的能看到受試者在聽到帶有多義詞的語句時，其大腦左顳葉皮質和左右額葉下部的活動度增加；這表示在理解口語意涵方面，這兩個大腦區塊占有重要地位。

英格麗的這項發現對我們十分重要，因為當時我們還在思考該怎麼解釋凱文的正子掃描影像結果，還有他對語言的實際理解狀況究竟為何。

我們認為，藉由讓受試者躺在掃描儀裡聽兩種不同類型的語句，似乎能夠讓我們知道一個人的大腦有沒有辦法根據句中的上下文（或「語意」）去決定多義詞在此要傳達的意思。只不過在理解語言方面，這兩個大腦區塊執行的工作，真的是最複雜的嗎？大腦裡會不會還有其他區塊也在執行「理解語言」的工作？如果有，這些大腦區塊執行的任務會比英格麗他們發現的那兩個區塊還難嗎？

我們開始用更周全的角度去探討大腦在「理解語言」方面的理論，眼界不再僅侷限於大腦對單字意涵的理解，而是擴大到整個句子。面對一段語意模糊的句子，如果我們要理解它的意思，就表示我們的大腦必須先從記憶找出句中多義詞的各種意義，然後再根據句子裡的上下文去選出多義詞在此的正確意涵。

大腦理解語言的能力

此時我們漸漸明白，「理解語言」這項能力或許是判定一個人有無意識的關鍵。我們不是要把「理解語言」和「有意識」畫上等號，但是如果一個人可以理解帶有複雜語意的語句，那麼他們很有可能就具有意識。

哲學家聽到我們的這番言論恐怕會提出反駁，因為不論是語音或是文字的翻譯軟體，例如Siri，在某種程度上都算是具備「理解語言」的能力，可是大概不會有人覺得Siri具有意識。

乍聽之下，這些哲學家的辯駁似乎有幾番道理，不過仔細來看，如果你對這些翻譯軟體說些語意模糊的句子，他們根本就無法跟人類一樣正確地解讀出文句裡的意涵。要讓機器精準無誤地理解人類口語裡的意涵是一件極為困難的事，儘管尼爾·阿姆斯壯（Neil Armstrong）和巴茲·奧德林（Buzz Aldrin）登陸月球都已經是近五十年前的事，但目前全球最優秀的研發團隊好像還是無法打造出一台這樣的機器。

為什麼？有部分的原因是，人類的語言本來就常會出現語意不清的情況，即使語句中出現的都是意義明確的單字。就以「He fed her cat food.」這句話為例，你覺得這句話要表達的意思是「他拿食物餵了女性朋友的貓」，還是「他拿貓食餵了女性朋友」？

單憑這一句話你不可能知道它究竟是要表達哪一個意思，因為這句話的語意不清。我們的大腦在處理這類模稜兩可的語句時，通常會先從談話的背景思考它可能要傳達的意義。因此我們可能會想：「對方說出這句話的時候，我們正在聊他女性朋友的貓嗎？或者是，我們正在聊他女性朋友的特殊飲食癖好？」你說，機器和軟體怎麼可能這樣分辨兩者的差異？

它們當然不能（至少絕大多數不能），因為他們不是你，不知道你在人生中每一刻經歷的每一件事，而這些事將能幫助你了解這句話的背景，從而決定「He fed her cat food.」在此要表達的意思。值得特別強調的是，英格麗和她同事的實驗已經告訴我們人類大腦裡有兩個區塊——一個位於左腦顳葉皮質背側的底部，另一個則位於左右腦額葉的下側—在理解口語上，扮演重要的角色。

只要我們聽到的語句意涵不清，這兩個區域就會努力運轉，幫助我們正確的理解語意。然而，要正確理解話語這件事，絕非只是這麼簡單，有時候大腦還必須運用一些更複雜的元素，才能讓我們充分理解一段話想傳達的意思，比方說我們的記憶。我們在大腦裡建立的記憶網絡，在理解口語方面亦占有重要地位。

如果我們記得我們的女性友人沒有養貓，那麼「He fed her cat food」或許就比較可能是指這位女性友人吃了一罐貓食。可是，就我們的記憶中的經驗來看，我們又知道一般人並不會去吃貓食，貓才會去吃貓食。

就這樣，在我們聽到一句語意不清的話時，大腦就是必須先如此千迴百轉的運轉，最後才能讓我們得以正確理解這句話的意思。

換句話說，我們在理解語言的時候，大腦實在是要執行太多複雜的認知處理工作，這也是為什麼我會說「理解語言」和「意識」之間的關係密切。舉凡理解語言的意涵、處理多義詞的語意、解讀語句的來龍去脈、提取長期記憶的資訊和評判社會的常規（例如「很少人吃貓食」）等，都是屬於認知處理工作的一部分。

因此，假如一個人的大腦可以有效率地完整執行這些工作，我們還說他沒有意識，完全不合理。透過研究大腦對語言的理解，我們必將慢慢一磚一瓦地構築出人類意識的全貌。

凱文成了我們首位利用功能性核磁共振造影掃描儀了解大腦活動狀況的患者，這項超凡的新科技在「意識灰色地帶科學」的發展上扮演要角。凱文躺在掃描儀狹長的檢查通道裡，穿著襪子的雙足則露在通道外頭。我們按下啟動鍵，掃描儀先是發出一陣呼呼的低沉聲響，接著便爆出響亮的無線電波訊號聲，於是凱文就在掃描儀的巨大運轉聲音中開始接受掃描。

暫且不論凱文是否有意願參與我們的實驗（因為這對他本人可能並沒有太大的好處），但他對「意識灰色地帶科學」的發展確實大有貢獻：他的這次掃描結果就像是一塊重要的拼圖，讓我們對何謂「有意識」有了更多的想法。

雖然憑當時的成果，我們離造福大眾還有很長一段路要走，但是我相信凱文是我們完成這個目標的關鍵一角，很快我們就可以陸續拼湊出拼圖的全貌、應用到臨床上，所以實質幫助到凱文這類患者的日子可說是指日可待。

我們在凱文耳邊播放語意不清的句子時，他顳葉的活動狀況就跟其他健康者一模一樣。根據以往研究的經驗，我們知道要把觀察的重點放在左腦上，因為它底部靠近大腦後側的位置是處理語意的重要區塊。

縱使凱文被診斷為植物人，但他大腦的活動狀態依舊活躍；聽到複雜、帶有模糊字詞的句子時，他的大腦就跟常人一樣運作，用著我們上面說的方式釐清整句話的意思。

過去從沒有人做過這樣的實驗，這個實驗播放的一系列句子都經過心理語言學家的精心設計，他們會讓受試者大腦裡負責執行「理解語言」的區塊出現很細微的變化。從實驗的結果來看，凱文的大腦似乎還是擁有處理和理解這些複雜語句的能力。[4]

用功能性核磁共振造影技術掃描完凱文的幾個月後，我在劍橋參加了一場特別的臨床醫療與護理人員聚會，席間我興奮地和其他與會者分享我們的研究成果。我認為我們的成果擴大了眾人對「意識灰色地帶」的了解範圍，因為我覺得我們從凱文身上知道了一些新的東西，並更加清楚像他這樣的病人能做些什麼。

不過，觀眾給我的反應卻不如預期，甚至紛紛對我拋出了一個又一個震撼同時具啟發性的問題。他們認為除非我能信誓旦旦地說「凱文的掃描結果證實他具有意識」，否則我們所得到的研究成果（凱文大腦對極為複雜、語意不清的句子有反應）根本不能代表什麼。

簡而言之，不管我們刺激凱文大腦的方式有多麼縝密，不管我們使用的科技有多麼進步，也不管我們自以認為自己有多麼聰明，如果我們無法提出鐵證如山的證據證明凱文有意識，那麼他們誰也不可能接受凱文「有意識」，甚至是「可能有意識」的說法。

當時我不曉得凱文的掃描結果會不會成為我研究路上難以突破的挫折，也不知道他的掃描結果會引領我們邁向何方，但二〇〇四年的時候，我決定暫時放下手邊的研究，休息一下。

二〇〇三年我曾受邀前往澳洲雪梨演講，那場演講的主題是分享我在額葉功能和巴金森氏症研究上的發現，我也因此結識了許多在新南威爾斯大學（University of New South Wales）從事精神病學研究的朋友。由於他們的研究單位剛好不久前才取得一台全新的功能性核磁共振造影掃描儀，因此他們立刻邀請我下次再來造訪，並在澳洲停留長一點的時間，好協助他們建立這方面的系統。

我趕緊抓住這個機會，乘機從劍橋的研究中抽身。之後，我就在澳洲度過了四個月的精采時光。我在庫吉海灘（Coogee Beach）旁租了一間房子，距離南端的邦代海灘（Bondi Beach）只有幾個港灣的距離，那裡有金黃的沙地、親切的居民和永遠陽光普照的大晴天—對英國人來說，這裡大概就近似天堂般美好。早上我會在沙灘上享受陽光，或是沿著海岸邊的美麗步道漫步。我總是獨自一人，有很多時間可以思考。

那時候莫琳呈現植物人狀態已經八年了，在莫琳變成植物人不到一年的時間，我遇到了凱特，後來則又遇到了黛比和凱文。當時美國鬧得沸沸揚揚的「泰莉案」也即將落幕，幾個月後她就會因為移除維生機器死亡。儘管在莫琳變成植物人前，我絕大多數的時間都投注在研究額葉功能以及額葉和巴金森氏症這類疾病的相關性，但在莫琳變成植物人的這段期間，我已經慢慢把我的研究重心轉移到「意識灰色地帶」這門新興的科學領域，希望可以更深入了解這些患者的意識狀態。

這個新興的研究方向有著讓人無法忽視的存在感，因為它不是一門「為科學而科學」的學問，它的研究目的都是以「造福人群」為出發點。換句話說，這門科學所產出的成果，最終都會對人類面臨的問題提供實質的幫助，而莫琳就是這些人的其中一員。當時我其實不太知道未來我們會如何走到「幫助病人」這一步，因為我們每在一個實驗中得到解答後，往往又會從中衍生出許多待解的問題，而且這些新問題各個都值得探討。

這就是我當下要面對的難題，我不知道該如何抉擇。我研究的下一步該往哪裡走？哪一個問題才是讓我更深入了解目前所知的關鍵？我舉棋不定，不知道自己到底要專攻哪一項研究主題。直到有一天，我終於在這片沙灘上靈光乍現，發現答案其實一直都在我心中。雖然我人生中的兩大研究主題看似毫不相干，但事實上它們之間卻有非常密切的相關性，只是過去我一直沒有意識到這件事。

第7章

意念的世界

不論我們點燃的火炬有多亮，不論它照亮了眼前多少的空間，我們的地平線依舊會被深沉的夜幕籠罩。

——德國哲學家 亞瑟．叔本華（Arthur Schopenhauer）

我最後一次聽到凱文的消息是在二〇〇五年，他中風的兩年多之後。那時候他住在一間照護機構裡，生理狀態穩定，但始終沒有脫離植物人的狀態。我很想知道凱文到底曉不曉得我們之前曾試著和他交流過。

照護機構裡的工作人員都知道我們在凱文身上的發現，可是他們會因此做些什麼改變凱文人生的舉動嗎？譬如說用不同的態度照顧他？還是他們會因為凱文可能可以理解語言，而跟他說說話或是對他朗讀文章？我想，我大概永遠都不可能知道這些問題的答案。雖然這個念頭很令人沮喪，但我確實無能為力。

差不多就在我們掃描凱文的時候，我還同時和我的其中一位博士後研究員安雅．德夫（Anja Dove）一起進行另一項研究計畫：利用功能性核磁共振造影技術了解額葉是如何影響記憶。我們的直覺告訴我們，額葉在我們刻意記下或想起某些事物時扮演很重要的角色。不過，對那些我們稱之為「自動化」的記憶，額葉的重要性就沒有那麼大了。所謂「自動化」的記憶就是不管你想不想要，你都可以毫不費力記下和想起的某些生活事物和細節，例如：你車子的外觀或是你家浴室的位置。那麼什麼情況下額葉才會位居要角呢？

在你記一串電話號碼、一個地址或是一段少到懶得寫下來的採購清單的時候。這個區別對當時正漸漸將研究重心轉往「意識灰色地帶」領域的我很重要，因為不少看過我們研究成果的人認為，這些植物人患者對我們的刺激產生的反應，只是一種自動、無意識的反應，所以我認為，或許額葉執行的這個獨特功能可以證明某些外表貌似植物人的病人仍有意識。

我會有這樣的想法，要歸功於我在澳洲的那段時光。那時候我就這樣一邊坐在庫吉海灘上看著岸邊的浪花擺動，一邊試著將腦中的千頭萬緒理出一個具體的形狀。接著，就在某一天，我突然開竅了，終於發現「意向」（intention）和意識之間其實有相當穩固的關聯性。也就是說，如果我們可以證明這一點，那整個研究就可以繼續往下走。

更重要的是，「意向」剛好還是我們團隊一直在探索的認知主題，而且我們已經針對這個主題做了很多與額葉有關的記憶力實驗。不過為了讓你清楚了解我剛剛說的概念，以下就讓我用一些更具體的例子加以解釋。

假設你現在正在一間藝廊裡漫步參觀，並在一個小時左右的時間裡，看了數百幅的畫作。這些畫有些風格獨樹一幟，有些卻在顏色、主題或整體風格上雷同。再假設你都只是走馬看花地看過這些畫作，並沒有特別花力氣去記下任何一幅畫的內容。隔了很長一段時間之後，如果你再次造訪這間藝廊，你也許會發現自己只認得其中的某幾幅畫，至於其他畫作你可能毫無印象，也可能似曾相似，無法肯定自己是否看過。又或者，雖然你覺得自己認得其中的某幾幅畫，但其實你根本是把它們和其他相似的畫作搞混了。

這是大多數記憶的運作模式：雖然世界上有很多訊息要被記下，但現實生活不是一場記憶力大會考，所以我們不可能把生活中經歷的每一件事都刻意、仔細的記下來。這些經歷對我們來說就只是一種生活經驗；某些可能令我們印象深刻，某些則不然。

整體來說，讓我們印象深刻的生活經歷通常很特別，相反的，那些比較容易混淆的生活經歷則往往是因為我們之前就經歷過類似的事件。

話雖如此，但這不表示我們是在茫然度日。好吧，至少在絕大多數的時間不是。正如某些認知神經科學家所言，生活中，我們的注意力通常會呈現在「聚光燈模式」（attentional spotlight model）的狀態：落在聚光燈照射範圍內的事物，它們被我們記住的機率就會比較高，無關乎我們的喜好。

一旦我們把注意力放在某件事上，它就會在我們腦中形成一個具體的形象；大腦裡會有一群神經細胞受到刺激，記下有關這件事的一切，像是大小、形狀、聲音、外觀和感受，並且判斷我們是否見過它，腦中有沒有什麼跟它擁有相似資訊的事物。

簡單來說，只要落入我們注意力聚光燈下的事物，它就會刺激大腦裡的神經細胞，讓它們記下這件事或東西的方方面面（從物理特性到方位），同時搜尋它和眼前其他事物或腦中資料庫（例如過去記憶）的相關性。

這是生理學對記憶力的基礎理論，即：刺激大腦在神經網絡上重新建立起一個你在現實世界中體會到的形象，例如你在注視一個物件時，大腦便會自動在神經網絡上建立起一個屬於你對於這個物件的形象。

由於大腦在神經網絡上重建你當下體會到的特定形象時，會同時活化很多神經細胞，所以這些神經細胞所乘載的訊息被轉化為記憶的機會也會提高。也就是說，這些神經細胞上有關該特定形象的訊息將很可能成為你記憶庫中一條穩固的資訊，可供你日後隨時提取、應用。

二十世紀的知名加拿大神經心理學家唐納德·赫布（Donald Hebb）曾說過：「同時被活化的神經細胞，其之間會產生連結。」[1]他要表達的是，我們的每一個經驗、想法、感受和感官體會都將活化成千上萬的神經細胞，在大腦裡形成一個專屬那段經歷的神經網絡或者「形象」。

之後如果我們又有機會不斷重複刺激這些神經細胞（例如反覆經歷相同的事件）的話，便會讓這些細胞的連結變得越來越穩固，而這個神經網絡在我們腦中建立的形象也會變得越來越明確，成為大腦中的一條「記憶」。

上述的這類記憶和一般我們說到「記憶力」時指的「有意識的記憶」不同（例如記下課表的內容），神經心理學家將這類記憶歸類為相對「自動化、無意識」的記憶，顳葉則是負責這類記憶的大腦區塊。心理學家還用「再認記憶」（recognition memory）一詞代表這些相對「自動化、無意識」的記憶，因為要我們察覺自己的大腦已經記下這些訊息（如一幅畫的內容），唯有我們再次經歷相同的事件（如再逛同一間畫廊），並自發性地「認出」自己過去曾獲取那些訊息的經歷（如看過那一幅畫）一途。

處理「再認記憶」時，大腦完全不會動用到額葉這個區塊。

過去我和莫琳一起在莫茲利醫院工作時，就曾親眼見證這件事：額葉嚴重受損的病人，仍可認出他們看過的圖像，即便只是匆匆一瞥。[2]

另一方面，顳葉動過手術的患者就在辨認圖像上有很大的問題，而且那張圖還是他們幾秒鐘前才看過的。事實上，只有在我們真的想要記下特定事物時，大腦才會動用到額葉這個區塊，換句話說，額葉掌管的記憶是一種「有意識的記憶」（即我們一般指的記憶力）。

有意識的記憶

目前我們尚不清楚為什麼人類的大腦會有這兩種不同的記憶方式，但可以肯定的是這和我們的意識關係密切。「再認記憶」是我們生活中非常重要的幫手，因為如果我們只能記住我們想刻意記住的事，生活中恐怕會多出數不清的麻煩事。比方說，假如你去拜訪你的婆婆或岳母，但忘了刻意記下她的面容，隔天再碰到她，你就會因為認不出她而尷尬到無地自容。

由此可知，大腦能自動幫我們記下生活中的資訊是多棒的事，因為我們就不必分神去留意許多事情。「再認記憶」很有效率，它可以讓我們在不知不覺中，毫不費力的記下很多事情，其中甚至還囊括了很多我們「必須」記下的資訊。所以，有了「再認記憶」，縱使你在拜訪婆婆或岳母的時候沒有刻意記下她的面容，但下次遇到她，你還是會認得出她。

即便如此，但就算「再認記憶」能幫我們省去生活中的不少麻煩，我想你也不會想要全部的記憶都只能靠「自動導航」的模式記下來－你還是會希望擁有一些可以自行決定哪些事是最值得記住的能力。我們就繼續以剛剛的例子來說，萬一你在初次拜訪婆婆或岳母的時候，你的另一半也同時向你介紹了一大群姑姑、嬸嬸、阿姨和遠方親戚，這時候你就必須特意把心神放在你婆婆或岳母的身上，優先記下她的姓名和外貌，因為在這群人中她和你的利害關係最為密切，日後如果你叫不出她的名謂或認不出她，受到的責難肯定最大。

然而，單憑你「聚光燈模式」的注意力，恐怕很難準確地記下這些與你婆婆或岳母有關的訊息，所以此刻你必須暫且讓自己脫離這種自動導航、無意識的記憶模式，並啟動你的額葉記憶系統，刻意的多花點力氣才能牢固的記下你婆婆或岳母的名字。也就是說，此時此刻你才是真正有意識的在記憶東西。

「意向」是一種有意識的行為；當你沒有將記得和忘卻哪些事的大權交由難以捉摸的顳葉記憶系統全權處理，而是依個人意願把某些事記下來時，就是一種意向的表現。就跟你記下自己行程表的道理一樣，記下你婆婆或岳母的大名也能讓你受益匪淺，當然非常值得你投入一些心力去刻意記住它。

我就這麼在庫吉海灘上漸漸悟出了一番道理。我開始明白，倘若我們想要了解植物人患者的大腦有沒有意識，看他的大腦是否能依個人意願記憶事物可能是一個判斷的關鍵。換而言之，如果你可以證明這位患者的大腦是有「意向的」記憶事物，那麼這位患者肯定有意識；相反的，如果實驗結果顯示他的大腦是以「自動模式」記憶事物，那麼他或許就沒有意識。

為了讓你更具體了解這段話的意思，現在請讓我們再重新回到那個參觀畫廊的情境中。假如你漫步在畫廊展場中，看到一幅你覺得非記住不可的畫作，因此你就刻意地依個人的意願記下了這幅畫的細節。隔了很長一段時間之後，如果你再次造訪這間藝廊，你極可能會記得這幅畫作，但記得其他畫作的機會卻比較小。為什麼？因為先前你覺得這幅畫非記住不可，並啟動了額葉記憶系統去「有意識的」刻意記下這件你認為特別重要的藝品。

記住你每天把車子停在哪裡，又是另一個理解額葉記憶系統是如何運作的好例子。在這個情況下，你會把今天停車的位置列為特別重要的「工作記憶」（working memory），並持續將它記在腦中，直到你取回車子，不再需要這個記憶為止。然而，其實比較長期的記憶也是如此形成，譬如說，你再訪畫廊記得某些畫或是記得你婆婆或岳母的名字。如果你希望這些記憶長存腦中，你的額葉還能夠強化這些記憶的軌跡，增加你日後成功提取它們的機會。

如果你在拜訪另一半的家庭時，被對方家裡眾多親戚的名字搞得暈頭轉向，那你可能就必須派出額葉記憶系統中的大將來應對；這個大將就是「背外側前額葉皮質」（dorsolateral prefrontal cortex），它位在大腦額葉內的中上部位置。[3]

「背外側前額葉皮質」很擅於將訊息建立索引和編目，因此假如你聽到一大堆名字，而且每一個名字都在爭奪你的注意力，但是實際上你卻只想記得其中一個或少數幾個名字時（例如你岳母或婆婆的名字），背外側前額葉皮質就能幫助你做到這件事。

除此之外，背外側前額葉皮質執行一些特別的功能，像是讓你日後能更準確的想起你所記住的資訊（例如，她喜歡人家叫她喬還是喬瑟芬？）；或是，如果有需要的話，背外側前額葉皮質也可以助你推翻腦中長久、深刻的記憶（例如你過去曾和莎莉結髮三十年，近日則和另一位女子再婚，那麼你可能就必須要特別花一點心思，讓背外側前額葉皮質助你記住現任妻子的名字叫潘妮洛普）。

照這樣看來，似乎有一部分的額葉發展出一套可以賦予我們自主權的能力，它讓我們得以憑個人的意向決策，並對大腦發號施令讓它記住特定的人、事、物，體會「做自己」的感覺。

知道了額葉的這些能力，我想如果我再告訴你，它還跟我們的智力和ＩＱ測驗表現有關，你大概也不會覺得奇怪。我們理解、解決複雜問題和事前計畫的能力全都必須仰賴額葉，而這些不可或缺的認知能力也是決定我們人生成就的關鍵。[4]

舉例來說，研究一再發現，一個人的在校成就和ＩＱ測驗的分數有關。研究人員推測這大概是因為我們ＩＱ測驗的分數是由我們額葉的表現決定，而額葉的表現又決定了我們處理記憶和將這些記憶應用在各種不同情境上的能力。這件事也說明了，光是知道一堆訊息是沒用的，因為唯有你懂得應用，它們才能真正發揮價值。

一條通往意識灰色地帶的路徑

雖然今天我可以清楚告訴你額葉和顳葉在處理記憶時的微妙關係，但在二〇〇四年，我和安雅一起探討這個問題時，大家還搞不太清楚它們之間的關聯。為了釐清我們對它們的假設是否成立，當時我們承襲了應用心理學部門帶點瘋狂的實驗精神，在功能性核磁共振造影掃描儀裡打造出了一套仿真的藝廊場景。

接著，我們召集了一群健康的受試者，並在他們接受掃描時播放上百幅冷僻無名的畫作（這是為了確保受試者過去從未看過這些畫作，因為如果他們之前曾看過我們播給他看的畫作，將會影響實驗的結果）。掃描期間，有時候我們會發出指令，請受試者特別記住下一幅畫的內容，至於其他時候我們則是讓受試者自己靜靜觀看眼前閃現的畫作。

我們的假設完全正中紅心。當我們沒對受試者下達任何指令時，受試者大腦顳葉的活動度會明顯增加，額葉的活動度則沒有變化，而這些畫作他們也不一定全都記得。另一方面，當我們要求受試者記住某一幅畫作的內容時，我們也發現，他們額葉的活動度大增，但顳葉卻沒有；這一切都和我們先前預測的結果一模一樣。

更重要的是，結束掃描後，比起其他畫作，受試者會對我們要求記下的畫作特別印象深刻。這一項發現相當有意思，因此當我和安雅在兩年後於《神經影像》（*Neuroimage*）期刊上發表這篇研究成果時，它在額葉功能的學術領域上也造成了一定程度的轟動。[5]然而，儘管這些結果我早在二〇〇四年就已經知道了，但我卻在同年坐在雪梨海灘上想著凱文的狀況時，才終於開始漸漸明白這些結果帶有多麼不同的意義。

我了解到，實驗中影響健康受試者額葉活動與否的因素，主要是在於我們下達的指令而非畫作本身，而且受試者大腦的活動狀態同時也忠實地反映出他們本身的「意向」（前提是他們要記得我們給他的指令）。

也就是說，我們給受試者看的這些畫作，不管我們有沒有要求受試者記住（還有他們事後對我們要求記下的畫印象比較深刻），都跟畫作本身的無關，因為這些冷僻無名的畫作並無特別之處，所以對受試者來說，基本上這些畫都不太容易記住。

因此，受試者大腦出現不同活動狀態的唯一差異之處在於：他們是否有刻意靠著自己的意向或意念（will）去看並記住畫作的內容。

看到這裡你可能會覺得我講話不老實，因為你或許認為受試者之所以會記得或不記得那些畫作，還不是因為我們對他們下達了指令。沒錯，這的確是不爭的事實，但是受試者的額葉活動度增加，我們下達的指令只不過占了幾分的影響力，主要的關鍵還是在於他們的意念。

難以信服嗎？好，那現在就讓我們再次回到藝廊的例子。假如在參觀藝廊前，我對你提出這樣的要求：「請你在參觀的過程中，任選一幅你覺得特別的畫作，並仔細記下它的內容。」這項要求就跟我和安雅在功能性核磁共振造影實驗中，給受試者的指令一樣明確。

可是，你會「照辦」嗎？你真的會在參觀的過程中，選一幅特殊的畫作，並仔細記下它的內容嗎？答案是不一定，因為有太多理由可能讓你無法完成這項要求。

譬如說，你可能會因為審美觀的關係，在逛完整間藝廊後，卻找不出一幅特別吸引你的畫作。又或者，你可能一開始就打定主意不要理會我對你的要求。

換句話說，雖然我對你提出了要求（發出指令），但你選擇了忽略這項要求。要做到這一點非常容易，因為就算你在參觀前聽到如此明確的要求，還是能很輕易地在偌大的藝廊裡漫不經心的走馬看花，不記得任何一幅畫的內容。看到癥結點了嗎？

縱使你能夠對掃描儀裡的受試者發號施令，但是要不要執行指令，還是全由他們的「意念」決定，即他們的「意識」。他們或許會不小心忘記遵守指令，可是如果他們有依照指令動作，那就表示他們是「有意識」的執行這個動作，它是一種意向的表現，也是個人意念的展現。這就跟你在一下子面對另一半眾多親友的姓名時，決定花特別多心力記下你岳母或婆婆的名字一樣：如果你沒有想要去做，這一切都不會憑空發生。

我就這麼在雪梨的沙灘上悟出了這番道理，明白我和安雅為了研究額葉是如何影響記憶的實驗，竟然就暗藏了證明「意識」的明確證據。老實說，我們在做這項實驗時根本就不必在乎我們的受試者是否具有意識，因為他們全都是神智清醒的健康的人。

然而，當我開始把我們在這些健康受試者身上看到的結果套用到凱文身上時，我就發現了另一個全然不同的意義。

假如我們給凱文看一系列的畫作，並叫他記下其中的幾幅，他的大腦額葉有所反應呢？這不就是證明凱文有意識的最佳鐵證嗎？如果凱文記不得我們的指令，沒辦法「有意識」的決定執行這項指令，他的額葉怎麼可能會只對我們下達指令的那幾幅畫有反應？

當下我終於知道，過去我其實就已經誤打誤撞的找到答案了。我們必須要讓一個處於植物人狀態的病人對我們的指令產生反應，而且這個指令一定要是病人可以有意識的「選擇」要不要去做的指令，而非大腦可以自動化反應的。如果他做到了，我們就握有強而有力的鐵證，讓質疑我們研究成果的人不再提出異議。

就在我們努力不懈的探索這個領域這麼久之後，我終於找到了一條通往意識灰色地帶的路徑，這條路能讓我們踏進這些患者難以捉摸的內心世界，確認他們的內心是否有發出任何訊號；如果他們真的有發出訊號，那就表示他們其實不是植物人，而是一個活生生會思考的人——他或她能感覺到自己、這個世界和目前的處境。這背後隱含的意義非常龐大。

不過，當時我還沒有去想那麼多，只是一心想著這個方法能夠證明意識的存在，畢竟這才是一切的關鍵。那時候的我想，如果這個實驗行得通，如果我們可以透過功能性核磁共振造影掃描儀偵測到「一個沒有反應的病人做了一個有意識的決定」，那麼無庸置疑地，這個病人一定擁有意識。

一旦我們可以跨過那道門檻，未來就充滿了無限的可能性。說不定我們還能和這些人的內心交流，問問他們所處的那個世界長什麼樣子？但他們有辦法隨心所欲地告訴我們心中的話嗎？他們有辦法告訴我們，他們知道自己的命運、到達那個世界的過程，還有時光的流逝嗎？他們能夠跟我們表達喜惡，並告訴我們怎樣才能讓他們的日子過得更舒服嗎？

更甚者，他們會不會告訴我們自己的生存意願？曾經，踏入意識灰色地帶是一件看似遙不可及的想望，但現在我們手上卻有一個實驗能助我們突破困境，不必再原地打轉。

於是，當下我便決定，是時候該返國了。

第8章

哈囉，要打網球嗎？

我會讓球拍替我說出我想說的話。

——美國網球名將 約翰．馬克安諾（John McEnroe）

是什麼讓意識的表現出了問題？

回到劍橋沒多久，二〇〇四年六月我便受邀到安特衛普（Antwerp）參加研討會和演講，於是我又搭著火車穿越英法海底隧道（Channel Tunnel）來到了這座比利時的第二大城市。這場研討會是意識科學研究協會（Association for the Scientific Study of Consciousness，ASSC）的第八屆會議，主辦人正是當地的神經科學家史蒂芬．洛瑞斯。

抵達位在安特衛普大學（University of Antwerp）的會場後，我發現我要發表演說的場地是一個天花板高聳、沒有窗戶的講堂，裡面的座位容納了數百位的聽眾。輪到我上台演說時，我利用僅有的短短三十分鐘時間，滿腔熱血地描述著我們研究團隊的三位重要植物人患者。

整場演說我以凱文作結，因為以科學的角度來說，凱文的狀況最能代表我們團隊目前所處的階段。我們在凱文身上發現前所未見的證據，證明像他這樣對外界毫無反應的患者，其大腦依舊有辦法解讀語句的意涵。不過，這是否足以表示凱文具有意識？我故意用這個問題做為這則個案分享的最後結語，讓這句話的餘韻逕自在聽眾的心裡發酵。

果不其然，這句話發揮了它的效力。這次台下的許多聽眾，不論是哲學家、神經科學家、麻醉醫師或其他研究意識的臨床醫師等，皆不再把討論的重點放在「患者本身是否具有意識」，而是「是什麼讓意識的表現出了問題」。當時，「意識障礙」（disorders of consciousness）這個領域的研究其實才剛興起，但幸好在該場研討會中，這個新興領域的主要研究者都參與其中：尼古拉斯．希夫、喬瑟夫．傑奇諾，當然還有身兼主辦人的史蒂芬．洛瑞斯。

研討會後的餐會在安特衛普一間美麗、名為「Brantyser」的餐廳舉辦，一進餐廳我的耳朵就被喧囂中夾雜的一陣大提琴獨奏琴音所吸引。

爾後我們入座準備享用晚餐時，演奏那段琴音的大提琴樂手恰好就坐在我身邊，她叫做梅蘭妮．波利（Melanie Boly），是一名比利時神經科實習醫師。席間我們相談甚歡，梅蘭妮是一位馬上就會令人印象深刻的人，因為她兼具魅力和才華，而且講話的速度飛快，我認識的人裡大概無人能出其右。

我們除了聊音樂，也聊科學。梅蘭妮說她想增加自己在心理學方面的專業，我們都認為劍橋對她來說是最好的選擇，如果她願意，我們可以幫她跟史蒂芬商量，讓他安排她在隔年五、六月的時候以公費研究生的身分到我們劍橋的實驗室見習。

這樣一來梅蘭妮不僅可以增進關於心理學的專業知識，亦能成為幫助我們實驗室將這項科學向前推進的最佳幫手，可說是皆大歡喜。梅蘭妮欣然答應，當晚史蒂芬在聽完我們的想法後，也馬上同意為她支付所有旅英的花費。隔天一早，我搭著火車再度重返英國時，內心滿是雀躍，因為我知道我們就要有所突破，整個意識之謎的全貌就快呼之欲出。

讓我們找到你

因此，在春暖花開的二〇〇五年春天，梅蘭妮和我開始思考，該用什麼方式將我們已知的概念──「額葉和它在意向和意念上扮演的角色」──發展成一個可以用來判定對外界無反應的病患是否具有意識的方法。

我為這件事情絞盡腦汁，因為我們必須想出一個「行得通的任務」，讓患者可以透過這項任務表現出他們內心某部分的心理活動狀態。我們常坐在應用心理學部門花園裡的老舊木板凳上腦力激盪，而板凳附近一株矗立在草坪中央的茂密桑樹，則為我們篩去了不少初夏的豔陽。

梅蘭妮和我必須設計出一個符合以下原則的心理任務：讓受試者在三十秒的時間內，在完全不受任何其他因素的影響下，持續靠自己的意念展現出執行任務的意願。

我們的第一個想法是「唱兒歌」。如果我們請患者在腦中哼唱一首兒歌，是不是就能讓他們的大腦在這三十秒的時間內，呈現一致性的活動狀態？一般人大多對兒歌的曲調耳熟能詳，所以要獨自哼唱三十秒其實並不困難。

我們的第二個想法是請受試者在腦中想像他們心愛的人的面容。這個靈感來自凱特，因為她的大腦對她親友的相片有強烈的反應，但我們其實並不清楚單純要求受試者想像親友的面容，是否也可以引起類似的大腦活動狀態。

我們的第三個想法則是請受試者想像自己在一個熟悉的空間中走動，例如他們的家。雖然要一個人腦中呈現導航模式，從一個地方走到另一個地方（甚至是清楚知道自己走過每一步的景象），大腦必須繁複運作，但實際上這個舉動不需你耗費太多心力，因為你的海馬迴（hippocampus，位在大腦深處，外型酷似海馬）裡有一種叫做「位置細胞」（place cell）的特化神經細胞會負責執行這項任務。[1]

發現「位置細胞」的人是神經科學家約翰・歐基夫（John O'Keefe）的研究團隊，他們在一九七一年首次在大鼠的身上發現這種細胞（二〇一四年，歐基夫還因為這項發現成了諾貝爾生醫獎的得主）。當時歐基夫發現，大鼠大腦裡的位置細胞似乎「知道」自己在環境中所處的位置。他也發現，在海馬迴裡位處不同位置的位置細胞，會依據大鼠所處位置的不同，發射出強弱不一的訊號；而這些訊號強弱不一的神經細胞在大鼠腦中形成的神經網絡，就像是一幅繪製在大鼠腦中的「GPS 地圖」。

令人驚訝地是，如果這隻大鼠從A點移動到B點，即便兩點分別活化了同一群的位置細胞，但是這群位置細胞呈現出來的結構卻會截然不同，後者會在這群位置細胞的神經網絡中「標示出」B點這個新區域。

歐基夫的這項成果很重要，一方面是因為過去不曾有人發現過位置細胞這類的神經細胞，一方面則是因為這項發現奠定了日後研究的基礎，讓其他研究人員得以進一步證實海馬迴就是大腦「認知地圖」（cognitive map）的所在。這份「虛擬地圖」的功能，不僅可以讓我們自由的在這個世界暢遊，還可以成為一個擺放我們記憶和經歷的框架或骨幹。

想想看你在一個熟悉的環境裡，是怎麼引導自己走到你想要前往的目的地，例如在家裡，你是如何走到臥室的。當你走到目的地時，你又是怎麼判定自己走到了對的地方？你或許會認為，你之所以知道自己走到了臥室，是因為你認出了你預期中會見到的物品，像是床、衣櫃和梳妝台等等。

然而，這個說法並無法成立。因為假如這個說法成立的話，我們的一生中就會浪費許多時間四處晃盪，才能在偶然間誤打誤撞找到我們想去的地方。

很顯然，我們並非如此。通常我們都是直接走到了我們想去的地方，因為我們心中都有一份發展完備的虛擬地圖，它能讓我們知道自己身在何方，又該如何從現在的位置前往目的地。

不過，這份虛擬地圖要能成功的發揮導航的效果，還得同步仰賴我們的記憶從旁輔助，如此一來我們才有辦法準確知道自己位在那個環境裡的哪個位置。

假如你閉上雙眼，想像在家裡，要走到自己的臥室的路徑，會更清楚「虛擬地圖」的概念。基本上，我們可以「在腦袋裡想像走到某一地點的路徑」的這件事，就足以證明我們的大腦裡確實內建了一幅具有空間性的虛擬地圖。

就算我們無法實質的用眼睛看到它，但是我們卻仍可以在心中體會到它的存在。實際上，對絕大多數的人來說，即使要我們閉著眼睛，也可以很輕易地在家中找到自己的臥室。雖然閉上眼睛可能會讓我們多花一點時間才能走到房間，但是我們一定都能成功完成這項指令。

在大腦裡，海馬迴是賦予我們這項能力的一員，多虧它仔細地為你在腦中繪製出一幅虛擬的地圖，你才有辦法知道自己身處何方。

事實上，大腦形成虛擬地圖的過程比我們剛剛所說的複雜許多，而且更重要的是，海馬迴並非是創造虛擬地圖最關鍵的部分。

海馬迴附近的大腦皮質有一塊叫做「旁海馬迴」（parahippocampal gyrus）的大腦組織，在人類看見空間圖像（例如風景、城市景觀或房間等）時，它的活動度會變得非常高。除此之外，無論你是想像自己在哪一個熟悉的地方裡走動，旁海馬迴都必定會活化。[2]

在此重新統整一下梅蘭妮和我想到的這三項心理任務，分別是：在腦中唱兒歌、想像親友的面容和虛擬空間導航。我們知道並不是每一個想法都有機會行得通（這種可能性微乎其微），但我們還是希望其中能有一、兩個方法就是我們正在尋覓的答案：一個指示精簡，且幾乎每一個人都能在「腦袋裡」完成的任務。

必勝任務

梅蘭妮找來了十二名自願的受試者，讓他們在功能性核磁共振造影掃描儀裡執行這三項任務。實驗的結果相當分歧。其中以虛擬空間導航的結果最為理想，受試者能很輕易地在腦中想像於自家行走的畫面；掃描儀的影像顯示，除了一名受試者外，其餘十一名受試者大腦的旁海馬迴皆呈現閃爍狀態，這表示他們在執行這項任務時，該處大腦的活動極為活躍。

在腦中唱兒歌的掃描結果就不太具有一致性，因為並不是每一個人的大腦都有因這項任務活動的跡象；就算是被偵測到大腦有因此活動的人，其大腦活動的位置往往也完全不一樣。

至於請受試者在掃描期間想像親友面容的這項任務，結果也令人失望，不過造成這項實驗成果不佳的原因卻和兒歌不太一樣；後來我們詢問受試者對執行這項任務的感想，他們說其實要他們想像一位至親的面容並不困難，但是要「連續想三十秒鐘」以供掃描儀捕捉到大腦的活動狀態，卻是一件極為困難的事。

結果出爐，三項心理任務中，目前只有一項有辦法應用在病人身上。這樣的成果並不理想，我們還需要其他的心理任務，一項任何一個人在任何時刻都能順利完成的「必勝任務」。

我和梅蘭妮重返我的辦公室，遠眺窗外的美麗草坪陷入沉思。梅蘭妮說，之前她曾在一篇探討心理意象（mental imagery）的科學文獻裡看到，複雜的任務似乎比簡單的任務更容易讓人進入心理意象的狀態。

因此，我們需要的任務，必須是某件複雜但是容易令人想像的行動。想到這裡，我突然靈光乍現，然後對著梅蘭妮大聲說：「叫他們打網球怎麼樣！？」

這個點子會突然竄進我的腦海，或許是因為時值六月底，正好是溫布頓網球賽的賽季。每年夏天，當我們在打槌球的大草坪上喝茶閒聊時，整個應用心理學部門的話題幾乎全離不開正在南倫敦如火如荼展開的網球賽事，而溫布頓網球賽的比賽場地與我們僅相隔七十三英里遠。

也或許，純粹我就只是運氣好，剛好想到了網球這個點子。總之不管怎樣，這是我研究生涯中的一個關鍵時刻，一個轉捩點，我日後的研究成就將因這個點子而出現重大的轉變。

就在那一刻，在我投入這個領域近十年的歲月裡，我終於找到了有機會一窺凱特、黛比和凱文這類患者內心世界的方法。

梅蘭妮和我相視大笑，因為即便應用心理學部門本來就是一個常不按牌理出牌的研究單位，但要請一位被宣判為植物人的患者在掃描儀裡想像自己在打網球，這個念頭聽起來實在是有點荒謬。不過，這的確是一個可行的辦法，所以我們馬上就開始著手設計這項實驗的細節。

老實說，這個實驗超級無敵簡單，因為每一個人都知道怎麼打網球。我的意思不是說每一個人都「會」打網球，而是每一個人都知道打網球的基本概念：站在球場，手拿球拍，然後抬手將球拍揮向空中，擊向從另一方而來的網球。

我想，如果美國網球名將約翰·馬克安諾聽到我對網球的這番敘述，大概不會饒過我，但是這真的就是打網球的核心動作：將握有球拍的手揮向空中擊球。「打網球」正是我們所需要的，因為它可以很輕易地變成一道指令（如：請想像你在打網球），而聽者聽到這道指令後，不僅都會想到類似的畫面，而且還能在一連串的打網球動作中，輕鬆地想像這項指令三十秒。

當我們實際把這項指令應用在受試者身上時，它也不負眾望地讓我們得到了極佳的成果。就在我想到「打網球」這個點子後，接下來三個星期，梅蘭妮陸續請十二位自願參與實驗的受試者，躺在掃描儀裡想像自己打網球的畫面；實驗終了，我們發現這個心理任務不但相當可靠，每一位受試者的大腦活動狀況還具有一致性，他們所有人位在大腦頂部的前運動皮質（premotor cortex）全都因為這項指令活化了。[3]沒有一個人另外。

我敢肯定的說，就算我當面請十二位健康的受試者一起「舉起右手」，也絕對不可能獲得跟這份掃描結果相同的完美結果。為什麼我敢這麼說？因為在我在演講的時候，曾經多次要求聽眾舉起他們的右手，但總會有左右手不分的聽眾舉起了左手。

所以讓我們來思考一下這個問題，為什麼想像「打網球」這個指令，會比「舉起右手」更能對受試者的大腦產生一致性的刺激？難道我們大腦裡有一個專門想像打網球的區塊嗎？

當然不是。不過受試者之所以能夠這麼具有一致性的完成這項心理任務，的確是跟打網球這項運動本身的特質大有關係。我們也可以要求這些受試者想像其他雙手必須在空中揮舞的指令，例如「兩手拿著長槳，引導飛機停到正確的停機位置」。照理說這樣的指令也會發揮跟「打網球」相同的功效，只不過我認為一般人對這個情境的熟悉度，恐怕還是沒像打網球那麼高。

那麼如果我們請受試者想像從事另一項運動呢？在英國，足球比網球還要風靡，理所當然大眾對它的熟悉度會更高。問題是，「踢足球」這個指令，不見得會讓受試者在腦中想到一樣的畫面。他們可能會想像自己是球隊裡主攻得分的前鋒，在草坪上快步帶球、射門；或是堅守球門的守門員，在球門前左衝右撲的阻擋下敵隊踢向球門的足球；抑或是勇者無懼的後衛，為了破壞敵隊的進攻攻勢，一個滑步搶斷了敵隊球員腳下的球權。上述這一切的想像，都會對大腦的活動產生非常不同的刺激。

相對來說，網球就比足球單純許多。沒錯，就跟足球一樣，打網球也包含了許多不一樣的動作（例如發球、截擊和殺球等），但是這些動作有一個共通點，即「一定會劇烈擺動你的雙臂」。就是這個共通點讓受試者能將「打網球」這項指令的「心理意象」表現的如此完美，因為這個指令不只夠通俗，其衍生的想像畫面也具有一致性。

除此之外，想像打網球還有一個特別的附加優點，就是一旦你開始想像打網球，要持續想個三十秒並非難事，而這段時間足以讓我們完整的掃描受試者的大腦。我記得當時我曾問了我們的第一個受試者，在掃描機裡想像打網球的感受如何，他馬上就不假思索地說：「太棒了，我在那場球賽裡三戰兩勝！」

當然，要執行這項心理任務，你必須要對網球有一點基本的概念。假如你完全沒聽聞過這項運動，那麼就算在掃描儀裡聽到「想像你在打網球」這樣的指令，這句話對你也毫無意義，你的大腦更不可能因此產生任何明顯的活動。

儘管如此，受試者卻不一定要打得一手好網球才能順利完成這項任務。我們曾經邀請非網球選手、新手網球員和半職業網球選手參與這項實驗，結果幾乎毫無例外地，他們的大腦掃描影像都顯示他們的前運動皮質因這項心理任務活化。

人的脆弱與無常

我們確立了執行心理任務的方式。歷經漫長的腦力激盪和試驗，我們終於找出了受試者在功能性核磁共振造影掃描儀裡，能順利完成的兩項可靠心理任務：一項為想像自己打網球，另一項則為想像自己從家裡的這一個房間走到那一個房間。

根據先前的掃描影像顯示，這兩項心理任務對受試者大腦的刺激完全不同：「打網球任務」刺激的是大腦前運動皮質的活動，「在家行走任務」刺激的則是大腦旁海馬迴的活動。

為了讓你更明白接下來要看到的事情，你必須先對前運動皮質有一些認識，比方說知道它在你大腦的哪裡，以及負責執行哪些功能。把你的手放在頭頂，前運動皮質就在那裡；它是一條位在運動皮質（motor cortex）前方的大腦組織，每當你要做一個動作時，它就會負責建立你行動的流程，並讓你將整套流程付諸實行。

以開門為例，試想你走進門邊想要伸手轉動門把開門的動作。在執行這一連串簡單的動作時，你可能不見得有意識到自己在做些什麼，因為你的大腦會自動協助你完成這一系列的動作。當你走到門邊的那一刻，你自然而然就伸出了手，將手掌放到喇叭鎖式的門把上；接著為了握住門把，你又把手指向內收攏成符合門把的形狀（假如是橫桿式門把，你手部的表現就會完全不同）；最後你會同時執行「轉動門把和推門」的動作，並搭配合適的力量推開門扉——力道太輕門不會開，力道太重則可能讓自己一頭栽進了門後的房間，尷尬不已。

沒錯，我們每天這些千篇一律又近乎自動化的動作，之所以能順利進行，都是因為前運動皮質的規劃和管理。前運動皮質幫助我們建立執行這一連串動作的順序，不論我們是依照這個順序付諸行動，或甚至只是單純的按照這個順序「想像」這些動作，都會刺激到它的活動。

譬如，我把咖啡杯放在你身前的桌面，請你先想想要怎麼把咖啡杯從桌面拿起來的方法。然後現在請你閉上雙眼，靜心想像從桌面拿起咖啡杯的畫面。

你將會發現，這個想像產生的感覺很熟悉，因為「規畫」一項行動和「想像」該項行動的理念相似，且兩者皆會刺激前運動皮質的活動。

萬事俱備，現在我們只欠在掃描儀裡執行這兩項心理任務的人選，我們需要凱特這類的病人。經過多年的準備，知道自己終於有機會做這件事的事實著實令人興奮，但另一方面我們又不曉得自己還要等多久才有可能碰到合適的病人進行這項實驗。

接下來要發生的事堪稱是科學界的童話故事。卡蘿，一位已婚的二十三歲女性，被她的醫師從劍橋附近的小鎮轉介到我們手上。

二〇〇五年七月，卡蘿在穿越車水馬龍的路口時，被兩輛車撞到；她的頭部受到重創，被送往鄰近的醫院救治。電腦斷層掃描的結果顯示，她的腦部腫脹，且額葉有大範圍的損傷。除此之外，卡蘿的下肢也有多處骨折，因此經過緊急的護理處置後，她便被推入手術室進行雙額葉開顱減壓手術（bifrontal decompressive craniectomy）。

在這個手法極端的手術裡，醫師將卡蘿一部份的顱骨移除，以讓她腫脹的大腦能夠自由向外擴張，不受顱骨內壁的擠壓。這塊被移除的顱骨被稱做「骨片」（bone flap），通常醫師都會將其保存起來，假如後來該名患者的病情充分好轉且腦部消腫，那麼醫師便可以再以顱骨成形手術（cranioplasty）將該塊骨片接合回去。直到二〇〇五年九月，卡蘿的病情才趨於穩定，爾後她便被轉往離她家人比較近的康復醫院靜養。

初次見到卡蘿時，我被她的狀況嚇了一大跳。我當然曉得與腦部受到重創的病人會面，絕對不會是一件輕鬆的事，然而當時卡蘿才剛從意外中撿回一條命，外貌看起來仍然很嚇人。開顱減壓手術或許是從死神手中搶回卡蘿的必要手段，但是它對卡蘿容貌造成的影響也相當驚人。像凱特這種動過開顱手術的患者，他們的腦袋看起來都好像凹了一塊，而這塊凹陷的部位就只有一層薄薄的皮膚覆蓋在大腦的表面。

我在帶學生去訪視他們人生中第一位親眼見到的腦創傷患者前，都一定要先給他們做許多心理建設，只不過我猜想就算為他們做了這些準備，實際面對這種場面時，他們之中大概還是有幾個人無法從現場那種視覺震撼中回過神來。見到卡蘿，你很難不為她的處境感到悲痛。

以她當時的狀況，就算後來她可以徹底康復，她的人生也絕對不可能跟以前一樣。她餘生的劇情就在那個致命的一瞬間，被兩輛車的失誤和她的一個閃神重新改寫。她的模樣驀然警醒了我們，人類是多麼的脆弱，而我們的人生又是多麼輕易就能被顛覆。

在黑暗中尋找

卡蘿已經毫無反應的躺在醫院的病床上好幾個月，期間她從未展現出絲毫足以表達她內在意識的跡象。說實在話，如果把卡蘿與我們當時常看到的其他病人相比，她並沒有什麼獨特之處。卡蘿就跟其他對外界毫無反應的病人一樣，在經過資深精神科醫師的反覆檢測後，被診斷為植物人。我們之所以會讓卡蘿成為我們的受試者，是因為我們有一份符合進行功能性核磁共振造影掃描條件的病人名單，卡蘿剛好名列名單上的下一順位。

這份名單整合自各醫療單位。自從我們在媒體上發表了凱特的研究成果後，我們團隊在做的事陸續受到了英國各界的矚目。加上我們在科學期刊上描述凱特、黛比和凱文的文獻吸引了多家醫院的關注，所以後來這些醫院都會固定轉介一些病患到我們這裡，大概是一個月一到兩位的頻率；這些病患被救護車載到了劍橋，由我們的團隊進行大腦的掃描工作。

不過，現在我們團隊終於要做一些跟從前完全不同的事了。現在我們打算要求卡蘿「做」一些事，也就是說，她必須要聽從我們的指令，並在對的時間做出對的事。在此之前，我們團隊一直都是單方面的給予病人一些資訊，例如：播放親友的相片、單字或是完整的句子等，藉以刺激他們大腦的活動。說得更具體一點，這些病人在接受刺激的時候，只需要躺在床上，並

（依照我們的期望）吸收我們試著傳達給他們的訊息即可。可是我們要卡蘿做的事不一樣，我們是要她服從一個命令，並讓她在遵循我們指令的過程中活化大腦的特定部位。

首先，我們要求卡蘿想像自己在打網球，並想像自己在對戰時前後擺動手臂，做出截擊、吊小球或殺球等動作。每項指令我們都複述了五次。

我們希望卡蘿將自己想成是一名為網球而生的選手，正在溫布頓的中央球場上進行戰況激烈的準決賽，雙方只要誰能先再攻下一分，即可獲勝！

當我們對著對講機跟卡蘿說完最後一項指令後，整間控制室籠罩著一股緊繃的氛圍，眾人屏息以待，我腦中的思緒也千迴百轉。這個實驗對卡蘿真的行得通嗎？就某個角度來說，這樣的舉動實在是太瘋狂。我們竟然要求一個植物人想像自己在進行一場網球比賽！

然而，掃描的影像，卻為我們呈現出驚人的結果：不論我們要求卡蘿想像哪些網球動作，她的前運動皮質都會如健康受試者般的活化！不僅如此，當我們要求她停止想像，只要保持放鬆和「放空的思緒」時，她前運動皮質的活動也隨之消失。這樣的結果簡直令人難以置信！

接著，我們要求卡蘿想像在自己家裡走動。同樣地，每項指令我們都複述了五次。我們要她帶著自己回到在意外發生前，她所居住的房子裡；我們請她想像整間房子的格局，並走過裡面一間一間的房間，細細檢視內部每一件家具、每一照片、每一扇門扉和每一面牆的樣貌。

我們知道我們對卡蘿的要求很多，但她很顯然能勝任這項心理任務。從掃描的影像可以看出，當我們請她從家裡的這一間房走到另一間房時，她大腦的活動狀況和健康受試者一模一樣；當我們請她放空的時候，她也馬上就照做了。

這樣的結果讓我腦中登時浮現一些老套醫療劇的橋段，劇中的醫生對著躺在床上一動也不動的病人說：「如果你有聽見我說的話，就握一下我的手。」雖然我們沒有要卡蘿握我們的手，但我們要她活動她的大腦，而且她也做到了！

我的腦袋裡迴盪著凱特信中的字句：「繼續掃描大腦，掃描儀就像是一個擁有神奇魔法的巫師，終於找到了我。」此刻，掃描儀真的就像是一個擁有神奇魔法的巫師，它讓我們找到了卡蘿。卡蘿絕對不是植物人，因為她對我們的要求有求必應。

意識的本質

「知道卡蘿有意識」的念頭讓我欣喜若狂。在經過多年的實驗、推敲、苦思和無數挫敗後，我們終於鑿挖出這個令人望穿秋水的答案，我們終於找到了證明意識的方法，這突破性的一刻實在是太振奮人心。

說來或許有點奇怪，但後來我們並未因此天天掃描卡蘿的大腦，藉以探究她內心世界的模樣，或者，改善她的生活品質。

雖然遺憾，但就現實面來看，科學的運作方式本來就無法讓人隨心所欲。在這個科學領域，當我們要採取行動向外探索更多未知的事實時，一定要事先擬定縝密的實驗計畫，並提交直屬的倫理委員會審核；而日後卡蘿的成果刊登於科學期刊上時，科學界的其他相關人士也會一起檢視、公審這些實驗的流程。

當初我們針對卡蘿的實驗擬定、提交給倫理委員會的計畫書，其實驗目的只是為了探測卡蘿有無意識，而非和她天南地北的閒聊。為了這項實驗，為了繼續在這個領域前進，我們投入了大量的金錢和精力（這些都是完成一項實驗的必備條件）。

這是一段漫長的研究旅程，卡蘿和我們早期研究的其他病人，全都是我們在這趟旅途上的先鋒開路者；只不過卡蘿對我們的確別具意義，因為她是首位讓我們了解到和她這類病人溝通的可能性，並對「意識的本質」有了新的體悟。

諷刺的是，我們卻從未明確地告知卡蘿的家人，卡蘿其實還有意識。儘管我們想要告訴他們，但我們無能為力。因為一開始我們向倫理委員會申請這個研究案時，並未料想到我們有機會在這樣的病人身上找到一個有意識的人，所以我們根本沒有在計畫書上提及，如果發現病患有意識的話，我們要有何作為。

沒錯，實驗計畫書一旦通過倫理委員會的審核，上面羅列的一切就是執行這項實驗的鐵則，不得任意更動；就算你只是想要稍微更動其中的一些細項（例如對每一位患者執行掃描的次數），你也必須事先重新跟倫理委員會提出申請，待獲得批准後才可以進行。

我當然知道每個研究都必須事先通過倫理委員會的公正審核然是立意良善，不過對當時的我來說，這實在是個很令人洩氣的規定。

然而，面對卡蘿的情況，告訴她家人她有意識的這件事，牽扯到的不僅僅是必須更動計畫書內容，我們還必須考量到，這可能會對她的家人造成多麼巨大的衝擊！

舉例來說，如果我們告訴卡蘿的母親，其實她的女兒尚有意識，只是被困在身體裡無法表達，那麼她的母親會不會因此傷痛欲絕，走上自殺一途？又或者，卡蘿的丈夫會不會因此憤恨難平，跑去殺了五個月前撞倒卡蘿的其中一名駕駛？這些假設可能有點戲劇化，不太可能成真，但萬一真的發生了，誰要為此負責？比較有可能的情況是，卡蘿的家人會因此改變對待卡蘿的態度，可是我們也必須事先仔細衡量這些改變可能導致的後果。

比如說，他們是否明白，「有意識」不一定表示卡蘿康復的可能性就會比較大？我們會不會讓他們有錯誤的期望？還有，他們會明白，目前為止我們能做的就只是確認卡蘿有意識嗎？我們既沒辦法治癒卡蘿的狀況，也有沒辦法和卡蘿正常的溝通。

總之，在得知實驗的結果之前，我們從未想過這些問題，因為我們壓根沒想到，竟然會在一個對外界完全沒反應的病人身上，發現意識的蹤跡。

被禁錮在軀體裡

不管怎麼說，最終是否能把實驗結果告訴卡蘿家人的決定權並不在我手上。畢竟，從客觀的角度來看，我只是一個提出科學問題，從而擬定解題方案的科學家。倫理委員會雖然同意我們對卡蘿進行掃描，但誠如上述，我們當初並未在送審的計畫書中說到，假如我們發現卡蘿有意識的話是否要告知家屬的相關事宜。這關乎卡蘿後續的臨床照護，在此領域我無權干涉。

假如我們真的要讓卡蘿的家屬知道這項事實，也必須由她的主治醫師來說。只不過，卡蘿的主治醫師認為，告知家屬這項事實並不能為卡蘿本身帶來任何臨床上的好處，所以他並不打算說。我猜想，這位醫師不想告知家屬的主因，應該是覺得知道卡蘿其實還擁有清醒的神智，只是沒辦法表達自己的感受，帶來的負擔感會比不知情，或是假定她是植物人還沉重。

也或許，他覺得這件事根本微不足道，與其花時間跟家屬解釋這個抽象的事實，還不如把時間拿來穩定卡蘿的病情比較實際。

我不苟同他的想法，因為凱特和黛比的例子我還歷歷在目：她們的家屬在知道她們正面的掃描結果後，她們的病情都或多或少的出現好轉；因此我很難不去假設，這樣的事會不會也同樣發生在卡蘿和她的家人身上。

不過，令人心碎的是，就算我把凱特和黛比的例子告訴了卡蘿的主治醫師，他依舊無動於衷，不願告知家屬卡蘿有意識的事實。

當時這件事讓我挫敗萬分，至此之後我在做科學之餘，也特別關注這些特殊病人在倫理道德和律法方面的議題。我下定決心要處理這些在卡蘿身上碰到的問題，積極地與許多熟悉這方面議題的哲學家和倫理學家商討對策，希望透過這些努力，徹底阻絕這種情況重演。

實驗結束之後，卡蘿被送回了家鄉，之後我就再也沒見過她。對卡蘿來說，我們對她所做的一切都沒有意義，因為我們雖然找到了她，卻無法再為她做些什麼。二〇一一年，卡蘿因腦傷引起的長期併發症逝世。諷刺的是，這個消息我還是由她主治醫師的口中得知。

二〇〇六年九月，著名期刊《科學》（*Science*）以單頁的文字，精簡地敘述了我們研究卡蘿的成果。[4]媒體界頓時颳起了一陣風暴，處處都可以見到「女植物人患者竟然神智清醒，只是被禁錮在軀體裡動彈不得」之類的鮮明標題。我們並沒有讓卡蘿的名字曝光，因此在這場突破性的研究中，卡蘿只能是一位默默無名的英雄，這一點同時也激起了大眾的好奇和質疑。

然而，我們確實有跟這麼一個人交流過，這一個人也確實能夠想像打網球和在家裡走動的情境，這個人就是卡蘿。我確信卡蘿有想像並記下這一切，我也確信卡蘿仍懷抱希望和夢想。

這項研究成果公開發表的那一天，英國三大電視台都派了人馬來到應用心理學部門採訪我們，當晚，各家電視台的晚間新聞便全都播放著採訪我們的相關畫面。

隔天，我們的照片登上了英國各大報的頭版和數以百種外國刊物的封面，就連《紐約時報》（*The New York Times*）也不例外。

為了協助我應付龐大的媒體邀約，英國醫學研究理事會特別從倫敦總部派了一位媒體公關給我，讓他幫我篩選出我適合參加的節目。總之，這件事轟動了整個社會，連續被媒體炒做了好幾個星期。美國有線電視新聞網ＣＮＮ的當家主播安德森．古柏（Anderson Cooper）甚至為此中斷了他在非洲的採訪工作，特別來到英國專訪我，並將內容製成《60分鐘》（60 Minutes）的特別節目。

採訪期間，由於安德森說他也想要掃描看看他的大腦，於是我們便為他安排了掃描。就跟卡蘿一樣，我們請安德森在接受掃描時想像自己在打網球，毫無意外地，他的前運動皮質因為執行這個指令活化了。接下來的幾個月，我除了不斷在電話或是攝影機前接受訪問，幾乎就沒做什麼其他的事。

這項究成果能引起媒體的關注，使更多人矚目這個研究主題，自然讓我有種一展科學抱負的成就感，但實際上，這個成果還帶給我更為深沉的意義，那就是我們終於找到了被禁錮在軀殼裡的那個人。

即便卡蘿歷經了超乎她想像範圍的可怕意外，因為生理的缺損無法有效表達自己的感受，但她仍是個有血有肉的人，她仍想傾吐她內心的話語，而透過這個實驗，我們終於找到了那個被埋藏在她殘缺軀殼中的完整靈魂，跟她產生了交流，她的掃描結果就像在對我們說：「嗨，我在這裡，我還活著，我的內心世界就跟以前一樣從未改變。」

沒錯，儘管卡蘿的意念只能絕望地受制於她毫無反應的身體，但無庸置疑的是，她確實還保有那些構築她內心世界的各項元素，諸如個性、態度、信仰、道德觀、記憶、夢想、希望與憂懼以及情感等等。

這或許就是這項成果最令我感動之處：看似沒有反應的卡蘿其實仍有意回應外界的刺激，也想讓別人聽到她想說的話，而就在她努力伸手求援之際，我們發現了她的求救訊號，並順利找到了她被束縛在身體裡的意念。

她「想」聽從我們的指令

這項成果發表後，連續好幾個月的時間，我的電子信箱都不斷湧入來自各方的信件，有的是相同研究領域的同儕、有的是感興趣的朋友，有的則是完全不認識的陌生人。他們在信上寫的內容不外乎是「這真是太神奇了！」或是「你怎麼能如此肯定這個女人有意識？」。

說實在的，當時這樣的質疑的確讓我有種莫名其妙的感覺。因為我知道我們確實清楚地對卡蘿的內心傳遞了「你在那裡嗎？」的訊號，而且卡蘿也明確地用她的大腦活動狀況告訴我們「對，我在這裡。」所以很顯然的，卡蘿一定存有意識，是一個有思想、有感覺的人，她不能如願表達，都是受制於她失能的軀體。我完全不懂為什麼會有人質疑這一點，但是那些質疑者自有他們的一番見解。

他們主張的反對論點是：卡蘿是一個植物人，完全不曉得外界發生了什麼事，說不定我們要她「想像打網球」的指令只是觸發了她前運動皮質的自動反應，但我們卻誤把這個自動反應當成是卡蘿具有意識、願意聽從我們指令的表現。

我其實不難理解為什麼有些人偏好這種解釋，因為對他們來說，要接受一個被大家認定為植物人的患者，實際上還擁有意識，並被困在身體裡動彈不得，實在是一個太超乎人類理解範圍的可怕想法。然而這就是我們發現的真相，不管喜歡與否，我們都必須面對這個事實。

我突然覺得自己有一股強烈的使命感，必須把這個過去無人知曉的祕密昭告天下——**並非所有的植物人都毫無知覺，他們之中還是有一部分的人能夠思考，能夠感受外界的一切！**

頃刻之間，我腦中浮現了一個無情的現實場景，多年來成千上萬如莫琳、凱特和卡蘿這樣的患者和家屬都曾經歷過：許多被診斷為植物人的病人在醫院的狀況就像是被打入冷宮的商品，他們靜靜地躺在床上無人聞問，當然也沒有任何專業的人員去評估他們的心理狀態。

即便現在我們已經發現在這些被診斷為植物人的病患當中，其實還是有一部分的人一直擁有完整的意識，但這個念頭還是讓我心裡很難受，我相信不少人也跟我有一樣的感受。

當下我便下定決心要對此有所做為，不單單是為了莫琳和我們曾經掃描過的病人，還為了世界上其他成千上萬無法透過掃描影像對外發聲的病人。

隨著媒體對我們成功與卡蘿溝通的關注逐漸消退，我也終於有足夠的心力以實際的行動捍衛我們的科學成果。質疑我們成果的人，他們的主張有一個大問題，就是他們提不出任何證據支持他們的理論有可能在現實中發生。

即便是今天，也沒有任何人可以證明，一顆沒有意識的大腦能夠自動的對外界的特殊指令產生反應。我們的大腦的確時時刻刻都在自動自發的運轉。當你聽到鳥鳴，不管你喜不喜歡，你的聽覺皮質（auditory cortex）都會活化；當明亮的光線突然從黑夜閃現，在你尚未察覺前，你的視覺皮質（visual cortex）就已經受到刺激；當你的視線在擁擠的人群裡掃過朋友的臉龐，你的梭狀回就會自動辨認出你朋友的面容。

然而，這跟卡蘿的反應完全是兩碼子事，我們的前運動皮質並不會因為聽到「請想像打網球」的指令便自動活化。說白一點，除非我們想要遵從這項指令，否則前運動皮質就絕對不可能會對這項指令產生任何反應。

為了證明我所言不假，我們做了另外一項實驗。這個實驗大概是我有生以來做過最瘋癲的實驗，但它完全符合應用心理學部門一貫的古怪實驗風格。

我們召集了六名健康的受試者，並告訴他們：「你們躺在掃描儀裡的時候，我們會要求你想像一些事情，但請完全不要理會我們的要求。」然後，我們就開始用跟卡蘿一樣的實驗步驟，掃描這些受試者。我們透過對講機請這些受試者「想像自己在打網球」，並靜待掃描影像呈現的結果。

實驗終了，我們發現整個實驗中每一位受試者的前運動皮質都沒有出現活化的跡象！雖然我們明確地告知了這六位健康的受試者跟卡蘿一樣的指令——「想像自己在打網球」，但由於先前我們已告知他們不要理會我們的任何要求，所以他們沒有半個人想像打網球的畫面。

這個鐵證不僅充分地說明了「想像自己在打網球」這個指令根本不足以引發任何自動化的大腦反應，更不用說活化前運動皮質了。**回過頭來看，卡蘿大腦的前運動皮質之所以有反應，完全是因為她「想」聽從我們的指令，是因為她擁有意識**。

我對我們這項有點瘋癲的實驗成果感到驕傲，但就算沒有另外做這項實驗，我們還是有許多其他理由可以推翻那些質疑者無憑無據的抨擊，在此我們提出兩點討論。其一，在卡蘿的實驗中，最值得注意的是她大腦的反應時間。由於完成一次掃描至少要耗時三十秒，因此卡蘿的大腦必須按照我們的指示持續活化三十秒以上，而在我們只告訴她「請想像自己在打網球」，沒有給她任何其他指示或刺激的情況下，她的前運動皮質確實整整活化了三十秒的時間。

就目前我們所知，所有所謂「自動化」的大腦反應（例如視覺和聽覺），沒有哪一項能夠在沒有額外刺激的情況下持續反應這麼長的時間。比方說，當你聽到一聲槍響時，你的聽覺皮質就只會在那一瞬間被活化，如果你是在聽到槍響後的三十秒再去偵測聽覺皮質的活動度，它的反應早就已經消失無蹤。

相反地，我們卻知道人在聽到「想像自己在打網球」的指令後，的確可以毫無間斷地在腦中想像這些畫面三十秒以上，由此可知，卡蘿大腦的掃描影像確實是反映出了她正在執行這項心理任務，而且，要能執行這項心理任務，她必須一定要擁有意識。

其次，我們要從一個較富有哲理的角度，去推翻掉這些質疑者的言論。一般來說，醫師要判斷腦部嚴重受損的患者是否具有意識，都會要求患者動動手或抬起某一根手指頭，假如患者有依照指令做出適當的反應，醫師便會將他歸類為神智清醒、具有意識的患者。

同理可證，如果神智清醒的人「想像動動自己的手」會活化前運動皮質，那麼如果我們要求患者想像這個動作時，他的大腦確實做出了這個正確的反應（前運動皮質活化），難道我們不該將之一視同仁，當作是患者有意識的徵兆嗎？

意識的輪廓

質疑我們實驗結果的人可能會說，大腦的反應跟實際的肢體反應怎麼相比，好歹肢體的反應比較具體、可靠和直接。然而事實上，兩者之間的可信度根本毫無差異，因為他們都可以經過客觀地檢測來反覆驗證。

舉例來說，如果一個被認定為植物人的患者，突然在某一刻對某一個人說的話產生了肢體反應（如動了動手指），這曇花一現的反應不一定能說服每一個人這位患者具備意識；因為說不定這只是個巧合，他只是剛好抽動手指，並非是在回應旁人的指令。

不過，假如這位患者可以分別在十個不同的時刻，皆對這個指令產生相同的反應，大概就很少人會懷疑這位患者具有意識的真實性。

以此類推，如果一個患者他的前運動皮質可以在十個不同時間點的試驗中因為相同的指令（如想像打網球）活化，難道還不足以說服大家這位患者擁有清醒的神智嗎？

值得慶幸的是，卡蘿大腦的反應並非曇花一現。掃描期間我們多次要求她想像打網球和在自家走動的心理任務，每次都有看到她成功活化大腦裡的前運動皮質和旁海馬迴。因此綜觀卡蘿的實驗結果，我們可以肯定的說：「卡蘿具有清醒的意識，此案宣告結案。」

卡蘿的例證徹底顛覆了大眾對植物人的看法，也讓全世界的醫師面臨了一個全新的重大挑戰。世界各地的醫師開始以不同的眼光重新審視自己手上照顧的植物人患者，思考自己的診斷是否恰當，自問會不會這些病人當中也有跟卡蘿一樣，貌似植物人但卻意識清醒？

另外，卡蘿的案例也在一些意想不到的地方發酵，衍生了許多問題。譬如，這對醫療保險會有什麼影響嗎？患者會不會因此請領不到保險金？相關法律是否要重新考量這類患者中止維生療法的辦法？

還有，如果在足球踩踏事件中受害的英國青年東尼．布蘭德，有機會進行這項「想像打網球」的實驗，會不會他就不必被迫中斷維生機器，現在還能安詳地活在這個世界上？泰麗莎．夏弗的機運會不會也因此翻轉呢？

卡蘿的例子已經明確地說明了一項事實：某些看似植物人的患者，仍舊擁有清醒的神智，他們完全可以感受到周遭的世界，並且在腦中對旁人的要求做出回應。所以我們可以說和大腦毫無反應的植物人相比，這類病人算是處在「意識灰色地帶」裡的另一個世界嗎？

或許可以，也或許不行，這一點我們未有定論。這類患者的意識是一直如常人般清醒，還是有時候不省人世，有時候又能清楚感知外界周遭的一切事物？

當時我們並不知道，只曉得自己正從這些外表看似毫無反應，但大腦裡的神經活動仍舊活躍的病患身上，漸漸勾勒出意識的輪廓。

那麼莫琳呢？

當時我一直和莫琳的兄弟菲爾保持聯絡，在那幾年裡，我們也一起參加了不少場的樂團比賽。每次碰面，菲爾都會順道告訴我莫琳毫無改變的近況，而他的父母，伊莎和菲利浦，仍日復一日的守在莫琳的身邊照顧她。

二〇〇七年，菲爾和我去看水男孩合唱團在劍橋穀物交易所（Corn Exchange）舉辦的演唱會，整場演唱會的熟悉樂音不經意地勾起了我人生中的苦甜記憶。尤其是水男孩合唱團在台上演出他們的成名曲《漁人式憂愁》（*Fisherman's Blues*）時，我彷彿重新回到了我和莫琳墜入愛河的那年時光，這首歌在當年發行的曲目就像是我倆的愛情主題曲，乘載了我們愛情中的所有甜蜜與苦澀。

就在我看完這場演場會不久，莫琳的父親菲利浦寫了一封信給我。他在信中跟我說，莫琳的醫師同意讓莫琳成為安眠藥「佐沛眠」（zolpidem，英文名稱又作 Ambien）臨床實驗的受試者，這種藥雖然主要是用來治療失眠，但是二〇〇〇年，《南非醫學期刊》（*South African

Medical Journal）曾有一篇個案研究報告指出，有一名呈現植物人狀態三年的年輕男性，在接受「佐沛眠」治療後，不到三十分鐘就「醒過來」。[5]菲利浦過去曾讓莫琳試過這種藥物的療效，而莫琳的主治醫師覺得莫琳對此藥的反應不錯。菲利浦在信中寫道：「醫師認為莫琳使用佐沛眠後，臉部的表情變得比較柔和了，神智看起來也比較清醒」。

儘管如此，菲利浦對莫琳的結果卻沒像醫師那麼樂觀，他說：「我一直無法說服莫琳的醫師，他在觀察期間看到莫琳手部出現的任何抽動，都不具有任何意義，因為期間我們並未對莫琳提出任何要求。」我記得莫琳的父親是一位科學家，所以我願意相信他的判斷。儘管莫琳的醫師每週都會花時間觀察莫琳的狀態，但是與天天在莫琳身旁觀照料她的菲利浦相比，那些時間實在太過短暫，菲利浦對莫琳朝夕相處的陪伴確實更有機會從她身上蒐集到可靠的資料。

我請菲利浦把他記錄莫琳使用佐沛眠前後的影片寄給我，沒幾天我就在我家的信箱裡收到了兩捲錄影帶——這兩捲影帶裡記錄的科學，不是實驗室裡的科學，而是應用在真實世界裡的科學。我把第一卷錄影帶放進卡式錄放影機，隨著機器的運轉，電視螢幕上浮現了莫琳的影像，她的容貌依舊跟我記憶中深愛的那個女人一模一樣。這一切都多虧莫琳父母的悉心照料，菲利浦曾告訴我，他們每天都會幫莫琳按摩，並且仔細打理她的儀容。

在影片裡，莫琳的外表一點都沒變，她的肌肉看起來就跟一般人一樣健康有彈性，輕輕散落在枕頭上的迷人栗色秀髮比我記憶中稍微短了一些，而那張清麗的臉龐似乎還是能展現她剛柔並濟的笑顏和執著的神情。

我仔細地把這兩捲錄影帶從頭到尾看了一遍，然後又重覆播放了一遍。我把兩捲錄影帶的播放順序洗亂，試圖憑肉眼從中分辨出莫琳用藥前後的差異，然而不管我多麼拼命地看著螢幕上的每一個細節，都找不到莫琳的狀態因為藥物改善的跡象。

因此，至少當我在自家客廳的電視機前，小心翼翼地利用這兩捲錄影帶進行「盲測」實驗時，完全看不出這個藥物對莫琳有何幫助。

於是，我發了一封電子郵件給菲利浦和莫琳的醫師，告訴他們：「我已經仔細看過這些影片，並審慎評估了你們對莫琳的觀察結果，很遺憾地，我認為這些結果都沒有你們想像中的樂觀。老實說，我身邊也有不少醫師把佐沛眠應用在類似的臨床病人身上，但結果都不如預期。絕大多數的時候，他們都只在患者的身上觀察到非常細微、短暫的反應，而且其實我們很難區分這些細微的反應是否真的是藥物對患者造成的影響，因為在試驗過程中，家屬對患者的勤加鼓舞和刺激也很常對患者的狀態造成影響。」對當時已經投入這個研究領域將近十年的我來說，我的這番回覆應該算是非常得體，相當符合英國人的冷靜思維。畢竟，儘管南非的研究個案促成了無數件佐沛眠的臨床試驗，但卻沒有幾件成功對植物人產生一樣的功效。

那時候我的朋友兼同儕，比利時列日大學的神經科學家史蒂芬・洛瑞斯剛好才為佐沛眠做了一個綜合性的研究，可惜六十名受試者當中，沒有任何一位意識障礙者的病情因此藥改善。6

繼看完演唱會，我再次和菲爾相見時，菲爾已在英國廣播電視台ＢＢＣ的節目上看到我因為卡蘿的網球實驗接受採訪的事情，他說：「那項研究成果如此受到矚目肯定讓你神經緊繃！」我告訴他，我已經慢慢習慣了媒體的關注，更何況我覺得可以藉由這項成果喚起大眾對莫琳這類患者的認識和重視也很有意義。菲爾先是謝謝我的這番心意，然後便繼續與我閒話家常。

不過，當下我腦中的思緒卻仍繞著剛剛我對菲爾的答覆打轉。我自問，我之所以孜孜矻矻地探索意識灰色地帶，真的是單純想為莫琳盡一點心力嗎？還是我只是想要藉此尋求一點寬恕和慰藉？會不會我和莫琳之間一直未解的惡劣關係才是不斷驅策我投入這項領域的最大主因？

第9章

是與否

整片穹蒼就像一口喪鐘，
而人，只能默默聆聽，
於是我，以及寂靜，成了奇異的共同體，
逆來順受的，離群索居的，處於此境——

——美國詩人 艾蜜莉．狄金森（Emily Dickinson）

後來我們又盡可能地把「想像打網球」這個實驗應用在更多的病人身上，以進一步確認它是否可靠，並改善它的實驗方式。與洛瑞斯的合作之下，到了二〇一〇年，我們已經又另外掃描了五十四名患者，他們均在掃描儀裡進行了想像打網球和在自家走動的心理任務。能夠在這段時間內成功掃描五十四名患者是一項非常傲人的成就，因為這必須投入動輒數萬美元的大量研究經費，還必須天時地利人和，才可以在每週或每月順利召募到符合評估標準的受試者，而且所有受試者的大腦掃描結果都是經過反覆性的實驗和驗證所得。

在這五十四名患者中，有二十三名患者已經多次被神經科醫師診斷為植物人，儘管如此，我們的功能性核磁共振造影掃描影像卻顯示，這二十三人當中，仍有四人的大腦對我們的指令有明確的反應（有反應的比例約占百分之十七）。

回首我在十多年前踏上這個漫長研究旅途之初，第一次和凱特產生交流後，心中所產生的那份假想，終於在這一刻看到了一些具體的輪廓。就如我一直以來所懷疑的，這些被宣判為植物人的病人其實還有一部分的人保有意識。

更重要的是，他們的意識並非是處於我們在睡夢中那種半夢半醒、迷迷糊糊的狀態，他們的意識相當清楚，清楚到足以聽從我們的指示，順利在腦中完成整整三十秒的心理任務，讓我們的掃描儀得以成功偵測到他們大腦活動的影像。

這些患者確實不是一具空殼，他們就跟你我一樣，能夠看到、聽到、感受和知曉身邊的每一件事物。他們和我們的不同之處只在於：他們的意識深陷囹圄，僅能載浮在大腦的灰色地帶中、徹底和身體斷了連結；除非幸運成為我們掃描的對象，否則他們根本無力對外表達自己的意念。得到了這個約略的百分比之後，我不禁開始思考，其他沒機會被我們掃描到的這類患者中，還有多少人仍在這個處境裡苦苦掙扎？

這個念頭背後的真實數據讓我心驚膽跳。老實說，由於絕大多數療養院對病患類型的紀錄並不是很明確，所以就算是現在，我們也很難掌握植物人患者的確切人數。

不過，根據估算，光是美國大約就有一萬五千到四萬名被診斷為植物人的患者。因此，如果套用我們在實驗中發現的百分比，全美國最多可能有近七千名被診斷為植物人的患者，其實還知曉發生在自己周遭的每一件事。[1]當然，我們在發表這項成果時，不免又有人對我們的發現提出質疑。他們指出，雖然我們的成果顯示，二十三名植物人患者中有百分之十七的人能在掃描儀裡做出與常人無異的大腦反應，但是其他三十一名處於「最小意識狀態」的患者，卻僅有一名能做出常人相同的大腦反應（有反應的比例約占百分之三）。

照理來說，最小意識狀態的患者，其腦部受損的程度比被診斷為植物人的病人小，但為什麼他們在掃描儀裡進行心理任務的表現卻反而比後者差呢？這完全不合邏輯。

事實上，當時我們也認為，最小意識狀態患者有反應的比例應該要比較高。儘管六年之後我們就會想通這個問題的答案，但當時這個現象實在是讓我們摸不著頭緒。現在我們就來談談造成這個現象的原因。[2]

意識灰色地帶的新可能

經過後續其他研究的證實，「最小意識狀態」的患者，其意識狀態顧名思義，大多都是處在一種極微弱的狀態。這樣說起來或許你還是一頭霧水，畢竟「最小意識狀態」這個名詞本身的意涵就很含糊不清，因為至今科學家對「意識」尚沒有一個一致性的定義。

然而，姑且就讓我們這樣來解釋「最小意識狀態」所代表的意義，它表示：你的意識狀態飄渺不定；有時候對外界的事物有反應和感覺，有時候又渾然不覺，有時候則是杵在兩者之間動彈不得。也就是說，**在「最小意識狀態」下的病人，最好的情況甚至可以用很細微的舉動（例如動一根手指頭）告知其他人「我在這裡」；相反的，最糟的情況他們就跟植物人沒有兩樣，完全無法對外表達任何想法**。

由此看來，這些「最小意識狀態」的病人躺在掃描儀裡，執行心理任務的成果不如預期也沒有什麼好大驚小怪了，因為他們絕大多數的時候本來就連動一根手指頭的動作都無法如願完成，我們又怎麼能奢望他們能聽從我們繁複的指令想像自己在打網球？

對另外十九名同樣無法成功執行這些心理任務的植物人患者而言，他們的狀況也是一樣，而且他們的處境說不定還更糟。這十九名植物人患者的意識完全深陷在遙遠、幽暗的意識灰色地帶裡，他們對外界毫無所覺，甚至不知道自己身在何方；這樣的他們當然無法執行想像自己在打網球的心理任務，因為他們或許連讓大腦轉動的能力都沒有！

那麼剩下四名成功執行心理任務的植物人患者呢？為什麼他們貌似植物人，卻仍可以在掃描儀裡完成這些繁複的心理任務？他們必定有什麼不同、特殊之處。事實上，我們根本不能說這四名患者是植物人，也不能說他們是處於「最小意識狀態」，他們的確是處在某一個境界的意識灰色地帶裡，但截至目前為止，學界對此尚無一個明確的說詞。

目前科學家只知道，意識浮沉在這個境界裡的患者，他們的神智雖然完全清醒、能夠感知外在的一切，但生理上卻無法做出一丁點反應，就算是眨眼、挑眉或抽動身上的一條肌肉都不行。如此看來，這四名患者能成功執行想像自己在打網球的心理任務也不足為奇，因為就心理層面來說，他們的意識狀態就跟你我一模一樣。

除此之外，當下的進步科技讓我們的發現多了很多有趣的可能性，而這份可能性也讓我滿懷憧憬。那個時候電腦科技早已蓬勃發展，所以我們才有辦法利用那些精密的掃描儀一窺這些禁錮在毫無反應軀體中的生命，不過，此時還有一個才剛興起的尖端科技「腦機介面」（brain-computer interface），為意識灰色地帶的探討增添了新的可能性。

對處於意識灰色地帶的患者來說，「腦機介面」是一種能為他們和外界搭起溝通橋樑的機器。能用掃描儀搭配心理任務了解患者的意識狀態固然令人欣喜，但這和「腦機介面」可以達成的事是兩碼子事，因為未來如果這套新穎的尖端科技能夠成熟發展，我們和這些病患進行雙向溝通就不再是夢想。

然而，在「腦機介面」技術尚未成熟前，如果我們想要實現這個夢想，必定得另尋出路。馬汀・蒙提（Martin Monti）是我在應用心理學部門裡時聘請的一名博士後研究員，他的個性陽光、充滿自信，當時我就曾和他齊力設計出了一套只需掃描儀便可進行雙向溝通的方法。

依照往例，要建立可行的實驗方法，一開始我們必須先用健康的受試者進行一連串天馬行空的測試，而這次擔任健康受試者的人選就是我自己。馬汀有義大利和猶太人的血統，從小在義大利長大，後來又到美國念書。

我們兩人的組合看起來雖然有點奇特，但在完成這個實驗的兩年後，我們的合作默契卻大大的派上了用場。因為完成這項實驗的兩年後，有人請託我為以色列總理艾里爾・夏隆（Ariel Sharon）進行意識評估，這位以色列總理二〇〇六年就因中風昏迷，直到他於二〇一四年逝世前，有長達八年的時間都必須靠維生機器勉強保全性命。

我們必須審慎解讀這些結果

就在夏隆徹底喪失對外界的反應能力之際，他的其中一位幕僚透過我一位以色列的同儕聯繫上我，他希望我造訪以色列為夏隆進行掃描，看看在夏隆毫無反應的軀殼下，是否還保有清醒的神智。我很樂意幫他這個忙，但無論我如何遊說，我團隊裡的成員就是沒有半個人願意與我同行。「要飛到以色列評估夏隆的意識，我們勢必會壓縮到本國其他病人的權益，憑什麼我們要這麼做？難道他就特別值得我們付出心力和時間？」他們提出這樣的質疑。

我了解他們在意的點。夏隆是以色列的前總理，他的名氣遠大於我們每天經手的其他病人，但是這份名氣就足以讓他的生命變得比其他人更有價值嗎？或者是說，我們就該因為他的名氣優先處理他的狀況嗎？造訪以色列一定會大量耗損我們的研究時間和資源，何況我們還不清楚把這些資源花在這位前總理身上的投資報酬率會不會比花在本國病人身上高。

可是我自有一番別於這方面的考量。「評估名人的意識狀態，不僅有機會提高我們實驗室的能見度，還可以讓更多人關注到這類病人的存在和了解他們面臨的困境。」我說。

媒體在我的研究生涯中確實占了一塊不小的位置，多虧他們的報導，我才能不時對大眾宣揚有關意識障礙的觀念，所以我想讓我的指導學生和博士後研究員明白「與媒體打好關係」也是一件有益研究的好事。

「但如果他是一名戰犯，也只是一個負面宣傳。」馬上有人如此回應我。我上網搜尋了一下艾里爾．夏隆的風評，毀譽參半。的確有很多網頁說他是戰犯，但也有不少網頁不這麼認為，只不過我並不打算讓這個政治議題分化我們實驗室的和樂氣氛，因此我決定向外尋求支援。

我聯絡了馬汀，當時他已經在加州大學洛杉磯分校（UCLA）擔任心理系的助理教授一段時間，二〇一二年接到我的不情之請後，他二話不說便代我飛到以色列為夏隆進行意識評估。到了以色列，他讓夏隆在掃描儀裡做了想像打網球和在自家走動的心理任務，並立刻將掃描後的結果回報給我。他說，不管是哪一項任務，掃描的影像都顯示夏隆大腦的活動度並不高，他的大腦只是呈現一種待機狀態的基礎反應。

就誠如那時候馬汀對媒體所說的：「掃描的影像雖然顯示夏隆先生的大腦可以用正確的區塊來轉換外界的資訊，但單憑這份影像並不足以推斷夏隆先生是否是有意識地接收這些訊息。」這是實話，這份影像呈現的結果並不具有決定性。

如馬汀所言：「他或許是處於最小意識狀態，但影像呈現的跡證比較薄弱，所以我們必須審慎解讀這些結果。」夏隆的狀態就跟我們過去幾年看到的許多病患一樣，儘管掃描影像有顯示出些許他們大腦對外界刺激有反應的跡象，但仍不足以作為判斷他們是否有意識。

凱文、黛比或凱特就屬此類，只是他們和夏隆的狀況還是不太一樣。我們在掃描凱文、黛比或凱特的時候，並不曉得有什麼可靠的方法能夠確切偵測出他們是否具有意識，只能單純依據他們對文字、語句和人像等的基本反應，去推敲這些反應是否反映著他們的意識狀態。

相對地，在夏隆這個個案裡，馬汀為他做的掃描，是具有決定性意義的檢驗——當時我們知道這個檢驗方法可以在毫無反應的軀殼裡偵測到患者殘存的意識。然而夏隆的檢測結果卻呈現陰性，也就是說，夏隆的大腦無法執行「想像打網球」這個心理任務，或者比較保守的說法是，他的影像掃描結果不足以讓馬汀做出「夏隆具有意識」的判斷。

「我們必須審慎解讀這些結果」，到現在，我早就數不清已經對多少人說過，因為在掃描完病人大腦後，如果出現如夏隆般的結果，我也只能跟主治醫師和心煩意亂的家屬如此交代。

夏隆這個個案喚起了許多棘手的問題。舉例來說，在他徹底喪失對外界的反應能力時，曾經因為腎臟感染動了一個大手術。有人對這一點頗有微詞，認為對嚴重喪失意識的人進行這樣的手術太過浪費醫療資源。

猶太教主張，每一個人的生命都是神聖的，值得不計一切代價的守護。二〇一四年，猶太教祭司傑克・阿布拉莫維茨（Rabbi Jack Abramowitz）曾發表了一篇饒富興味的網誌論述這個主題，他寫道：「如果一個人會因為執行贖罪日（Yom Kippur）的禁食禮俗身亡，那麼為了保全他的性命，他必須吃點東西。同樣地，在攸關生死的緊要關頭，就算當天是眾人休息的安息日（Shabbos），我們也必須打電話請救護車將傷患載送到醫院救治。」[3]

根據這段文字，我們可以做出一個有趣的推斷，即猶太教沒有什麼「生活品質」的概念。

因為按照他們的主張，就算一個健康的人和一個最小意識狀態的人同時需要動一個腎臟手術，他們也不會覺得健康者應該享有優先權。這樣的觀點的確很有意思，但我覺得其實也不是所有的情況都能以患者日後的「生活品質」作為評判醫療優先權的標準。

畢竟，很多時候我們在醫療上面臨的抉擇並非如此簡單。比方說，如果同時有一名罹癌的青少年和一名頭部受到重創的有為青年（他的公司正在開發一種新型的節能燈泡）急需救治，你會選擇先救哪一個人？我想，這樣的議題恐怕會讓許多哲學系研究生夜不成眠。不過假如換成一個比較極端的狀況：一位罹癌的青少年對上一位八十五歲且呈現最小意識狀態的腎衰竭病人，情況也許就會比較簡單，至少對我來說是如此，我可以輕易地在這兩者之間做出取捨。

老實說，真實世界並非真的是這樣運作，醫療人員通常不會用這種孤注一擲的方式救治病患，而是會盡量依其輕重緩急給予患者當下最需要的醫療手段，以盡量保全每一位病患的性命。話雖這麼說，但凡事總有萬一，有時候醫療人員還是不得不面臨極為艱難的抉擇。

面臨抉擇時，我們只能盡可能的以長遠的角度來做出取捨，可是即使這樣，很多時候我們還是無法知曉自己的決定會對整個未來造成多麼深遠的影響。

世界上的每一個人都獨一無二，並且各自在這齣龐大的人生劇目上扮演著別具意義的角色。因此，如果有一天，艾里爾．夏隆的家人不得不面臨這樣的抉擇時，他們或許會合理地將夏隆生命的價值看得比另一名默默無名的罹癌少年重。

可是在我們面對這類的抉擇時，憑什麼要視這些社會和宗教的標準為評判的依據呢？難道這些標準能幫助我們做出比功利主義更好的選擇嗎？我們有可能依此做出最有利於整個社會發展的決定嗎？在這種情況下我們把社會因素一起納入考量恰當嗎？

或許這就是猶太教對功利主義這麼感冒的原因，他們認為功利主義下決定的評判標準完全超乎「人」的本體。然而話說回來，這些標準還不都是人類定出來的，所以我並不曉得，就實際面來說，他們之間的究竟有何優劣高低之分，只能說見仁見智。

在昏沉意識的掩護下，躲開病痛

重新把時間軸拉回到二〇一〇年的應用心理學部門。早在艾里爾．夏隆接受掃描前，馬汀和我就日以繼夜地設計出一套可以用功能性核磁共振造影掃描儀，與患者進行簡單溝通的方法。當時的我心中一直堅信，光憑功能性核磁共振造影掃描儀，就足以實現我們和患者雙向溝通的夢想，最後我決定先拿自己作為測試這項實驗可行性的白老鼠。

在這項實驗中，我想要找的答案非常基礎、簡單，即：找出一個可以躺在掃描儀裡，單用大腦活動狀態，就能讓受檢者和外界產生溝通的方法。因此我根本不需要特別耗費大把的時間和心力找來十位受試者，再一個一個曠日費時的掃描、分析；只要我自己能在掃描儀裡順利對外表達自己的想法，這項實驗就算是成功了。

接受掃描前，我把一張寫了一長串問題的紙交給馬汀，上面全是一些有關我，但他不可能知道答案的問題。沒錯，馬汀是認識我，但他跟我還沒有熟到摸透我的身家背景，所以像「我的母親還在世嗎？」或是「我的父親叫泰瑞嗎？」之類無關緊要的問題，他並不清楚確切的答案，而這些簡單的問題也容我以「是」與「否」來答覆。

我在掃描儀的檢測台上躺下，閉上雙眼，靜靜地聽著掃描儀檢測台緩緩將我送入掃描儀的呼呼聲響。掃描儀的內部是一個溫暖而黑暗的狹長艙體，由於它的寬度還不到兩英尺，所以在這窄小的空間裡，我的手肘幾乎緊挨著艙體的內壁。我的腿上蓋了一條毛毯，頭部下方則有一組發射無線電磁波的線圈，技術人員先前特別用幾塊小海綿墊填塞了我頭部和線圈之間的空隙，好讓我的頭在掃描期間可以保持在固定的位置。

這組「線圈」有點像是框住你腦袋的鳥籠，因為在你的腦袋被這組線圈罩住後，你的視野就會有如籠中鳥，僅能透過線圈之間的空隙窺探眼前的景物。當你剛爬上掃描儀的檢測台時，這組鳥籠狀的線圈會如同蚌殼般的對半上下敞開，躺下後，你的頭會剛好枕著下半部的線圈，接著技術人員才會將上半部的線圈罩在你臉上，把你的整顆頭固定在鳥籠狀的線圈裡。

這些發射無線電磁波訊號的線圈，同時也能接收你大腦發出的電磁波訊號，可說是核磁共振造影技術中最核心的裝置。另外，為了提升大腦掃描影像的品質，這些線圈必須盡可能貼近腦袋，所以這些鳥籠狀線圈裝置的大小都跟腦袋差不多大。

技術人員在執行啟動掃描儀的必要流程時，我知道我大概還有十分鐘左右的時間才會接受掃描。於是我躺在漆黑的艙體內開始神遊。我以前就有躺在掃描儀裡的經驗，而且經驗豐富。說得更具體一點，其實早在我還不曉得掃描儀會成為我人生日常的一部分前，我就已經多次進出各式各樣的掃描儀。

之所以會這樣，是因為我十四歲的時候，被診斷出患有霍奇金氏症（Hodgkin's disease）。這是一種惡性的淋巴癌，為了對抗它，我花了人生中最精華的兩年歲月，接受了各類掃描儀的檢測。不管是核磁共振造影、電腦斷層、超音波、X光，我全部都做過。一九八一年，連續七週，我每一天都有幾分鐘必須躺在直線加速器（linear accelerator）裡接受治療。那台醫用的直線加速器體積龐大、占滿整個房間，每天我的胸腔都必須靠它進行放射性治療。那個時候，我很怕這些機器，儘管它們是治療我並幫助我康復不可或缺的幫手。現在看起來，我選擇這份工作或許有點奇怪，因為這個職業常常都必須與掃描儀為伍。

以目前的醫學來說，霍奇金氏症的治癒率是非常高的，不過當時卻不是這麼一回事。我不知道自己有沒有好好想過死亡這件事，但我依稀記得在那段時間，有好多次我都以為自己正走向死亡。那時候除了放射性治療，我還同時做了好幾個療程的化學性治療。

我的病況曾好轉，只是沒多久病魔便再度襲來，因此我又被迫重回那個必須每天打針、吃藥和嘔吐的可怕日子。我一度以為這樣的日子將永無止盡的持續下去。我的頭髮一簇一簇的落下，體重也幾乎減去了一大半，有時候我只想在床上蜷曲著身子，靜靜等待死神的降臨。

雪上加霜的是，我身體裡的某些器官真的就這麼棄甲投降了。終於，我的十二指腸（小腸最前端連接胃部的部分）承受不住藥物的副作用，徹底罷工了。

當時身上的劇痛簡直讓我難以忍受，為了讓我舒服一些，醫師開了配西汀（pethidine）這種類似海洛因和嗎啡的類鴉片麻藥給我。

每四個鐘頭，護理人員就會將這款麻藥從我手臂的靜脈注進體內，然後我飽受病痛折磨的意識就會隨著麻藥帶來的溫暖浪潮，墜入一種虛無飄渺的歡愉狀態中。接著，就像上了發條一樣，三小時過後，我便會從麻藥的藥效中清醒，整個人筆直的坐在床上，極為痛苦地忍受著渾身傳來的不適感，直到一小時後，當醫療人員再次為我注入麻藥，我才得以逃離這個痛苦的狀態，重新獲得麻藥的甜蜜慰藉。

後來由於我開始出現幻覺（看見自己在原野上跟小矮人和小精靈跳舞，還有鳥兒停駐在我的手上鳴唱著悅耳的曲調），醫師便當機立斷地中止了我配西汀的用藥，那段戒斷麻藥、重返人間的日子，讓我歷經了一場充滿血汗的苦痛掙扎。

那段期間，我常常覺得自己遊走在生死之間，處在屬於我自己的灰色地帶中，不曉得自己身在何方。我的意識就在半夢半醒間，載浮載沉，到處飄盪。其實那個時候我根本不願用清醒的神智面對這個世界，我希望自己的意識一直停留在那朦朧、虛無的灰色地帶裡，因為唯有如此我才能在昏沉意識的掩護下，躲開病痛的無情折磨。

每當我的意識從虛無的灰色地帶重返現實時，我都會歇斯底里地大吼大叫，不斷從嘴裡吐出一句句難以入耳的粗鄙言詞，等到哪一位仁慈的護士來為我打藥，讓我的意識重新回到那個無憂無痛的昏沉狀態後，我才會恢復平靜。

儘管那是一段可怕的經歷，但在那段期間我始終都被滿滿的能量和關愛包圍。我對抗病魔的那兩年，我母親天天都守在我的床邊，語調輕快地讀報給我聽，跟我說最近家裡發生的大小事，並且竭盡一切所能地鼓勵我堅持下去。

我的父親則是每天早上都會把當天的報紙送到醫院，午休時間他會為我帶來一片蛋糕或是一則笑話，晚上要搭火車返家前，他也都會到我的病床邊跟我說聲晚安，希望我能一夜好眠。

我的兄弟姊妹當時也才只是個十幾歲的青少年，但為了讓我的父母無後顧之憂地照顧我，他們全都盡可能自己打理好生活上的大小事務——我根本無法想像當時他們是怎麼樣度過那段必須自立自強的艱苦歲月。這件事是我病癒很多年後才領悟到的。

過去我從來沒有想過，自己的病痛曾經對我的家人帶來怎麼樣的煎熬。在我生病的那段日子，我想到的就只有我自己。我覺得自己是家裡唯一受苦的人，因為生病的人是我，所以只有我的未來充滿了無常的變數。然而就現實面來看，事實絕非如此。

家庭裡任何一個人罹患了攸關生死的重大疾病，受到影響的，絕對不會只有患者本身，家庭裡其他成員的命運也會連帶受到影響。這就像是蝴蝶效應，當關係緊密的家庭裡有一個成員出了狀況，其所震盪出的陣陣漣漪必會向外擴散出各種未知的變數。

不管這名重病的成員是否是家庭的支柱，也不管日後他是生是死，在照護的過程中，往往有許多親密的家庭就這麼分崩離析。值得慶幸的是，我的家庭並未因此瓦解，而且我也幸運地戰勝病魔，在此與你侃侃而談。

即便那已經是將近四十年前的往事，但這份感受仍銘刻在我心中，所以現在當我檢測那些意識灰色地帶的病人，看著他們父母、兄弟姊妹和孩子的臉龐，我彷彿都能感同身受，明白他們眼睜睜看著自己至親在鬼門關前徘徊的那份心情。

我躺在掃描儀裡一面回想著童年生病的往事，一面開始思索我現在的人生和職業會不會都是一種命中注定。我是無神論者，完全不相信什麼命運之說。但是我確實相信，我們的決定指引了自己人生未來要走的路，而讓我們做出這些決定的依據則是我們的經歷。

小時候我曾經病得很重，但拜現代醫學進步之賜，我在各種藥物、掃瞄儀和各方人員的努力下重生了。不論是科學家、醫師、護士或是醫院的其他工作人員，那段期間可能有數以百計的人曾經直接或是間接性的幫助過我，讓我得以戰勝人生中這場重大的挑戰。

現在我已經不再是那個只能接受別人幫助的體弱男孩了，而我今天會走在這條路上，是否是為了回報那些我兒時所獲得的恩惠？我會選擇研究這塊現代醫學的處女地，協助工程師研發新一代的大腦掃瞄儀，與不斷解密各種複雜神經退化性疾病的神經科學家一塊兒工作，以及跟神經重症專家一同日以繼夜地從鬼門關前救回多條老老少少的生命，有可能都只是巧合嗎？

莫琳發生的意外對我的人生又具有什麼意義？當初我真的是因為受到莫琳的刺激才燃起對植物人好奇和關注嗎？那凱特呢？我心想，當時凱特的大腦假如沒有對那些人像產生反應的話，我此刻大概也就不會再次躺在掃描儀裡，想要單憑著大腦的活動狀況與馬汀展開一場內心的對話。也許，我現在之所以身處此地，正是我過去一切經歷所促成的必然結果。

找到對外溝通的媒介

「好，我們準備就緒了。現在我們該怎麼做？」掃描儀內建的對講機系統突然傳出馬汀的聲音，它是我在掃瞄儀裡唯一可以對外溝通的媒介。

「隨便問我一個紙上的問題。如果我要回答『是』，我會在腦中想像打網球的畫面；回答『否』，我則會在腦中想像在自家走動的畫面。」

十秒鐘後，我聽到了掃瞄儀啟動後的巨大運作聲。功能性核磁共振造影掃描儀是一台依據物理學原理偵測大腦活動狀態的精密機器，簡單來說，它就是靠在大腦血液中打轉的質子來表現大腦的活動狀態。

掃描儀啟動後，其在我頭部周圍的強大磁體便會重整我腦中質子的排列狀態（幸好當時我完全不知道這回事），接著鳥籠狀的線圈才會對我的腦袋發射一陣簡短的無線電波，讓我腦中質子的排列不再受到磁場的控制。

然而等線圈停止發射電波後，我腦中的質子便又會因周圍巨大的磁場重新回歸到原位，只不過它們回歸原位的速度跟血液中的含氧量有密切的關係，而這個速度差會產生強弱不一的訊號，即可成為掃瞄儀偵測腦中活動狀態的標的。真是一門令人讚嘆的科技，極其精妙的科學。

身處核磁共振造影掃描儀裡會有一種難以言喻的古怪感受。它運轉的聲音非常大，大到如果你沒有戴上耳塞、罩上修路工人用的那種隔音耳罩，你的聽力可能會因此受損。那時候我就這樣躺在那座價值六百萬美元、宛若繭居的艙體中，在猶如噴射機從我耳邊飛過的龐大噪音下，用被鳥籠狀線圈罩住的腦袋回憶著過去生病的童年往事。

在這種情況下，馬汀從對講機問我「你的母親還在世嗎？」的聲音給人一種超現實的感覺。可是我知道我必須趕快對這個問題做出回應，因為我只有三十秒鐘的時間。這個問題的答案是「否」，我的母親已經不在人世了，而我如果要向馬汀傳達「否」這個字眼，我就應該想像在自家走動的畫面。

我家是一間位在劍橋市中心附近的小屋，我迅速集中心神想像家門口玄關的畫面。大門玄關的景物躍然浮現腦海，我看見玄關狹小的空間被好幾件大衣和數雙鞋子占滿。我走進餐廳，那裡放了一張我買了一年的 IKEA 玻璃桌，桌子旁邊則擺著幾張坐起來不太舒服的餐椅。

我望向廚房，並沿著由餐廳延伸的彎曲百年通道走了進去。走進廚房，我的右手邊有一台冰箱，左手邊有一扇通往露臺的後門，正前方則有一扇窗戶，從那扇窗看出去我可以一窺花園裡的景致。走到那裡，我不得不往左轉，從後門步出屋外，穿過我那年年初才鋪設的石頭露臺，踏上花園的草坪。在那三十秒的時間內，我就是這樣神遊於我家的各個空間。

「現在請你放輕鬆，同時把腦袋放空。」對講機傳來馬汀的聲音，打斷了我想像在自家走動的思緒。我迅速轉移自己的注意力，不再想像我家的畫面。

「放輕鬆，同時把腦袋放空」這句話我再熟悉不過了，因為過去在掃描操控室裡，我至少已經對掃瞄儀中的受試者說過上千遍，然而就在那個瞬間，我才明白，自己提出的這個要求是多麼的荒謬——什麼叫做「把腦袋放空」？有任何人能夠「放空自己的腦袋」嗎？我放輕鬆的時候，腦袋總是會自然地繞著明天的計畫、要採買的東西和我準備出席的會議打轉。

我想起曾經多次有人問我：「人的一生真的只會用到百分之十的腦細胞嗎？」我不曉得這個可笑的理論是從何而來，但我認為它根本是子虛烏有。話雖如此，這個理論卻在大眾之間廣為流傳，而我（我猜世界上沒有一位神經科學家例外）也總是會被人問到這個問題。

不過，倘若你看過大腦在基礎休息狀態時，利用氟化去氧葡萄糖（fluorodeoxyglucose，FDG）做為放射性追蹤劑，呈現出的正子放射斷層造影畫面，就會發現，即便大腦處於基礎的休息狀態，其各處的腦細胞還是會不停地活動、運作。

換而言之，儘管我們大腦的某些區塊會在你想或做某些事情時表現的特別活躍（從以氧—十五為追蹤劑的正子放射斷層造影和功能性核磁共振造影的掃描影像可看出），但在你「放鬆並放空腦袋」時，你的整顆大腦仍舊會持續運轉。

由此可知，說「人的一生只會用到百分之十的腦細胞」肯定是個無稽之談，它就跟要我在放鬆時「放空」腦袋一樣，絕對不可能發生。只不過在我躺在掃描儀裡聽到馬汀對我這麼說時，我依然必須盡量讓自己完成這項要求。

我把思緒拉到雪梨，想像自己閉眼躺在陽光普照的邦代海灘上；我的臉龐彷彿感受到了陽光灑落的溫暖熱度，然後我試著把注意力停駐於此，盡可能的心無旁騖。

如果你曾經試過放空自己的腦袋，你就會明白，要讓自己的心思空白幾秒鐘有多麼困難。你的心思就跟蜂鳥一樣，一刻不得閒，總是會在腦中一段段的想法間不斷穿梭，因此要你停止思考或是放空思緒簡直比登天還難。

我常常想，這或許就是為什麼我們會如此難想像植物人內心狀態的原因。腦袋中沒有一點想法的感受是怎樣？我們永遠不可能知道，因為我們未曾有過這種經驗。

更嚴格一點的說法是，我們一輩子都不可能有這種經驗，因為一旦你的意識落入了那個境界的灰色地帶，你也無法對那份感受有任何的印象。

「你的母親還在世嗎？」馬汀的聲音將我的思緒從邦代海灘拉回現實。再次聽到馬汀問我問題讓我如獲大赦，因為我終於又可以讓思緒任意遨遊，回到劍橋的家，繼續在我三十秒前曾造訪的空間裡神遊，思忖該如何從廚房通往後花園。

說來或許有點弔詭，但是放空腦袋遠比在腦中想像一些畫面還耗心神。在現實世界裡，這是一個很矛盾的概念，因為動手做事付出的力氣一定比無所事事還要多。但，我們的心智就是恰恰相反。生活中，我們的大腦總是會自動地保持在開機的狀態，時時刻刻監視著周遭的一舉一動，尋覓著值得我們留意的事物，以及偵測著環境中我們需要閃避的危險。因此，想刻意讓它不要執行這些工作，反而需要我們多費一點力氣。

我們重複這套流程五次，總共花了整整五分鐘的時間，期間我的思緒就這麼不斷在回答我母親是否在世和想像自己在沙灘上放空之間切換。實驗終了，馬汀停止了掃瞄儀的運轉，四周突如其來的寧靜讓我有種如釋重負的解脫感。

不過同時，我的一顆心又隨著未知的實驗結果忐忑不安。這個方法行得通嗎？我能夠單憑我大腦的活動狀態和外界溝通嗎？雖然我還置身在掃瞄儀狹小的艙體中，但我已經迫不急待的想要知道馬汀得到的結果。

「你知道答案嗎？」我在暗黑的艙體裡朝著對講機的方向脫口說出這句話，萬分期待另一頭有人能回應我的問題。因為我仍被困在艙體中，腦袋上也還罩著鳥籠狀的線圈，整個人動彈不得，根本無法馬上衝進控制室裡了解狀況。然而沒有任何回音從另一頭傳來。艙體內瀰漫著一片死寂，這緊張的氣氛令人窒息。

「行得通嗎？」這次我放聲大喊。

對講機的另一頭依舊靜默。過了一陣子，馬汀的聲音才再度透過對講機傳來：「你母親已經過世了。」我簡直不敢相信自己的耳朵，「你確定嗎？」

「百分之百確定！實驗的結果一清二楚。你旁海馬迴的活動狀態活躍的不得了，這表示你正在想像在自家走動的畫面，告訴我們答案是『否』不是嗎？所以你的母親已經過世了。」

在此之前，我從來都沒有想過，有一天我自己竟然會因為聽到「你母親已經過世了」這句話感到開心，但那一刻，這句話的確讓我感到欣喜若狂。

「我們再做一次吧！」我大喊，「再問我別的問題！」

得到他們想說的答案

後來在這次實驗中，我總共被問了三個問題，而且我都成功利用自己大腦的活動狀態回答了這些問題。當馬汀問我：「你的父親叫克里斯嗎？」我再次想像在自家走動的畫面，因為答案是「否」。我父親的名字不叫克里斯，克里斯是我哥哥的名字。

但是當馬汀問我：「你的父親叫泰瑞嗎？」我就轉而開始想像自己在打網球的畫面，揮動球拍把球擊向與我對戰的假想敵。我知道如果我要靠我的大腦回答「是」，我必須想像這樣的畫面。我父親的名字就叫泰瑞，透過想像自己在比一場網球賽，我可以單單靠改變我大腦活動的狀態告訴在操控室裡觀測掃描螢幕的馬汀「我的父親叫泰瑞」。

拜這項科技創舉之賜，馬汀擁有了讀透我心思的能力。雖然他的讀心術不若心電感應那般神奇，但是只要我依照這個規則改變腦中想像的畫面，他便可由掃瞄儀捕捉到的大腦活動影像，判讀我的想法，讀透我的心思。

這個實驗證明了我們的辦法行得通！我們證明了就算只靠功能性核磁共振造影掃描儀，也能夠順利達成與受測者進行雙向溝通的夢想。我們可以利用問受試者問題，再依據他們大腦的活動狀況得到他們想說的答案。這個方法簡單到不行，卻完全符合我們的需求。

在我們把這套方法應用在病人身上前，還有許多細節有待探究。好比說，這個方法的可靠度有多高？是只在我身上行得通，還是人人皆可適用？畢竟我已經對功能性核磁共振造影掃描儀的運作方式瞭若指掌，也知道許多該如何讓大腦發揮最佳表現效果的方法；會不會這些背景都讓我比街上隨便一個路人甲更容易完成這項實驗？

為了測試看看這個方法是不是只在我身上行得通，馬汀又另外找來了十六名受試者，要他們依我們的規則接受掃描：每人需回答三道問題，要回答「是」就想像打網球，要回答「否」則想像在自己家裡走動。

他花了幾個禮拜的時間才完成了這次的實驗。全部的結果出爐時，馬汀眉開眼笑的走進我的辦公室。光看他笑得合不攏嘴的樣子，我就知道他要說什麼了。在這次實驗中，他驚人地僅靠受試者大腦活動狀態的變化，就準確破解了他們對這四十八題問題的答覆。這證明了這個方法人人適用！用功能性核磁共振造影和受檢者產生雙向溝通是可行的！

當然，必須花五分鐘的時間才可以準確得知一個問題的答案，乍看之下，似乎很沒意義，但是假如這是你唯一對外溝通的辦法呢？難道你的人生不會因它而改變嗎？假如你躺在床上好幾年，不能說話、不能眨眼也無法用任何方法對外表達自己的想法，你說我們的這個方法是否就能為你帶來無限可能？

我們的這個方法就像是經典桌遊《二十道問題》（Twenty Questions）的進階版，在科技力量的協助下，那些思想被禁錮在殘破軀體中的人，終於有機會再次透過大腦的活動狀態與這個世界產生連結。

他正在跟我們對話！

沒多久我們就有了實際在病人身上應用這套溝通方法的機會。由於我們一直和史蒂芬．洛瑞斯等比利時的神經科學家保持合作關係，所以當時我們輾轉得知有一名二十二歲的東歐男性患者，符合我們應用這套溝通方法的條件。

我們暫且以約翰代稱這名青年，他五年前騎機車時被一輛車撞到，強烈的衝擊力道讓他的後腦出現大範圍的腦挫傷（cerebral contusion，屬腦外傷的一種，往往會造成大腦中的小血管廣泛性微出血，而這些溢流出的血液則會進一步對周圍的腦組織造成傷害）。史蒂芬的團隊花了一個星期的時間仔細地評估了約翰的狀況，但約翰的狀態始終未見起色，他們也只能一再地將他診斷為植物人。

那個時候曾經來我劍橋實驗室裡見習的梅蘭妮．波利已經重返列日，成為當地醫院的神經科臨床住院醫師。她把約翰送進功能性核磁共振掃描儀，並請他在腦中想像自己在打網球畫面。儘管過去五年約翰始終毫無反應，但他的大腦掃描結果令人振奮；掃描影像顯示，他確實可以按照梅蘭妮的要求執行想像打網球的心理任務。

於是，史蒂芬從比利時打給我。他在電話中問我：「你願意讓我們的團隊用你們的那套溝通方法掃描約翰嗎？」我立馬一口答應，緊緊抓住這個我們潛心等待以久的機會。史蒂芬告訴我，他們打算在明天晚上用我們新創立的掃描方法試著和約翰溝通，梅蘭妮和他的一名學生奧黛莉（Audrey Vanhaudenhuyse）則會負責打理執行這場掃描的所有相關工作。

這個消息讓我和馬汀雀躍不已，和史蒂芬通完電話後，隔天一早馬汀便迫不急待地跳上最早一班的火車趕往列日，希望能趕快抵達掃描現場，親眼見證這個可能極具歷史性的一刻。

我也很希望馬汀能親身參與這場掃描，因為當時他已經有很多用掃瞄儀跟健康受試者溝通的經驗，而且還編寫了一些聰明的電腦程式，能讓我們更快速、省力的分析所有的掃描影像，歸結出結果。

約翰準備接受掃描的那天早上，我一醒來就趕緊翻身下床，梳洗換裝，穿上一身筆體的西裝並打上領帶。當天我必須去參加一場倫敦皇家協會（Royal Society of London）舉辦的研討會，同時向與會者發表演說。

但自從前一天接到史蒂芬的電話後，我全副的心神早都被比利時即將展開的實驗占據了，根本沒有特別花時間去準備等下要在研討會上演講的內容。因此當我坐上緩緩駛向倫敦的火車時，我開始試著集中精神在腦中演練等會兒要演講的內容，然而卻事與願違，我腦袋裡的思緒依舊不斷繞著約翰和即將對他執行的掃描打轉。

我萬分希望自己能跟馬汀同在，甚至想著自己是不是應該推掉這場早在幾個月前就已經敲定的倫敦演說，直接趕往列日。我當然知道這不會是個明智之舉，可是我無法假裝自己從未有過這樣的念頭。

在我準備踏入皇家協會的會場時，我的手機響了起來。我接起手機，是馬汀從列日的掃描控制室打來的。「他有反應」，馬汀激動地大喊，「他又完成了想像自己在打網球的心理任務。現在我們可以問他一個問題嗎？」

「問吧！」我站在會場前人聲鼎沸的門廳，拉高音量對著手機大叫。接下來，我在台下等待上台演講的期間，我的手機每隔幾分鐘就會響起。「掃描影像顯示他的大腦前運動皮質好像正在活動，不過我們不太確定。」馬汀告訴我。

馬汀在比利時操作的掃瞄儀跟我們在劍橋的掃瞄儀有一樣的功能，它們都能夠在掃描時同步分析所得的影像結果，只不過分析的精細度並不高，所以有時候我們很難單憑這樣粗略的分析數據準確地評判出掃描的整體結果。「你可以調出掃描的原始數據再仔細看看嗎？」我問道。假如馬汀可以得到比較好的原始數據，之後我們再用他自己編寫的程式加以分析，一定可以將這些數據理出一個比較清楚的輪廓。

輪到我登台演講的前一刻，我才把手機關機，強迫自己把全部的心神放在我要與台下聽眾分享的講題「化思想為行動：以功能性核磁共振造影掃描儀偵測意識」上。在這四十五分鐘的演講之後，現場有一些聽眾針對我在偵測植物人患者意識方面的研究提問。

台下聆聽這場演講的兩百位聽眾來頭都不小，其中更不乏英國最頂尖的認知神經科學家，不過在演講和提問結束後，他們對我演講的內容似乎都很感興趣並表示認同。演講圓滿落幕後，我一步下講台便迅速閃身到休息室裡，重新開啟手機跟比利時列日保持連線。

此時有一些人也進到休息室，想對正在和馬汀通電話的我進一步請教有關剛剛演講的問題。但此刻我的心早已飛到了比利時，整顆心隨著電話那頭的狀況七上八下，根本無暇應付他們，所以我比出禁聲的手勢，示意他們不要來打擾我。

「他們想要問，我們應該問他什麼。」馬汀說。

「告訴他們，你曾經問過健康受試者的問題都可以。像是他有沒有兄弟姊妹之類的。」

「我們問了，把可以問他的三個問題全問完了。接下來我們要問些什麼？」

這一切發生的太快，我們完全沒料到事情會發展的如此順利，還會面臨到沒有問題可問的窘境。我想，或許我們之前根本不相信約翰會回答我們的問題。

「奧黛莉想要問，我們可以問他喜不喜歡吃披薩嗎？」馬汀說。當時我們就像是在進行一種熱線遊戲，我必須靠著電話中傳來的有限資訊，去進一步考量到將來我們在判讀這些資訊時必須面臨的一些重要細節。

奧黛莉的建議帶出了一個重要的議題。剛剛馬汀他們問約翰的問題，除了都只是一些可以用「是」與「否」回答的問題外，這些問題還有一個特色，即：我們可以透過事後的家庭訪問，來確認約翰答覆的真實性。也就是說，像是「你有兄弟嗎？」這個問題的答案就非常具體客觀，答案一定是在「是」與「否」中二選一，之後我們也可以跟家屬進行驗證。

可是像「你喜歡吃披薩嗎？」這類問題，它的答案就不是這麼非黑即白。以我自己為例，我雖然喜歡吃蘑菇口味的披薩，卻不喜歡義式臘腸口味的。因此，如果要我回答這個問題，我會說：「要看是什麼口味的披薩。」

除此之外，與我是不是有兄弟這件事相比，我對披薩的喜好是很抽象主觀的感受，除了我之外，其他人很難從旁去驗證這個答案的真實性。後來我們決定問約翰他父親的名字，還有他在五年前發生意外之前最後一次度假的地方。

奧黛莉聯絡了約翰的家屬，請他們協助我們針對這兩個面向列出一些是非交雜的題目，一切備妥後，她便重返掃描控制室，試著用這些問題正式和約翰展開雙向的溝通。

我們把這套溝通方式實際應用在植物人患者身上的處女秀就這樣登場了；史蒂芬的團隊在列日執行掃描的工作，而我則在倫敦同步連線適時提供他們意見。待馬汀當場利用他先前編寫的程式迅速分析完這些熱騰騰的原始數據後，我們很清楚地發現，約翰切切實實地回答了我們五道問題。我們簡直不敢相信自己的眼睛。約翰真的用他大腦的活動狀態告訴我們：他「有」兄弟，「沒有」姊妹；他父親的名字「是」亞歷山大，而「非」湯瑪士；還有，他受傷前，美國「是」他最後一次度假的地方。

你想離開這個世界嗎？

現在所剩的時間只容許我們再問約翰一個問題。或許是時候放手一搏了，我們應該嘗試問約翰一個我們無法驗證，卻有機會實質改變他人生的問題。

馬汀、奧黛莉和梅蘭妮站在列日的掃描控制室裡，想到他們也許可以問約翰，他是否對這樣的狀態感到痛苦。如果約翰在過去五年一直對這樣的狀態感到痛苦的話，此刻就是他向我們傾訴的機會，說不定我們也可以藉此為他做一些事，減輕他的苦痛。

為了確認這個問題的適當性，梅蘭妮決定打電話尋求史蒂芬的建議。當時我們所有人中，就只有史蒂芬知道在這種情況下，什麼事該做，什麼事不該做，因為史蒂芬不僅是神經科學家，也是擅長處理倫理道德方面議題的專家。

「問他想不想死。」史蒂芬說。

梅蘭妮倒抽了一口氣，「你確定？我們不該問他是否對這樣的狀態感到痛苦嗎？」

「我確定！」史蒂芬回道，「問他想不想死。」

這是個折磨人心的時刻。雖然我們決定要把這段溝通持續向前推進，了解我們從未探究過的事實，但現在我們即將要問約翰的最後一個問題卻可能完全改變這段溝通的意義。這個問題實在是直白地令人害怕，萬一約翰回答「是」呢？

我們應該做何反應？不過其實就算他的答案是「否」，我們也無法為他多做些什麼，頂多只是知道他對這個世界仍有憧憬。

參與這場掃描的每一個人，包括史蒂芬在內，沒有人曾經想過我們竟然會在這個雙向溝通的應用中面臨這種道德上的難題。

過去近十年間，我一直以「跟意識灰色地帶病患溝通」為研究目標，期望終有一天能了解他們的內心，然而就在我不斷耕耘、終於到達這個境界時，我卻完全不曉得自己該如何面對他們對這道「生死題」的答覆。我甚至不確定我們該不該問他這道題目！

話雖如此，但是畢竟史蒂芬才是主導列日這場掃描的總負責人，所以要不要問約翰這個問題還是必須由他來決定。現在想來，我猜當時史蒂芬心裡一定相當清楚這道「生死題」非問不可，因為過去五年來，約翰的家屬也心心念念這個問題的答案。

接下來我很難說我們得到的掃描結果是好是壞，但就某方面來說，約翰對這個問題的回應的確讓我們免於去面對先前所預想的尷尬處境。

只是這樣的結果還是讓我難掩失望，因為當我們問約翰「你想死嗎？」時，所得到的大腦掃描影像並無法讓我們清楚判讀出他對這個問題的答覆。

儘管先前約翰成功靠著大腦活動的變化，明確地回答了我們五道問題，但就在我們問他是否想死時，卻無法從他的大腦活動看出他想要表達的想法。這並不是說約翰對我們的問題不理不睬，而是當下他大腦活動的狀態既非是在想像打網球，也不是在自家走動。

因此，我們根本無從得知他的答案究竟是「對，我想死」或是「不，我不想死」。我不太清楚為什麼會有這樣的結果，但我推測，這可能跟「你喜歡吃披薩嗎？」這個問題有異曲同工之妙，概觀來看，絕大多數的人都無法果斷地用「是」與「否」這兩個字來回答「你想死嗎？」這個問題。

說不定，約翰的大腦狀態要表達的想法是「嗯，這樣要看看我有沒有選擇的餘地！」或「再給你五年，你有多少的把握可以讓我徹底脫離這種困境？」抑或是「你能再多給我一些時間好好思考一下嗎？」約翰回覆這道「生死題」的答案可能有千百種，而這每一個答案皆會讓他的大腦產生令我們無法判讀的活動狀況，因為我們跟他之間建立的溝通密碼就只有想像「打網球」和「在自家走動」而已。

一旦他的大腦活動脫離了這兩個狀態，我們便無從得知他的想法。我們獲准掃描約翰的時間已經用罄，這次我們勢必無法知曉約翰對這個問題的想法了。梅蘭妮、奧黛莉和馬汀將約翰從掃描儀的艙體拉了出來，並將他送回病房。

自傳式記憶和陳述性記憶

與之前我們偵測到植物人患者擁有意識相比，和約翰雙向溝通的經驗更讓我們情緒激昂，因為和約翰雙向溝通的過程，他表現出的不單純是他對周圍事物的感知能力，而是更貼切的表達出他個人的認知能力。我們甚至問了他一個最關鍵、貼近他個人的問題「你想死嗎？」，儘管後來我們無法判讀他對這道題目的回應。

你可能會認為，要回答「你有沒有姊妹」這類簡單的問題根本耗不了你多少腦力，但事實上，你回答這個問題的過程非常複雜。問問你自己這個問題：你有姊妹嗎？我敢打賭，你一定幾乎想都不用想就可以回答這個問題。

你之所以可以這麼輕鬆地回答這道問題，是因為對大部分的人來說，這類問題的答案通常非黑即白；回答「是」就表示你有姊妹，回答「否」就是你沒有。然而凡事總有例外，對有些人來說，這個問題並不是用「是」或「否」就可以回答的。比方說，或許你有一個妹妹，但是她已經過世了；在這種情況下，如果無法在回答中額外加註一些簡短的解釋，你恐怕很難如此果斷地用「是」或「否」來回答這道問題。

不論如何，你有沒有想過你的大腦是怎麼讓你回答出這道問題的？它怎麼知道問題的答案？真相是，你的大腦「知道」的事遠比我們自以為知道的事還多。如果你問電腦「你有沒有姊妹」這道題目，只要你曾將「你有一個妹妹」的訊息輸入電腦，它馬上便可以以此訊息回覆你的問題，但你的大腦不是這麼運作。你的大腦原先並沒有設定好的答案，在它讓你回答出這個問題前，它必須先從你龐大的記憶資料庫中找到你有一個妹妹的蛛絲馬跡。

基本上，大腦中這些證明你有妹妹的記憶證據分為兩大類。第一大類是「自傳式記憶」（autobiographical memory），這類記憶跟你的成長有關。你可能會記得在成長的過程中，你總會跟一個長得和你有點像的人玩在一起，而且這個人的外貌也神似你的雙親。

也或許，你記得你在妹妹二十一歲生日時，送了一個禮物給她。這就是所謂「自傳式記憶」，你的大腦可以依據這類記憶去評判你是否有一個妹妹。至於另一大類可以讓你大腦找到線索的記憶證據，心理學家稱之為「陳述性記憶」（declarative memory），或者說得白話一點，這類記憶就是我們平常指的「知識」。

這類記憶的屬性就好比電腦裡儲存的訊息，它可以直接告訴你，你有沒有一個妹妹。陳述性記憶和你與妹妹相處的經歷完全無關，它記得的只是「你有一個妹妹」的事實，所以在你聽到「你有姊妹嗎？」這道題目時，大腦隨時都能夠以儲存在記憶庫中的事實做為標準答案。

剛剛我有說過，這種記憶其實就是我們平常說的「知識」，所以這類記憶主要是經由學習而得。以「法國首都是巴黎」這個地理知識為例，不管你有沒有去過法國，或許都可以正確答出「法國首都是巴黎嗎？」的答案。因為只要你曾聽聞過這項事實，並將它記下，它就會跟「你有一個妹妹」這個事實一樣，化為你記憶庫中的陳述性記憶。

自傳式記憶和陳述性記憶之間的差異一直引起神經心理學家相當大的興趣，因為大腦受損時不一定會同時影響這兩大類記憶的狀態。事實上，我在多倫多羅特曼研究院（Rotman Research Institute）的同儕布萊恩・萊文（Brian Levine），就曾經描述過一個名為「嚴重自傳式記憶缺乏」（severely deficient autobiographical memory, SDAM）的全新記憶失能症狀。[4] 有這類症狀的患者，雖然沒有辦法歷歷在目地回想過往經歷過的事情，但他們其他面向的記憶能力卻絲毫不受影響。舉例來說，這些人也許對他們與姊妹一起成長的童年記憶完全沒印象，也不記得自己在妹妹二十一歲生日時做了什麼事，可是，他們卻「知道」自己有一個妹妹，因為他們仍保有陳述性記憶，而這個事實就儲存在那裡。

在保有陳述性記憶的情況之下，這些喪失自傳式記憶能力的患者，大多還是能正常地過日子，並且往往不會注意到自己有記憶失能的狀況。以布萊恩研究過的個案來看，這些患者都沒有腦傷的病史，利用神經造影技術檢查其大腦，也沒有發現任何大腦受損的跡象。因此，至今這個現象的肇因仍是一個懸而未解的謎團。

不再受制於命運的安排

從約翰的掃描結果，我們可以歸納出一個結論，即：約翰仍保有發生意外前的記憶，甚至記得他最後一次度假的地點。即便我們不曉得約翰是用「自傳式」還是「陳述性」的記憶來回答我們這些問題，但可以肯定的是，就算他的大腦沒有同時保有這兩大類記憶，必定也有其中一大類記憶完好無缺，所以才能正確答出這些問題。

不僅如此，細細去探究約翰完成這項雙向溝通任務的過程，還能讓我們從中發現更多有關他大腦的祕密。我們就繼續延續剛剛的例子，現在想想看在回答「你有姊妹嗎？」這道問題時，你還需要些什麼能力。

最基本的，你至少要能夠聽得懂表達這道題目的語言。畢竟，如果你連題目都聽不懂，又怎麼有辦法回答問題。其次，你還需要有將這個問題暫存在工作記憶的能力，如此一來大腦才有辦法針對這個問題，在記憶庫裡搜尋、彙整出相關資訊，給出答覆。

沒有工作記憶，就等於沒有任何暫存資訊的能力，假如在這種情況下，你覺得你還能答得出這道簡單的問題嗎？絕對不可能！因為當大腦準備開始搜尋這個問題的答覆時，你就會發現自己已經忘了要搜尋什麼問題的答案！

實際上，比起單純的一問一答，那天掃描約翰的答題方式，需要動用到約翰更多的工作記憶，因為在他答題時，他不只是要記住我們的問題，還得一直記住答題的方式長達一個多小時：要答「是」就想像打網球，「否」則想像在自家走動。

更重要的是，約翰的回應除了證實他必定完整的保有這些認知能力外，亦向我們透露出許多其他訊息，讓我們能夠推斷出他大腦的哪些部位仍可正常運作。

譬如，他能理解我們說的話，就表示他大腦顳葉掌管口語的區塊運作良好；他能將資訊暫存在工作記憶中，就表示他額葉裡負責處理最高等認知任務的區塊依舊克盡職守；最後，他能回想起出意外前發生過的事情，則代表他的中部顳葉皮質區（medial temporal lobe regions）和位在大腦深處的海馬迴並未受到任何傷害。

上述所說的這些心理活動，時時刻刻都在你我腦中上演，而且我們甚至連想都不用想，大腦就會自動為我們完成這些工作。然而，當時我們卻在一名被眾人宣判為植物人五年的腦傷病患身上，親眼見證了人類意識的精妙運作，這實在是太具有啟發性了！

遺憾的是，儘管約翰能夠透過掃描儀有效地和我們進行「雙向溝通」，但史蒂芬的團隊卻始終未能建立任何能夠直接在約翰床榻和他溝通的方法。以約翰當時的狀況，功能性核磁共振造影掃描儀顯然就是他和外界溝通的唯一管道。

在我們完成對約翰大腦的掃描分析後，醫師又重新為他做了一次全面性地神經狀態評估，並將他的診斷由植物人改為「最小意識狀態」。雖然掃描前後約翰的神經表徵並未出現任何改變，但我想，就某種角度來看，知道約翰的大腦尚有清醒的意識，或許多多少少對史蒂芬團隊的診斷有所助益，因為許多在掃描前模糊難辨的細小徵兆，在掃描後他們都可以果斷地將之視為是約翰意識的表現。

約翰只在列日停留了一個星期。先前約翰之所以會千里迢迢的從東歐來到列日，主要是為了讓史蒂芬的團隊評估他的意識狀態，所以結果出爐後，也到了他該重返家鄉的時間了。我們與他的緣分僅至於此，至此之後，我們就不曾再掃描約翰，也不曾再從他身上見證任何奇蹟。

多年後，我曾向梅蘭妮問起了約翰的後續狀況。她說，自從約翰返家後，奧黛莉就和他的家屬斷了聯繫。過去他們和家屬之間唯一的聯繫方式就是電話，但後來那些家屬提供給他們的電話號碼全都打不通了。約翰就這樣猶如人間蒸發的突然消失無蹤。多年沉潛在意識灰色地帶之間的約翰，一度有幾小時的時間因為我們的掃描重啟和外界的溝通管道，然而這一切對他來說或許僅是曇花一現，爾後他恐怕再也沒有機會與外界交流。

這些病人與幸運之神短暫交會的機運總是令人唏噓，但在當時，這卻是常常發生的事。那個時候為了召募到合適的研究對象，我們只能盡可能地擴大招募的範圍，有時候甚至必須以完全不符合常理和經濟效益的方式將患者大老遠的接送過來，就只為了完成我們對這門科學的理想和抱負。

可想而知，我們有多希望能保有約翰這個研究對象，進一步去探究他的意識狀態，甚至更深入了解他的內心世界，但依當時的現實面來說，這一切宛如天方夜譚。其實，不論什麼時候我們都身處在機會主義的環境中——「優勝劣敗，適者生存」，更何況做科學本來就很重機運，很多時候科學上的突破都是出於偶然，而非人為的精心設計。

儘管如此，當下我還是對於和約翰斷了連繫這件事耿耿於懷。於是，我下定決心要改變現狀，創造出一個可以讓我們持續追蹤患者後續狀態的研究環境，讓患者和我們之間的聯繫不必再受制於命運的安排。

親愛的，你還在嗎？

我們對外發表在約翰身上的發現後，我的實驗室再度成為眾家媒體熱烈關注的焦點。[5] 我在應用心理學部門的專線響個不停，辦公室也有許多攝影團隊來來去去。

我已經數不清自己上過幾個外國的電台節目，只記得自己不斷對著不同的媒體講述這位植物人病患終於能夠和外界溝通的故事。

大眾似乎對這個故事有無限的興趣，這個研究領域受到矚目的程度因此達到了有史以來的巔峰。當時馬汀正要投入職場，就在他要去加州大學洛杉磯分校面試的那一天，《洛杉磯時報》（*Los Angeles Times*）的頭版正好就登載著以「植物人患者大腦嶄露生機」為題的報導，所以後來得知他得到了這份工作，我一點也不意外。

事情往往就是如此相依相傍；當眾人的關注成就了這門科學，這門科學也會反過來影響我們這些科學家享有的研究資源。回顧一九九七年我們首次掃描凱特時，當時根本沒有任何人提供資金支持我進行這類研究；時值二〇一〇年，我們發表約翰的成果後，挹注我們研究的資金則宛如江水般滔滔湧入，各方機構都撥給了大筆的經費支持我們研究的發展。

美國的詹姆斯．史密斯．麥克唐諾基金會（James S. McDonnell Foundation）授予尼古拉斯．希夫、史蒂芬．洛瑞斯和我一共三百八十萬美元的研究經費，希望我們以這筆經費發展出一套綜合性的研究案。

歐洲方面，我和史蒂芬的團隊一共獲得近四百萬歐元（約四百五十萬美元）的助研金，得以拿這筆經費為無行為能力的患者開發腦機介面系統。

就連我當時所屬單位的頂頭上司，英國醫學研究理事會，都額外撥給我七十五萬英鎊（約一百萬美元）的經費，讓我們持續利用功能性核磁共振造影技術拓展對植物人患者的認識。總之，那個時候我們終於不用再煩惱研究經費的著落了。

眾人對這項研究的矚目，還為我帶來了其他的重大契機。有一天，我接到了一通來自加拿大的越洋電話。來電者是加拿大西安大略大學的認知神經科學家梅爾文．古德爾（Melvyn Goodale），他在視覺感官和運動控制等研究領域相當有名氣。他告訴我，最近加拿大政府發起了一個叫做「加拿大卓越研究人才計畫」（Canada Excellence Research Chair）的專案，希望藉此延攬國外的科學「菁英」到加拿大工作。獲選者不僅可以獲得由「加拿大卓越研究人才計畫」提供的一千萬美元研究經費，你任職的機構也會撥發一筆同等金額的研究經費給你。

這實在是個太難得的機會，所以我把握良機遠渡大西洋重返加拿大工作，協助當地聞名西方國家的大腦與心智研究所（Brain and Mind Institute）從無到有的建立了第二代研究意識灰色地帶的系統。我在加拿大的新實驗室裡，不但有了更好的研究資源、更優渥的研究經費，還對這個領域的研究有了全新的可能性。

我抵達加拿大沒多久，就接到了克里斯提恩．史華斯貝爾（Christian Schwarzbauer）博士的來電。過去我曾跟克里斯提恩共事過，他是個物理學家，我接到他的電話時，他正在蘇格蘭的亞伯丁（Aberdeen）工作。

「我們一直用你建立的方法，利用功能性核磁共振造影技術掃描蘇格蘭這裡的植物人，」他說，「然後最近，我們掃描到了你的一位老朋友。」我馬上會意過來，克里斯提恩說的那位「老朋友」一定是莫琳。是莫琳的父母促成了我和克里斯提恩的這通電話，他們想問問我現在是否有辦法看看莫琳的掃描影像，當然，克里斯提恩本身也很希望我能給他一點意見。

這件事對我來說一點也不困難。不過，當我坐在電腦前，準備開始評估莫琳的掃描影像時，卻發現自己的內心波濤洶湧。我起身關上辦公室的門，因為我需要一點獨處的空間。盯著莫琳大腦的掃描影像看，感覺就像是望進我過往的青春歲月。這是我一生中最難以言喻的奇妙感受，望著這些影像，我彷彿又再度觸及了我埋藏多年的某部分情感。

我靜靜地凝視著電腦螢幕的畫面，意識到自己曾經跟眼前這份影像中的大腦主人有多麼親近，然後我突然發現，自己年少時與莫琳交惡後產生的那份敵意老早就煙消雲散。我仔細盯著莫琳的大腦影像，想要從中找出一些蛛絲馬跡。此刻在我眼中，莫琳不再是那個讓我洩氣沮喪、心慌意亂的人了，而是我深深愛過的人。

克里斯堤恩在掃描這些大腦影像時，先要求莫琳想像打網球，然後才要她想像在自己家裡走動。如果我從這些影像發現她的大腦有所反應該怎麼辦？我暫時把這個問題拋諸腦後，再次仔細地盯著眼前的螢幕瞧。

然而，我看到的只是一片黑暗、空虛的大腦影像。那裡什麼也沒有，我無法從那份影像中窺見任何一絲有關莫琳的線索。因此，當時莫琳的狀態依舊宛如一道難以破解的神祕謎團，再度深深地沉入我的心底。

第10章

你痛苦嗎？

與其一輩子活受罪，倒不如一死百了。

——古希臘悲劇詩人 埃斯庫羅斯（Aeschylus）

他仍對外界有反應

一九九九年十二月二十日，加拿大安大略省薩尼亞市（Sarnia），一名年輕男子開車駛離他祖父的房子，他的女友則坐在副駕駛的位子上。

這名男子叫史考特，過去他曾在滑鐵盧大學（University of Waterloo）攻讀物理學，以他當時的背景很有機會進入機器人這個擁有大好前景的產業。

然而，幾秒鐘之後，他卻再也不可能實現這份理想中的人生藍圖。一輛趕往犯罪現場的警車，恰好在相距他祖父家僅數條街的十字路口，全速攔腰撞上史考特的車。儘管員警和史考特的女友皆只受到輕傷，送醫後並無大礙，但史考特卻沒那麼幸運。由於車禍發生時，警車一頭撞上了史考特那一側的車身，龐大的衝擊力讓他身受重傷。

他被送往薩尼亞綜合醫院（Sarnia General Hospital）搶救，但他的格拉斯哥昏迷指數（Glasgow Coma Scale）仍在幾個小時內快速下降。格拉斯哥昏迷指數是一種神經學指標，現今醫學界多以此做為評估患者意識狀態的標準。

該指標主要從三方面評估患者的意識狀態，分別為：睜眼反應（依「不會睜眼」到「會主動睜眼」等不同程度評分）、口語反應和運動反應。這三項指標的最低總分為三分，而得到此分數即代表該名患者「無法睜眼」、「無法說話」和「無法產生任何動作」；最高總分為十五分，得到這個分數即表示你神智完全清醒，不但可正常交談，也能遵循各種指令。

史考特的總分只有四分，離完全毫無反應就只差一步之遙。雖然史考特的頭部和面部沒有明顯外傷，但是警車撞向史考特的強勁力道，卻讓他腦袋裡的大腦重重撞擊到顱骨上，導致他的大腦嚴重移位和挫傷，整顆大腦可說是面目全非。換而言之，史考特的情況非常不樂觀。

十二年後，在我抵達安大略的倫敦市沒多久，便聽聞了史考特這號人物。因為一到加拿大，我就連絡了比爾·佩恩（Bill Payne）醫生，問他有沒有病人適合參與我們的研究。佩恩醫師任職於帕克伍德醫院（Parkwood Hospital），這是一間位於倫敦市南側的長照機構。

帕克伍德醫院的前身是創建於一八九四年的「維多利亞之家」（Victoria Home for

Incurables），該機構專門收容不治之症患者，而今帕克伍德醫院依然承襲傳統，收治了許多這類「無藥可醫」的患者。史考特就是佩恩醫師第一個推薦給我的患者。「他是個很引人注目的患者，」比爾說，「因為他的家人堅信他神智清醒，但我們在他身上始終找不出任何跡象，我們已經觀察他好幾年了！」

我親自到醫院去探望了史考特，他看起來就跟植物人沒有兩樣。但想要客觀地確認史考特的狀況，我知道自己需要另尋其他專家的意見，而這個專家非布萊恩・楊（Bryan Young）教授莫屬。布萊恩是一名在此領域耕耘已久的資深神經科醫師，多年來累積了許多和植物人和昏迷狀態病人相處的經驗；再加上年屆退休，我想他可能會是你這輩子見過最和善的人。

我打了一通電話給他，問道：「你對史考特有何看法？」

「很引人注目的患者。」這句話聽起來有點耳熟。

「他的家人堅信他神智清醒，但我們在他身上始終看不到任何蛛絲馬跡。」

我進一步向布萊恩探問了史考特的狀況，因為自從史考特十二年前發生車禍後，他一直都有定期去探訪史考特。畢竟，布萊恩本身就是當地最擅長處理意識障礙患者的神經科醫師，理所當然就成了最關切史考特狀態的醫生。

布萊恩有非常豐富的意識評估經驗，以嚴謹和仔細的評估態度享譽國際。如果他也認為史考特是植物人，那麼史考特就會是我研究的不二人選。我告訴布萊恩，我打算用功能性核磁共振造影掃描儀掃描史考特的大腦，布萊恩覺得這是個很好的嘗試，他說：「之後請務必告訴我，你看到了什麼。」

結束與布萊恩的通話後，我再次前往帕克伍德醫院，這次我帶著達維妮亞（Davinia Fernández-Espejo）一同前往，她是跟我一起從歐洲遠渡來加拿大工作的博士後研究員，我們想更徹底地評估史考特的狀態。踏進寧靜的病房，我們看到史考特靜靜地躺在床上，床邊守著一對男女，他們是史考特的父母吉姆和安，接著，領我們進房的護士為我們互相介紹。

安原本是在實驗室工作的專業技術人員，但史考特出車禍後，為了專心照料他，她辭掉了工作。至於她的丈夫吉姆，過去曾在銀行工作過，當時則是名卡車司機。他們是一對很和善的夫妻，對史考特傷後的付出溢於言表。史考特還沒被送到帕克伍德醫院接受全天候的照料前，為了方便照顧史考特，他們舉家搬遷到了安大略省倫敦市外的一間獨棟平房。

吉姆和安告訴我們，雖然史考特被診斷為植物人，但他們相信史考特不是，因為他們播放史考特最愛的歌劇《歌劇魅影》和《悲慘世界》的曲目給他聽時，他仍會有所反應。

「他臉上的表情有出現變化，」安篤定地說，「他會眨眨眼，示意他喜歡耳邊的樂曲。」

基於布萊恩長年多次評估史考特的資料，以及我們本身對他進行的評估結果，安對我們說的話實在是讓人摸不著頭緒——因為不管我們再怎麼努力，都無法讓史考特對我們的刺激做出任何一點反應。我看了一下史考特的醫療紀錄。上面的紀錄顯示，自從史考特出事後，不論是布萊恩或是其他醫師，多年間沒有半個人在檢查他的狀況時，發現任何說明他不是植物人的證據。儘管如此，他的父母依然堅持己見，不斷向其他人表示：「史考特的神智清醒，因為他仍對外界有反應。」

家屬的確認偏誤

弔詭的是，自從我開始投入這個研究領域以來，這樣的事情屢見不鮮。**許多被診斷為植物人的病患家屬，在沒有任何臨床或科學證據的支持下，始終深信他們所深愛的那個家人擁有清醒的神智**。這些家屬和病患說話和互動的方式，就如同該名患者真的具有意識一般。

為什麼呢？是這些家屬對患者的心理狀態比較敏銳嗎？還是他們在判斷意識上有特殊的第六感，能夠察覺到就連布萊恩這類訓練有素的專業人士也看不出的蛛絲馬跡？

我個人認為，這些家屬病患之所以有這樣的判斷力，能看見我們這些專業人士所不能見之細微意識徵兆，或許是因為他們比我們更了解患者。

對任何一位評判患者意識狀態的專業人士（通常是神經科醫師）來說，他們看到的往往是這些病患因為重大意外，腦部受到重創的樣貌，對他們原本健康的樣子一無所知。換句話說，每一位評估傷患意識狀態的醫師「只知道」患者「出事後」的模樣，但家屬卻不然。

這些家屬在患者出事前便和他們有多年的相處經驗，對患者原本狀態的瞭解度必定比醫師高出許多。再者，與醫務忙碌的醫師相比，一般來說家屬花在患者身上的時間也多出許多。畢竟醫師要照顧的病患不只一個，分配給每位患者的時間相當有限；相對的，許多家屬則會時時刻刻、日日夜夜的守在患者的床邊，只希望不要錯過任何一絲一毫可以證明患者有意識的細小徵兆。因此，假如患者有意識，第一個發現的人是家屬也不令人意外。

只不過，家屬如此無私的付出時間和精力，有時候也會助長了他們渴望看見患者狀態有所改善的念頭，任何一絲徵兆都會被他們放大解釋。我們每一個人都很容易落入心理學家稱之為「確認偏誤」（confirmation bias）的狀態，簡單來說，就是只執著於有利自己主張的事證，而沒有客觀地考量全局；在意識灰色地帶這門科學裡，確認偏誤是個大忌。

倘若你深愛的人躺在病床上，僅有一縷細線讓她的生命沒有徹底墜入另一個世界，你肯定會死命抓著那條線不放，想要將她拉回人間。你也肯定會渴望她知道，你一直在她的身邊陪著她。或許你會握著她的手跟她說說話，並要她如果有聽到你說的話，就捏捏你的手，沒想到有一天，她真的這麼做了！

你明顯感覺到她輕柔捏握你手掌的那股力道。你覺得當下你會做何反應？你很可能會這麼想「她真的依你的要求做出了回應，她一定是神智清醒！」這樣的推論看似無懈可擊，但遺憾的是，在科學上這種說法根本站不住腳，因為科學講究再現性（reproducibility）。

我們所處的世界，巧合無所不在。比方說，有時候我們拿著相機對猴子說「笑一個」，牠們可能真的好巧不巧地朝著鏡頭咧嘴。又或者，有時候我們逗弄著懷中的嬰兒，開玩笑地要他們告訴我們現在是幾點鐘，他們也可能出其不意地指向牆上掛的鐘。

同理可證，有時候我們極度渴望植物人有所反應，要求他們「如果有聽到我說的話，就捏捏我的手」時，他們說不定就會如此恰好的做出了這個反應，讓我們的心情大振，以為奇蹟降臨。但是這類結果能夠一再重現嗎？萬一下次你再要求他捏捏你的手，他卻毫無反應呢？無奈的是，一廂情願的我們，往往會選擇忽略這些時刻，任憑「確認偏誤」左右我們的判斷力。

心理學家常常用星座學來說明「確認偏誤」的影響力。就算是聰明絕頂或受過教育的人，許多人或多或少都相信，天上星星和星球運行的位置與人格特質有一定的關聯性。是什麼原因讓他們相信這些毫無科學根據的理論？

以心理學的角度來看，這個原因大概是因為我們天生就比較容易採納腦中已經知道的資訊。舉例來說，假如我們遇到個性頑固的人，之後又得知他們是金牛座，這些資訊就會讓我們的大腦想起：我們「確實知道」金牛座的人就是有一點頑固；同時，大腦也會因此強化這個（錯誤）信念在腦中的地位。

問題是，如果我們碰到其他個性頑固，卻非金牛座的人時，並不會讓我們的大腦想起這兩者（人格特質和星座）之間的關聯；也就是說，我們大腦裡的記憶不會因此有任何變化，我們先前堅守的錯誤信念依舊會儲存在我們的腦袋裡，既不會增強，也不會減弱。

想要揚棄你腦中錯誤的信念，你必須意識到兩件事，一為你認識的固執者裡也有不是金牛座的人，二為金牛座者並非全都固執。如此一來，最終你的大腦才會知道，原來你的這個星座信念根本毫無根據。太過年輕或是歷練不多的人特別容易落入「確認偏誤」的陷阱裡，因為他們的經驗不足，往往無法跳脫既定的認知，以比較全面的眼界去客觀看待周遭的人事物。

「確認偏誤」也可以解釋為什麼我們常會把紅頭髮的人和暴躁魯莽畫上等號。每當我們碰到一頭火紅頭髮，又脾氣暴躁的人，很快就會想起這兩者之間的連結，並強化兩者的關聯性。然而，面對一頭紅髮卻冷靜溫和的人時，我們往往會視而不見他們和這個信念之間的衝突性。身為一個紅髮人，我很清楚「確認偏誤」對偏見有一定的影響力，因為我已經不只一次被完全不認識我的人誤認為是個衝動火爆的人。

更廣義的來說，確認偏誤還跟我們的信念和信心息息相關。到現在我都還記得，多年前我還是個孩子的時候，到當地一間衛理教會的教堂做禮拜，聽著台上的牧師讚揚一名年輕女孩成功抗癌的畫面。這個女孩在抗癌的過程中，一直都有來教堂做禮拜，眾人也齊心為她虔誠祝禱。「這就是祈禱的力量」牧師說。我在醫院對抗霍奇金氏症時，曾經為此困惑過，因為當時我身邊許多不敵癌症辭世的病友，也跟我信一樣的宗教，並擁有一群為他們齊心祝禱的教友。

不過，現在若要我平心而論，我會說整體看來，「祈禱的力量」給你的頂多是一線希望。話雖如此，但確認偏誤對我們的影響無所不在，只要我們沒有意識到它的存在，那麼確認偏誤就會讓我們的眼中只看得見那些迎合我們信念的跡證——儘管它們明明充滿矛盾。

身為一名研究意識灰色地帶的科學家，我非常清楚認知偏誤是怎麼一回事，它是每一個人與生俱來的本能，但周旋在這些患者的家屬之間時，我卻發現自己對確認偏誤的了解，常讓我自己陷入一種兩難的處境。

尤其是面對那些不願接受患者沒有反應，總會找一大堆理由為患者的表現辯駁的家屬。他們會說患者「剛好累了」、「藥物讓他想睡覺」或者是「她心情不好才不想回應我們的要求」等等諸如此類的理由，不斷執著於他們在患者身上看到的一次偶然回應，卻忽略了患者無數次毫無反應的事實。

確認偏誤還只是讓家屬堅信患者有反應的一半原因。現在試想一下，你「不在」病床旁邊時，患者獨自在病房裡的畫面。說不定該名患者的手本來就會規律地做出抓握的動作，就算沒有任何人從旁給予明確的指示也不例外。

這樣的舉動毫無意義，它就跟你不自覺地想搔抓發癢的皮膚一樣，是個完全無關乎意識的自發性動作。縱然你提出要求後，確實感受到病床上那個你深愛的人捏握你的手，但你離開病房，她獨處之時，其實她的手依舊會再次做出捏握的動作。

換而言之，她的手之所以會有捏握的動作，根本跟你或你的指令沒有關係，然而你卻毫不知情。在臨床上，患者獨處時的反應就像無聲的證據，它們所代表的意義就跟你親眼見證的反應一樣重要，只不過這些證據在缺乏目擊者的情況下，往往永久不見天日。

上述的兩種現象——「確認偏誤」和「無目擊者的反應」——皆促成了我們分外看重自己眼前所見反應、堅信患者有意識的結果，因為它們讓我們徹底忽略了患者沒有反應或是在我們視線之外的反應。在統計學上，其實這些數據的地位都同等重要，因為若要客觀的評估患者的狀態，一定要把這些數據通通納入，方可全面性的考量。

當時我完全不曉得史考特的家人究竟是落入確認偏誤的思考模式中，還是真的從史考特身上感受到了一些我們這些醫療人員和科學家檢測不到的反應。以科學家的角度來看，我比較傾向採納前者的想法，可是從普通人的角度來看，我卻想無條件接受後者。我想，只要曾親眼見過史考特的家人對史考特的無私付出，大概都會被他們對史考特的愛深深感動。

姑且不論他們的堅持是否具有科學根據，但他們堅信史考特神智清醒的信念著實令我動容。儘管我探視史考特的時候，他已經出車禍十餘年，可是他們對史考特的關愛和支持依舊不減，並持續感受到史考特對他們的回應。

有誰的心能夠不被他們對史考特的偉大奉獻動搖？即便如此，但不論我們試了再多次，都無法讓史考特在符合科學標準的情況下重現任何肢體上的反應。我們把鏡子拿在他面前，請他看著鏡子——毫無反應；我們請他摸自己的鼻子——毫無反應；我們請他伸出舌頭——毫無反應；我們請他踢球——毫無反應。我們對他要求的這些指令全都是經過精心考量的動作，過去已經在全球數百名嚴重腦傷的患者身上一再獲得驗證。由此可知，布萊恩的診斷確實沒有錯，當時的種種跡象的確都指向史考特處於植物人的狀態。

讓大眾更關注這個議題

在我們還沒有開始掃描史考特之前，英國廣播電視台ＢＢＣ的製片人員就問過我，他們是否可以從旁紀錄掃描史考特的過程。老實說，這個要求讓我對這件事的進行更為急切。先前我在英國的時候，ＢＢＣ就曾經透過旗下的《廣角鏡》（*Panorama*）節目，持續追蹤我們的研究成果，這個節目是世界上最長壽的時事紀錄片節目，於一九五三年開播。[1]

我們團隊決定前往加拿大進行研究時，就已事先告知這個節目的製作人，我們的合作恐怕無法繼續下去了，畢竟我們過去都是在英國境內合作。

然而為了貫徹ＢＢＣ的紀錄精神，該節目的製作人員決定跟著我們一起飄洋過海，來到加拿大繼續拍下我們在加拿大患者身上得到的研究進展。

記錄這場研究的主持人是ＢＢＣ的醫療記者費格斯．沃爾什（Fergus Walsh）。我跟費格斯相識多年，二〇〇六年我們首次用功能性核磁共振造影掃描儀證明卡蘿具有意識時，他就是第一個跑來採訪我，並在ＢＢＣ的電視新聞上大力報導我們研究成果的記者。費格斯過去也曾到英國的雪菲爾，密切追蹤希爾斯堡慘劇的受害者東尼．布蘭德的相關新聞，二〇一〇年我們首次成功和植物狀態的病人雙向交流時，他也曾造訪劍橋進行相關報導。

不過這一次我們相見的意義非凡，因為我們即將要攜手製作一個長達一小時的紀錄片，並在黃金時段透過ＢＢＣ的頻道在全球的電視上放送！

費格斯初次打電話問我意願的時候，我正站在劍橋火車站的的月台上，那是一個清冷的冬日早晨。他希望節目的團隊可以跟著我們的研究腳步紀錄五位病人，從頭側拍下我們對這些植物人患者做的檢驗，直至結果出爐。

費格斯對這五位患者的結果沒有任何預設的立場，只是希望在紀錄的過程中，至少可以從中找到一名有意識的患者；幸運的話，最好還能夠跟他或她來場雙向溝通。當下我不認為我們的研究有辦法進展的如此順利，所以我跟他說：「這種事絕對不可能發生！」

「但是你之前不是對外宣稱，依你的研究來看，植物人患者其實有多達五分之一擁有意識，」費格斯努力不懈地說服我，「現在正是證明你這個想法的大好機會呀！」

你說有誰能不欣賞費格斯呢？據我所知他做每一件事情都如此充滿熱忱。不過，他的這番熱情卻也讓我進退兩難。如果我接受了他的提議，就表示BBC的攝影團隊將貼身紀錄我們研究的一舉一動，萬一最終我們無法找到另一個具有意識的患者怎麼辦？萬一我們無法再次和毫無反應的患者溝通又該怎麼辦？觀眾會怎麼看待這些結果？他們會不會因此質疑我們過去的研究和發現？我們整個研究計畫的架構會不會受到破壞？

這樣想起來拍攝的後果似乎危機四伏，可是凡事都有正反兩面，何況，做科學本來就是要冒點風險，外加靠點運氣。也許某一年我們會接連發現好幾位有意識的患者，然後下一年卻連續好幾個月都沒有絲毫發現。

我回想起過去幸運之神對我們的眷顧，我們先是發現了凱特的大腦對外界的刺激有反應，其後則有卡蘿和約翰。我們能不能再重獲幸運之神的眷顧？在電視上重現這奇妙的歷程？我心裡明白，想要讓大眾更關注這個議題，我別無選擇，只能放手一搏。

於是，我答應接受拍攝。費格斯的團隊立刻就整裝從英國飛來安大略省，攝影人員開始日以繼夜的從旁記錄我的研究生活。他們拍下了我們在實驗室做研究的模樣，拍下了晚上我跟我的團員在地下室練團的景象（我們的團名叫「Untidy Naked Dilemma」），也拍下了我和達維妮亞決定要掃描史考特的瞬間。

史考特靜靜地躺在掃描儀裡，我跟達維妮亞則一如往常的執行掃描的工作。

「史考特，你聽到我們指令的話，請想像自己在打網球的樣子。」

接下來發生的事，現在我想起來仍會渾身起雞皮疙瘩。

我在控制室對著對講機說完這句話之後，呈現掃描結果的螢幕上，馬上顯現出史考特的大腦受到激活的五彩影像，而他大腦裡激活的位置，確實反映出他正在應和我們的要求，想像著自己在打網球。

「史考特，現在請想像你在自己家裡走動。」

再一次地，史考特的大腦應和了我們的要求，實實在在地向我們證實他的確還有意識。史考特的家屬說對了，史考特一直都能感受到周遭世界的變化，並予以反應！儘管史考特或許無法如他們所說的用肢體來回應我們，但是他的大腦卻可以！當然，這個奇妙的瞬間也被ＢＢＣ的攝影機完整的捕捉了下來（相關影片請見 www.intothegrayzone.com/mindreader）。

接下來呢？我們應該問史考特什麼問題？達維妮亞和我緊張地面面相覷。我們很想把這場掃描帶到一個更高的境界，問史考特一些更有意義的問題。這些問題不若「你的母親叫什麼名字」這般務實、平淡，但卻有可能改變他人生。

我們想問他是否痛苦，在此之前我們就已經花了不少時間，討論詢問患者身體有無疼痛對他們的好處。疼痛是一種很完全主觀的感受，只有本人才可以切實描述箇中滋味。既然我們已經用掃描儀搭配心理任務證明了史考特有意識，現在我們是不是可以問他有無任何痛苦的感受？我試著在腦中預想他可能的答覆。

如果史考特說有呢？這不就表示他可能已經痛苦了長達十二年的時間嗎？這個念頭太駭人了，我根本不敢再往下細想。然而，這樣的答覆不無可能。萬一史考特真的說了「有」，他很痛苦，我實在不曉得自己該做何反應。

然後我想到了史考特的家人，他們又該做何反應？突然之間，我意識到現場跟拍的ＢＢＣ攝影機更增添了整個情況的複雜性，但我別無選擇。我覺得我必須跟安談一談。

他有權回答這個問題

我低著頭，技巧性地避開攝影機的鏡頭，低聲問達維妮亞：「你覺得我們要問嗎？」

「要。我們『非問不可』。」達維妮亞說。

我知道她說的對，我們非問不可。史考特有權回答這個問題，他的家屬也有權知道這個問題的答案。現在是時候為我們的患者做一點有利他們自身的事了。如果史考特真的感到痛苦，我們問他這個問題無疑是給了他一個傾訴的機會，如此一來，我們才有辦法設法幫助他。

我站了起來，緩步走出無對外窗的控制室，我知道安就在外面守候。攝影機的鏡頭跟著我一同來到了門外，我看到安面帶笑容的站在門口。

我的心跳得飛快，「我們想問史考特有無任何痛苦之處，但我想先徵詢妳的同意。」

這是關鍵的一刻。我第一次問史考特這類患者的家屬，是否可以問這道可能徹底改變患者人生的問題。畢竟，過去十二年間，就算史考特一直感到痛苦，但旁人必定無從知曉這件事。萬一果真如此，我簡直無法想像這段期間對他來說會是一場多麼無止盡的夢魘。

其實，我們大可直接問史考特這個問題，可是安就在一旁守候著我們的結果；多年來她是多麼堅信史考特仍有意識，為他付出了多少心力，我想，我必須先讓她知道我們要做些什麼，看看她是否也想知道這個結果。我希望安親口跟我說：「儘管問吧！」我希望她也想知道這個問題的答案，不論是為她自己或是為史考特。

安平靜地看著我，眸光清明而閃亮。我不禁猜想，她肯定早在多年前就已經對自己兒子的狀態安然處之了。

「問吧，」安說，「讓史考特告訴你答案。」

我走回控制室，攝影人員隨行在後。此刻整個控制室裡瀰漫著一股緊張的氣氛，在場的每一個人都知道，接下來我們要做的舉動，將把意識灰色地帶這門科學推向一個更高的境界。

終於，我們要問患者的問題不再只是為了探究科學，而是為了讓患者的生活品質過得更好——這是臨床上的一大突破。當下，我腦中再次湧現過去和莫琳爭辯不休的話題：科學家是該「為科學而科學」，還是以「造福人類」為奮鬥目標。現在它們已交融在一塊兒。

「史考特，你痛苦嗎？現在身上有什麼地方會痛嗎？如果沒有，請想像打網球的畫面。」

至今憶起我提出問題的瞬間，我的心臟仍會激動地怦怦狂跳（相關影片請見 www.intothegrayzone.com/pain）。語畢，我們傾身盯著眼前的螢幕，屏息以待結果出爐。透過功能性核磁共振造影掃描儀艙體內部的小鏡頭，我們可以同步看到史考特在狹小艙體裡的狀態，但在他回答這個問題的時候，他的身體依舊如木乃伊般一動也不動。在這裡我不得不先感佩一下科技的進步，當時要不是有這些機器合作無間的同步運作，我們跟史考特之間根本不可能搭起溝通的橋樑，甚至問他這個基本的問題：「你痛苦嗎？」

我和達維妮亞坐在螢幕前，聚精會神地看眼前逐漸呈現的大腦影像，費格斯則站在我身後靜靜守候最終的成像結果。從掃描凱特起，那時候我走在這條路上已經近乎十五個年頭，這段期間日新月異的科技也讓掃描儀器的功能突飛猛進。過去，我們若想要知道掃描的結果，至少必須另外花一個星期的時間去分析原始數據。今天回想起來，我簡直不敢相信那時候我們竟然要空等整整一個星期的時間，才能夠得知患者對我們的要求有無反應。

然而，時值二〇一二年，掃描儀本身就內建分析數據的能力，所以當掃描一結束，我們幾乎馬上就能從電腦螢幕上得知患者大腦反應的結果。除此之外，掃描結果的呈現方式也變得更親民。一九九七年，基本上我們的「結果」就只是一大串列在紙上的統計數字，這些數字告訴我們患者大腦的哪個部位有活動，以及是否具有顯著性。到了二〇一二年，我們改以３Ｄ影像的方式呈現患者的大腦掃描結果，栩栩如生的影像會讓你有種觸手可及的錯覺；電腦螢幕上原始的大腦圖像就像一張黑色畫布，等掃描儀掃描患者大腦傳回的訊號後，上頭便會陸續繪上各種多彩絢麗的斑塊，活靈活現地呈現出大腦活動、運作的狀態。

我們直盯著前方的螢幕看，螢幕上清楚呈現出史考特的大腦影像。不管是他腦中健康的組織，或是因十二年前車禍永久受損的組織皆無所遁形，我們甚至看得到他大腦上的每一道皺褶和裂隙。然後我們開始注意到螢幕上的影像出現變化，史考特的大腦開始運轉了，鮮亮的紅點在漆黑的大腦圖像裡浮現，位置正好就落在不久前我跟費格斯比劃的位置上。

稍早在等待結果出爐的空檔，我曾跟費格斯說：「假如史考特有所回應，我們會看到這裡出現亮點。」一邊把手指按壓在光亮螢幕上的某一處。

此刻史考特大腦影像裡浮現的紅點，就是落在那裡，也就是說，史考特回應我們了！更重要的是，他不僅回覆了我們的問題，答案還是「不痛苦」！

頃刻間，整間控制室裡的人都鬆了一口氣，恭賀聲此起彼落。史考特告訴我們了，他說：「不，我不痛苦。」

我竭力穩住自己的情緒，簡直快要喜極而泣。眼前的景象令人頭暈目眩，儘管史考特依舊一動也不動的躺在掃描儀裡，但他的確跟我們一起突破了醫學科學的界線，同時這歷史性的一刻還將在黃金時段於ＢＢＣ的頻道上全球放送，眾人都將與我們一起見證這震撼人心的時刻。

節目的攝影人員全都欣喜若狂，因為他們終於捕捉到了他們想要的畫面，不過那一刻，我卻是兩年來第一次把紀錄片的事拋諸腦後，全心全意地為史考特感到開心，因為他終於被找到了，而我們都是他的見證人。

大夥兒緊繃的情緒都隨著史考特的回應放鬆下來，每一個人參與這場掃描的人員無不如獲大赦般的大大鬆了一口氣。每一個人，除了安之外。

當我告訴安這個消息的時候，她很明顯早就對結果瞭然於心。「我知道他不痛苦。如果他痛苦的話，他會跟我說！」安說。

我的思緒被她的話攪得一團亂，只能無語地點頭回應。那天他們倆的表現帶給我的衝擊性太過龐大，令我的腦袋一時半刻間有點無法好好思考。

過去多年來，安一直守在史考特的身邊，堅稱他擁有意識，該受到如常人般的對待和關注。她始終不曾放棄過他，往後當然也不會。

史考特在掃描儀裡的反應，顯而易見地證實了安過去早已知道的事情：史考特仍有意識。我永遠不會知道她是怎麼知道這件事的，但她確實知道。

他還是他

後來，史考特告訴我們他不痛苦那個動人心弦的瞬間，成了ＢＢＣ節目《廣角鏡》在《讀心術：解碼我內心的聲音》（直譯，The Mind Reader— Unlocking My Voice）紀錄片中的重頭戲。今天再次觀看這個片段，我仍可感受到當天在掃描控制室裡的緊張氛圍。

這個節目贏得了許多獎項，並且獲得了絕大多數觀眾的正面評價。不過在我心中，比起受到大眾的關注和讚揚，我覺得這個節目還蘊含著更重大的意義：它向大眾揭露了一個人的內心，即便這個人的軀體受到了禁錮，和常人的外表不太一樣，但他仍如生活在這世界上的其他人一般，擁有自己的態度、信念、記憶、經歷和人生。

長達十二年的時間，史考特就這樣靜靜地躺在床上，任由靈魂被深鎖在軀體裡，默默地觀看著周圍事物的流轉。至於他的母親則一直知曉他的內心始終完好如初，不曾改變，儘管他的身體動彈不得，但他還是過去她所認識的那個兒子。

那天之後，接下來的幾個月我們又陸續用掃描儀和史考特溝通了好幾次。有了掃描儀為我倆之間搭起的神奇溝通管道，史考特終於如願以償地向我們說出了內心話。就某種層面來說，史考特彷彿重新和人間接軌。他能夠告訴我們，他知道自己是誰、身在何方，還有從他發生意外後已經過了多少時間。知道了這些，我們更慶幸他先前告訴我們，他沒有任何痛苦之處。

這幾個月，我們問史考特的問題主要著重在兩大目標。其一，我們想盡力藉由我們的提問改善他的生活品質。比方說，我們問他，他是否喜歡看轉播曲棍球賽的電視節目。因為在史考特發生意外之前，他就跟許多加拿大人一樣，是一個曲棍球迷，所以每次他的家人和照護者一打開電視，都會自然而然地把畫面轉到播放曲棍球賽的頻道。

然而，當時史考特已經發生意外超過十年了，會不會他早就已經不喜歡曲棍球了？會不會這些日子他早就已經受夠了眼前一再播放的曲棍球賽畫面？若真是如此，那麼確認他目前的節目喜好或許可以大幅增進他的生活品質。所幸，史考特對曲棍球的喜好不減當年，他還是如車禍發生前一樣，十分喜歡看曲棍球賽的轉播。

我已經在無數名患者的身上見證過這個結果，通常這些腦傷患者都會保有跟受傷前相同的休閒活動喜好。也就是說，假如你喜歡聽重金屬音樂，又不幸必須躺在醫院的病床上養病，這段期間你肯定會想要聽聽這些音樂消磨時間。

問題是，對這些腦傷患者來說，他們可能必須在病床上躺個好幾年光陰，他們的身體甚至可能從青少年轉變為成人，但耳邊播放的音樂卻不曾改變，彷彿時間永遠靜滯在某一個奇異的空間。我曾經聽過一個故事，這個故事的主角是一個喜愛加拿大歌手席琳·狄翁（Celine Dion）的患者。[2]遺憾的是，她躺在病床上時，只收藏了一張席琳·狄翁的專輯。

後來，她幸運地從病痛中康復之際，開口對她媽媽說的第一句話就是：「永遠不要再讓我聽到席琳·狄翁那張專輯裡的音樂，否則我會殺了妳！」就算是沒有臥病在床的人，如果整天不斷聽著同樣的歌曲也會覺得煩躁，更何況是對一個只能躺在床上，完全沒有能力關掉播放器的病人？光想像這個情景就令人覺得抓狂。

感受時間的洪流

我們問史考特的第二類問題則比較無關乎他個人的利益，而是為了幫助我們更深入探討意識灰色地帶的奧祕。我們會提出一些問題盡可能去了解他的實際狀況、他所知曉和記得的事情，以及他的意識狀態等。理解這種處境的病人其心理狀態是一件很重要的事，因為過去從沒有人窺探過他們的內心世界，也因此許多人都對這些病人做出了錯誤的假設。

舉例來說，在我結束有關意識灰色地帶患者的演說後，常聽到有人提出「嗯，我很懷疑他們感受得到時光流逝」，或「他們說不定根本對自己發生的意外一無所知」，甚至是「我不認為他們知道自己正身陷怎樣的困境」等諸如此類的看法。

然而，史考特的答覆卻替我們推翻了這些人的質疑。當我們問他今年是西元幾年，他正確地告訴我們是二〇一二年，而非他出車禍的一九九九年；顯然他仍然能正常的感受到時光的流逝。[3]他知道他身在醫院，而且叫做史考特；顯然他仍然能清楚的知道自己是誰，又身在何方。

史考特也能夠告訴我們主要照護他的人的名字；這個答覆對我們和意識灰色地帶這門科學

的意義極其重要，因為常常有人談論到在此處境下的患者到底記得些什麼。

另外，史考特在出意外前並不曉得這名照護者的名字，因此他能說出她的姓名，同時意味著他尚有正常記下事物的能力。

記下事物的能力，是我們擁有時間感，感受生命流動和周遭環境的核心因素。試想，假如你每一天從睡夢中醒來，都記不得十年前那場意外之後的任何事，眼前會是什麼樣的情景？當你的腦中只有意外發生前的那些記憶，日夜照顧你十年的護士，在你眼中就會像是個陌生人；你的親友則會像是突然老了十歲；如果你還住在同一個地方，你會覺得你的家彷彿一夕之間全變了樣——牆壁重新粉刷了、家具移位或換新了，家中的所有變動看起來就像是在你睡著的那幾個鐘頭裡悄悄完成一樣。

更糟的是，萬一你發生意外後移居他處，一覺醒來之後，你甚至會不曉得自己身在何方！這種狀況被稱之為順行性失憶症（anterograde amnesia）。

一般來說，患有順行性失憶症的患者，雖然無法記下新的記憶，但他們絕大多數都保有完整的「舊記憶」（失憶症發作前記下的記憶）。

歷史上最知名的順行性失憶症個案是美國的亨利・莫萊森（Henry Molaison），在醫學界大家多以H.M.代稱他。[4]一九五三年，亨利．莫萊森為了治療持續不斷發作的癲癇動了一場實驗性的手術，在這場手術中，醫師切除了他的海馬迴和其周圍位於左右腦顳葉內側表面的皮質。

該手術雖然讓亨利擺脫了癲癇，也無損他對過往兒時的記憶，但手術過後他卻出現了再也無法記住生活中任何新事物的嚴重後遺症。現在我們之所以知道海馬迴和其周圍腦組織對記憶的重要性，其實絕大多數也要回溯於亨利這場不幸卻非動不可的手術。

另一個著名的順行性失憶症個案是英國的克萊夫．韋爾林（Clive Wearing），在一九八五年三月之前他都是一名成功的音樂家，同時在BBC廣播電台擔任古典音樂節目的專業顧問。不過，在此之後，他卻不幸感染了單純皰疹病毒，而且發現時病毒已經攻入他的大腦。

他的海馬迴因此受損，而這個腦傷也讓他開始不再能記住眼前的事物超過半分鐘。也就是說，他天天只要每過二十多秒鐘，就會像是「重新醒來」一般，「重新啟動」他的意識流（stream of consciousness）。在這種情況下，他完全喪失了時間感，所以每次見到他的妻子，他總會滿心歡喜地和她打招呼，即便他可能幾分鐘前才見過她。

克萊夫常常說，他好像一直處於一種剛從昏迷中甦醒的狀態。他餘後的人生彷彿就不斷在無數的短短二十多秒時間內輪迴，他的意識宛如一座孤島漂浮在時間的洪流中，讓他完全無從知曉周遭的環境是如何發生變化。這是一場噩夢，矛盾的是，他的失憶症也使他始終無法理解自己所處的困境。有鑑於亨利．莫萊森和克萊夫．韋爾林的例子，我們認為確認史考特的意識並非如一座孤島漂浮在時間的洪流是一件很重要的事。

我們不僅要知道史考特記得過去的事，還要知道他清楚了解自己目前的狀態，並且明白眼前的今日都會變成明天的昨日。我們想要知道史考特仍保有時間感，曉得在不斷往前走的時光裡，今天發生的每一件事，都將牽動未來其他事情的結果。

介於生與死的邊界

史考特後續曾多次重返掃描中心，接受我們詢問他一些有關處於意識灰色地帶的問題，當時他的母親安始終抱持開朗和支持的態度。

誠如前述，老實說，這些問題並非都是為了改善史考特的生活品質而問，其中有一些問題純粹是為了讓我們對這門科學有更深入的瞭解，好讓日後有更多意識同處灰色地帶的病人能從中受惠。不過我們盡可能讓兩者達到良好的平衡，並把這兩類問題交錯在一塊兒發問。

安似乎明白這一點。過去她曾經是在實驗室工作的專業技術人員，我猜想她或許懂得這個平衡的必要性，唯有如此，病人和科學的發展才能同行並進。但，這僅僅是我的臆測，我從未開口問過她。

二〇一三年九月，史考特因車禍意外所造成的多重併發症辭世。這個結果並不罕見，就算是在腦部已經嚴重損傷多年的患者身上。病房裡難免都潛藏著大量的病毒、細菌和真菌，這些病人長期躺在病床上，暴露在這樣的環境裡，免疫力大多會因此削減，大大增加感染肺炎的風險。史考特也不例外。與感染奮戰幾個禮拜後，史考特最終仍不敵病魔在帕克伍德醫院病逝。

這個消息震撼了我們整個團隊。過去我們花了許多時間和史考特相處，早已視他如家人。雖然我們從未直接跟他交談，但奇怪的是，他已深深觸動了我們每一個人的心，覺得自己對他再熟悉不過。借助科技之力，我們曾經突破意識灰色地帶的限制，深入探究他在其中的人生體驗，而他給我們的每一個回應都讓我們感受到他滿滿的力量和勇氣。他的人生早就跟我們交織在一起，密不可分。

在史考特的喪禮上，我再次見到了安和吉姆，看到他們固然令人開心，但我多希望我們是在別種場合上相見。舉辦喪禮的殯儀館會場裡擠滿了來弔唁的親友。史考特的遺體就靜靜躺在一具未上蓋的棺木裡，擺放在會場最裡面的位置。前來追憶史考特的親友來自四面八方，遠近皆有。儘管他的內心已經禁錮在軀殼裡長達十四年的時間，並喪失了與外界正常交流的能力，但在他離開這個世界時，許多人心中仍覺得自己與他之間有著難以抹滅的深刻羈絆。

後來，吉姆問我想不想看看史考特，當下我有點不知所措。在此之前，其實我在我的母國英國也參加過幾場喪禮，不過我們的喪禮很少會有開棺瞻仰遺容的儀式，我個人更是從來沒有這類經驗。一時之間我不太清楚自己該做何反應，但是我非常敬重吉姆以及史考特的其他親屬，所以我還是去見了史考特最後一面。

瞻仰史考特儀容的過程讓我有一種很奇妙的感受。從很多面向來看，史考特看起來一點都沒有變。我一直都沒見過史考特真正原始的面貌，那個二十六歲，擁有大把美好人生，在這個世界恣意漫遊、說笑和行動的年輕人。我認識的，只有因為一場意外被永久奪去一切的史考特，身體毫無反應的史考特，而此刻這個史考特就躺在我的面前。

我突然領悟，那些意識處於灰色地帶的患者，他們身處的境地的的確確就介於生與死的邊界，而且這個狀態與死亡的距離實在太近，有時候我們甚至很難分辨它和死亡之間的差異。因此，對我來說，即便史考特已然遠走，但他所帶給我的啟發卻將一如既往地永存我心。

我在憑弔史考特的弔詞中寫道：「過去幾年有機會了解史考特的人生，是我莫大的榮幸。他對科學的偉大貢獻將永誌人心，他對人生的堅毅態度亦會長存於世。」

費格斯則寫道：「史考特是一位傑出又意念堅定的青年，認識他讓我與有榮焉。儘管他的身體充滿缺陷，但我們的報導讓全世界都看到了他仍有與外界溝通的能力。在此僅代表ＢＢＣ

團隊向安和吉姆致上最真誠的哀悼。」

我們整個團隊與史考特和他的家人，建立的感情有別於其他病人。除了安和吉姆樂於和我們分享生活，願意讓我們走入他們的世界外，最主要的原因還是因為史考特。

史考特已經是超過十年無法對外溝通的患者，我們的團隊不僅是首次和這樣的患者溝通，而且還一次又一次透過這樣的溝通方式進入他的內心世界，這樣的經驗實在是太神奇，也太令人難忘，不知不覺也讓我們之間產生了更穩固的連結。

曾經，史考特與我們是如此地貼近，我們跟著他笑、跟著他哭，此刻當通往他內心的大門隨著他的離去砰然關上，我想，我們心中的某一個角落也跟著他一塊兒凋萎了。

第11章

挽留或放手？

我或許會飲下這杯佳釀，再悄然離開塵世，
與你一同隱入幽微的密林。

——英國浪漫主義詩人 約翰·濟慈（John Keats）

人類強化了灰色地帶存活的可能性

史考特的死提醒了我，現代的生活是多麼危機四伏。沒錯，那輛衝撞史考特的警車就是奪走他生命的罪魁禍首，而且在他離世之前還讓他蒙受了長達十四年的煎熬。其實，開車本來就是一個高風險的行為。在美國，每年大概都有三萬七千人因車禍而死，不過卻非人人都是當場身亡。這當中不少人會先墜入意識的灰色地帶，然後在他們大限來臨之前，都只能任其生命在那個空間裡慢慢枯萎、凋零。

但是，為什麼會出現這種狀況？他們怎麼會墜入那個空間？在這個空間裡，為什麼他們無法從中康復，亦不會馬上死去？最終他們又該如何終結這個令人窒息的處境？

儘管當時我已經投入意識灰色地帶這門科學長達十五年的時間，但我仍舊無法回答這些問題。為什麼有些人的大腦會跟著身體同步關機，有些人卻不會？難道是這些人的大腦天生就比其他人有韌性嗎？還是這是跟某部分的大腦有關？如果是這樣，那是哪部分的大腦掌握這個關鍵？

在探討意識灰色地帶的過程中，我們得到的問題往往比答案還多。當時我們已經知道許多原因都會導致患者落入意識灰色地帶。其中最常見的原因就是「錯失復原黃金時機」。腦部嚴重受創的傷患入院治療後，通常需要觀察數天或是數週，方可確定患者最終的狀況；在這段期間完全沒有人可以斷言患者的未來會往哪個方向發展。因為，每個人腦傷的狀況不可能都一模一樣。

在這段黃金時機裡，現在醫療人員一般會以一些外力支持患者的生命力。最常見的是「氣切插管」，醫療人員會在患者的脖子上開一個洞，然後把一條柔軟的塑膠管從洞口置入他們的氣管，以幫助患者呼吸。

通常這些有氣切插管的患者也會被接上呼吸器，呼吸器能幫助他們的肺臟吸、吐空氣，確保他們體內有充足的氧氣流通。不過，在還沒有這些精妙的醫療技術之前，醫療人員大多只能束手無策地看著死神步步進逼這些腦部嚴重受創的患者。所幸，這些精巧的機器誕生了，患者在這段黃金時機裡有了這些機器的守護，更有機會戰勝死神的召喚。

在這種條件下，的確有些人順利度過險境活了下來；但他們重新開始運轉的部分往往只有身體，不包含大腦；就算他們的大腦尚可運作，功能也不再如以往那樣完整。

換句話說，是人類自己創造了灰色地帶，又或者該說，是我們自己大幅提升了人類在意識灰色地帶裡存活的可能性。

從古到今，每一個人都有機會進入意識灰色地帶，只不過以前的人大概不太有機會在這個奇妙的空間裡生活這麼久。假如史前人類頭部受到重擊，他們的感受很可能就跟挑戰美國拳王阿里（Muhammad Ali），卻被「擊倒」的選手一樣。許多在對戰中被擊倒的拳擊手，若失去意識的時間不幸長達數分鐘，很可能就會進入「昏迷」（coma）的狀態。

昏迷狀態的人會長期對外界的刺激失去反應、喪失正常的睡眠週期，並且無法自主性的執行任何生理反應。也就是說，在沒有現代醫療的輔助下，史前人類一旦陷入昏迷狀態，恐怕就很難再從中甦醒過來。除此之外，在過去無法額外補給昏迷者營養和水分的情況下，他們的病情更會迅速惡化，走向死亡。

老實說，即便是今天，要從死神手中搶下昏迷狀態病人的性命，其機率也不算高。以史考特為例，像他這種被送入醫院急診時，格拉斯哥昏迷指數只有四分的病人，就算醫療人員傾盡所有的現代醫療技術搶救他，他死亡或是永久成為植物人的機率也高達百分八十七。至於史前人類，能夠在腦部重創下倖存，並落入意識灰色地帶的機率則幾乎是零。

僅管如此，根據歷史記載，一九五〇年代，人工呼吸器尚未問世之前，確實還是有一些人的生命徘徊於這意識的灰色地帶之間。古希臘人曾提過一種他們稱之為「內出血」（apoplexy）的症狀，並以如此聳動的文字描述它：「健康者會突然感到疼痛，瞬間喪失語言能力，喉頭宛如被人掐住脖子般發出咯咯的聲響。病發者的嘴巴大開，無法理解任何事情，若旁人叫喚他或撥動他的身體，他就只是不斷地呻吟；他還會無意識的大量排尿，如果此時他沒有發燒，通常七天內就會死亡，但若有發燒，則往往會康復。」[1]這段敘述看起來就像是我們現在所指的「植物人狀態」。

從古希臘時代到二十世紀，我們對這種特殊人體狀態的理解、診斷和治療的方式並沒有太大的變化。二十世紀中，醫學界陸續還曾出現過其他疑似表示這個狀態的描述性醫學名詞，例如：醒狀昏迷（coma vigil）、不動不語症（akinetic mutism）、沉默靜止症（silent immobility）、阿帕立克症候群（apallic syndrome）和重度創傷性失智症（severe traumatic dementia）。

不過，我們並不清楚過去這些名詞所描述的症狀到底相不相同，因為（就跟今天一樣）每一個患者的症狀都不太一樣，其之間的差異性可能相當大。或許，這也是為什麼當時這些名詞不太為醫療人員所用的緣故。後來，一九六三年和一九七一年又分別出現了「空心人」（pie vegetative）和「活死人」（vegetative survival）這兩個描述此狀態的名詞。

直到一九七二年愚人節那天，布萊恩・傑內特（Bryan Jennett）和弗雷德・普拉姆（Fred Plum）在《柳葉刀》發表了一篇極具歷史意義的論文，以持續性植物狀態（persistent vegetative state）描述了這樣的人體狀態，之後，這個名詞才迅速成為醫學界普遍描述此一狀態的用語。[2]

該不該維持這樣的狀態

就當代的醫學角度來看，患者被送入神經加護病房後，假如一切檢測的結果都不樂觀，指向患者可能很快就會死亡或是永遠不可能再以任何形式活出生命的意義，醫療人員或許會建議家屬「放棄維持生命治療」，意即關閉呼吸器，或是一般俗稱的「拔管」。

面對這種情況，有兩種類型的家屬會毫不猶豫的簽下這紙「拔管同意書」：一是盲從信任，對醫療機構言聽計從的家屬；另一則為百般了解至親好惡，明白當事者絕不會想以此形式度過餘生的家屬。

至於對這兩類之外的其他家屬而言，簽下同意書恐怕就不是這麼容易的一件事，在做出決定之前，他們很可能必須反覆苦思個好幾天。這就是問題所在：家屬能簽屬「拔管同意書」的前提是，患者無法自主呼吸；然而，假如在家屬舉棋不定的期間，患者恢復了穩定的生命徵象，能夠自行呼吸，不再需要靠呼吸器維生，那麼家屬也就失去了為患者拔管的機會。

此刻，這些患者大多落入了意識的灰色地帶，單純的移除呼吸器已經無法了結這些患者的性命，唯一的方法只剩下停止供給他們食物和水。

在法律上，後者常引起很大的論戰，而這些論戰幾乎都圍繞著一個重點打轉，那就是「水和食物到底算不算是一種『醫療手段』」。很明顯地，呼吸器絕對是一種醫療手段，所以在某些情況下（例如毫無康復的可能性），我們相對比較容易做出關閉呼吸器的決定。

可是，水和食物算是一種醫療手段嗎？有些司法的裁決認為是，有些則認為水和食物乃人體的基本需求，或人權，不得停止供給。

除此之外，在進行這類裁決時，還有一個因素一定會被司法者納入考量，即「移除該維持生命的手段後，患者要多久才會死亡」。一般來說，關閉呼吸器後，患者幾分鐘內就會因為腦部缺氧而死，但若是停止供給患者營養和水分，患者最久可能必須長達兩週才會被活活餓死。

因此，儘管拔管和終止提供患者水和食物最終都會導致患者死亡，但由於大眾對「醫療手段的界定」和「死亡時間長短」的認知不同，也造就了哲學家、倫理家和司法者對後者的看法有極大的分歧。簡而言之，對現在的家屬而言，他們不得不面對的情況或許不再是想著該不該讓患者活下去，而是該怎麼幫助患者離開這個人世。

前一陣子，我和我的朋友兼同儕梅爾文．古德爾，在倫敦皇家協會合辦了一場有關意識和大腦的研討會。[3]研討會主題為「衡量意識的最佳辦法」，與會者來自各個領域，有哲學家、認知神經科學家、麻醉醫師和機械人工程師等。

我們一起思考衡量意識的最佳辦法時，大夥兒曾一度把討論的重心放在一個有趣的議題上，熱烈地討論我們的主觀意識和人性將怎麼影響我們對殺生的感受。我們認為人類對殺生的感受，會因為被殺者的外觀和行為與人類的相似度出現差異。

就以煮淡菜為例，大多數的人都可以毫不猶豫地把活生生的淡菜丟入滾水中烹煮。[4]然而其實不管以哪個道德標準來看，用這樣的方式結束一個有生命的生物都是個很殘忍的行為，為什麼大家卻可以做得如此自然？癥結點就在於淡菜的外觀和行為與人類大不相同——淡菜既沒有手腳或任何類似人體的特徵，移動身體和與外在環境互動的方式也跟人類大相逕庭。

那如果是把活生生的龍蝦丟入沸水裡料理呢？許多人大概都無法接受這種做法，寧可直接去店家買已經先預煮好的龍蝦。為什麼同為甲殼類的海鮮，大家卻無法輕易把龍蝦丟入滾水裡烹調？這是因為儘管龍蝦和人類的外觀有很大的差異，但比起淡菜，牠們的外觀的確比較能讓我們看見人類的影子。

龍蝦有腳也有螯，能夠利用它們移動或是抓取東西，至少就其功能性來看，牠們的腳和螯看起來就像是我們的四肢。另外，龍蝦有眼睛，如果你仔細盯著牠瞧，肯定能很輕易地說服自己牠們有所謂的臉。

綜合上述，即便龍蝦和我們的外觀和行為有很明顯地不同，但整體來說牠們的行為表現確實是跟我們有那麼些許的相似。

針對這方面的說明我就點到為止，因為我覺得上面的論述就足以讓大家理解我接下來要說的例子：把猴子或是猿猴活生生丟入沸水裡。我敢說，很少人能泰然自若地做出這種事。為什麼？這就跟剛剛我說的淡菜和龍蝦是一樣的道理。顯然，我們對殺生的感受確實與被殺者的外觀和行為息息相關。

我們主觀認為的意識

不僅如此，我還認為，真正影響我們對殺生感受的核心因素，其實是跟我們覺得這些生物有「多少意識」有關。由於比起淡菜，龍蝦的外貌和表現跟人類比較相似，所以我們大多會不由自主地認為，龍蝦的感官意識比淡菜強。

但有任何證據可以證明這一點嗎？誠如先前我們討論的，我們對生物意識的假設主要是受到生物的外觀左右，而非是從其已知的真實生化數據做判斷。

好吧，就算真的有科學研究證明「龍蝦的感官意識比淡菜強」，可是我很懷疑有多少人是因為看了這類文獻才對宰殺這兩種海產有不同的感受，我想，大多數的人一定還是憑自己的直覺做出這些反應。

說到這裡，我們必須進一步討論一個重點，那就是那一個讓我們轉念，覺得另一種生物有意識的標準是什麼？如果多數人都認為淡菜沒有意識，並認為猴子和猿猴有意識，那麼以常理來推斷，意識（或者說我們主觀認為的意識）一定是從這兩者之間的某一個點出現。

以我們剛剛舉的例子來說，龍蝦就是位處這兩者之間，最接近意識出沒的模糊地帶，因為至少就目前的情況來看，並非人人都可以接受把龍蝦活生生煮熟的舉動，但是，絕大多數人在烹煮活生生的淡菜時，卻不會有這種殺生的不適感，因為他們根本不認為淡菜有意識。

這個從無意識到有意識的重要階段，就是許多家屬難以果斷簽下拔管同意書的核心關鍵。躺在神經加護病房裡的患者，很少能如常人般行動。事實上，他們常常躺在床上一動也不動，幾乎跟外在環境沒有半點互動。

雖然躺在床上的他們外觀跟淡菜並不相像，但對照他們腦部受創前的狀態，這些腦傷患者在外觀上往往會出現巨變，例如毀容、四肢殘缺等，他們的外貌不僅可能跟家屬過去記憶中深愛的那個人不再相像，甚至就連最基本的人類外觀特徵都會消失無蹤。

跟我們看待非人類生物的道理一樣，這些因素當然都會影響我們對患者意識的看法。假如患者的行為舉止和外觀不再像人類，我們或許會比較容易認為他們的思考能力也不再如常人。

換而言之，這些因素也會影響我們決定患者生死的難度。譬如，比起外觀面目全非的患者，要放棄一個外觀宛如睡著的患者，其難度肯定更高。為什麼？

有一次我跟莫琳的兄弟菲爾碰面時，他跟我說，他的家人已經苦惱了好多年，不知道他們究竟該不該一直醫治莫琳身上出現的每一個感染症，還是該放手讓她就這麼順其自然地離世，因為多數和她一樣的患者最終都會走上此途。

老實說，我並不曉得莫琳宛如睡著般的外觀，有沒有增加他們做出這個決定的難度，但我很肯定，莫琳的外觀絕對沒有降低他們做出這個決定的難度。

同理可證，面對一個仍有睡眠週期，卻看似沒有意識的植物人患者，家屬也很難斷然放棄他們的生命。因為只要患者還有一點點的生理反應（即便只是眼睛微微地眨了一下），都意味著他的意念可能仍被禁錮在那副毫無反應的軀體裡。

基本上，我們結束腦傷患者性命的意願，深受我們對生命的定義和對患者外觀的感受所影響。不過以現在我們知道的真相來看，這樣的評判標準實在是不太聰明，因為「眼見不一定為憑」，患者躺在我們面前的樣貌，跟他們內心的狀態根本沒有太大的關連性。

代決人的決定

二〇一四年，亞伯拉罕不幸歷經了一場大中風，當年他已年過六十。在他的妻子把他送來急診之前，他先是突然頭痛，然後才開始嘔吐，接著他的意識就陷入紊亂，失去了正常的判斷能力。經過電腦斷層掃描的檢查，急救人員發現亞伯拉罕有嚴重的腦室內出血（intraventricular hemorrhage）現象，其大腦深處的腔室已全部被溢流的血液攻陷。

醫療人員迅速為亞伯拉罕施打鎮定劑、插管，再送往加護病房做進一步的檢查。更精密的掃描結果顯示，亞伯拉罕腦中的大出血是動脈瘤破裂，或「前交通動脈」（anterior communicating artery，因分別連結左右兩大半腦前側的動脈，故得此名）的管壁破裂所致；包括亞伯拉罕的左額葉在內，其出血位置週邊的腦組織皆受到嚴重的損傷。

等到我們團隊接手掃描亞伯拉罕時，他已經中風二十二天。雖然當時他尚未被宣判為植物人，但依他始終不省人事的狀態，這似乎也是早晚的事。那時候他會斷斷續續地睜開眼睛，也漸漸能夠靠自己的力量呼吸。見到他時，我發現他的個子很高，因為躺在病床上，他的腳尖幾乎就要超出床尾。

這一天是我們實驗室的大日子，亞伯拉罕成了洛雷塔・諾頓（Loretta Norton）論文中的其中一位研究對象。洛雷塔・諾頓是我指導的一位研究生，她正在進行一種全新的研究方式：嘗試掃描大腦剛受傷沒幾天，仍在加護病房裡觀察的患者。這些尚在加護病房的患者跟過往我們掃描的病患不太一樣，他們的腦部才剛受到傷害沒多久，病情還十分不穩定（自一九九七年我們首次掃描凱特，之後我們掃描的患者通常是已經遭逢意外好幾個月，甚至是好幾年，病況穩定的患者）。

對醫護人員來說，照顧這些命懸一線的腦傷患者，他們必須以「小時」和「日」的時間單位來監測患者的生命徵象，而非以週和月。我們之所以想要執行這樣的研究，是希望可以藉此找到診斷這類患者的新方法，讓醫療人員可以對他們的病況有更好的了解，甚至是更準確的評估出他們的預後狀況，像是誰比較可能挺不過這關、誰又比較可能死裡逃生；這將會是重症醫學將的一大助力。

即便這些患者的狀態是如此脆弱，即便掃描他們存在著一定的風險，但是我們還是獲得了倫理委員會的許可，展開了這個開創性的研究。

其實，亞伯拉罕早就已經跟他的妻子討論過，如果他必須一輩子倚靠維生機器才能活命，他打算怎麼做。以我個人的經驗來說，這樣提前和家屬表明過心意的患者並不常見。亞伯拉罕沒有預立醫囑（具有法律效力的文件。當你喪失行為能力，或是無法對外表達自己的意願時，醫療人員可以憑藉這份文件，依照你先前預立的意願採取醫療手段），但他曾和他的妻子深入討論過這個問題，並清清楚楚地表明了他的意願。

他之前就已經向妻子明確地表示，他絕對不要以植物人的狀態活下去。入院急救後，亞伯拉罕的妻子也依照他先前的指示，如實把他的意願轉達給醫護人員。於是，當下亞伯拉罕的家屬要面對的問題，不再是生與死，而是患者必須在什麼樣的情況下才可以如願以償。

一旦家屬做出了這樣的決定，院方便會派出專業的團隊與家屬會談，以確保他們充分了解這個決定的意義。這個團隊的成員通常是由傷患的主治醫師（通常是神經科醫師）、資歷比較淺的住院醫師、護士和社工所組成。

假如他們和家屬討論過所有的可能性後，家屬仍同意移除患者的維生機器，患者離世的時間就正式開始倒數計時。一般來說是十二到二十四小時內執行移除維生機器的工作，不過這大多取決於親友趕往醫院的時間。執行的時間有時候會因為親友尚未到齊，稍微往後延遲一些，有時候則會因為親友剛好都在現場，而即刻展開。要移除維生機器前，醫療人員會先向家屬解釋整個流程，且大多會允許親友在一旁陪著患者走完整個流程。

首先醫師會先給予患者雞尾酒式的止痛劑，這種止痛的手段有時候又會被稱之為「安寧藥物」（comfort care），因為它可以減輕患者臨終前的痛苦，讓他們安祥的辭世（沒有給予止痛藥的話，患者在移除呼吸器後通常會很不舒服的喘氣）。醫師給予患者安寧藥物後，有的會瞬間關閉呼吸器，有的則會慢慢關閉（每一個醫師的作法略有不同）。

然而，誰也不敢保證患者在拔管後要多久才會斷氣。縱使醫師給了患者安寧藥物，也移除了呼吸器，但這些依舊無法阻止患者僅存的呼吸本能，他們往往還是會自行呼吸一段時間；幸好這段時間大多很短，僅少數患者會持續這個狀態數小時。

世事本就難料，更遑論是死亡。就在眾人以為亞伯拉罕終能如願以償之際，他的妻子卻突然反悔了。過去他和妻子常上教會做禮拜，該教會非常強調生命的神聖性。這一點我想照護亞伯拉罕的醫護人員也相當清楚，因為在亞伯拉罕於加護病房接受照護時，該教會的牧師一直到病房探視他，並且宣稱亞伯拉罕會繼續活著都是「神的旨意」。

因此，儘管亞伯拉罕早已對自己的終點有了明確的想法，但根據他牧師的說法，神對他還有其他的安排。當然，牧師並不能決定亞伯拉罕的生死，諸如這類的個案，代決人才是真正握有最終決定權的人。

在這個個案中，亞伯拉罕的代決人就是他的妻子。在聽聞亞伯拉罕的妻子做出這樣的最終決定後，我感到既震驚又有些心煩意亂，我不懂為什麼她都已經知道了他的意願，卻仍不願意讓他如願以償。「我已經失去了我的先生，」她說，「如果我沒有照著我牧師的話做，接下來我還會失去整個教會。」

家家有本難念的經。面對生命、死亡和意識灰色地帶的議題，這些取捨患者性命的決定，時常會挾帶著大量的倫理道德問題。依我來看，世界上沒有哪兩件個案的狀況是一模一樣的。

在泰麗莎．夏弗的案例中，她丈夫與她雙親之間對她生死的分歧意見，在美國引發了一場全國性的論戰，甚至還或多或少地改寫了日後美國在處理這類患者的方法。場景轉回加拿大，在亞伯拉罕身上，我們也碰到了一場雷同泰麗莎的難題，只不過仔細來看，他們的狀況並不相同，因為在這裡對立衝突的兩方分別是：宣揚「神旨」的牧師和惟恐失去教會支持的妻子。

說實在話，乍看之下我對這兩方的立場都一頭霧水。身為一個無神論者，我覺得要用「神旨」來決定一個人的生死太不理性；可是，設身處地，其實我非常能理解亞伯拉罕妻子內心的煎熬。舉例來說，假如你把「教會」這個字眼用「她最親近的朋友」取代，就能夠徹底排除宗教方面的因素，並更加明白她面臨的兩難。如果她最親密的朋友曾揚言「如果她放棄了她先生的生命，就要拒絕與她往來」或許她先生的如願以償，便會讓她失去了原有的社交生活和支持，只能孤孤單單的面對喪夫之痛。

儘管如此，回歸到亞伯拉罕和泰麗莎他們本身，兩者之間卻有一點大不相同，即：亞伯拉罕先前早已明確表示過自己的意願，絕對不要以植物人的狀態活下去。對我來說，在這方面，我們絕對要優先採納患者本人的意願；就算患者本身的意願並不如其至親好友所願，但這種情況下眾人也應該尊重患者的選擇。

一如我先前所言，這類大同卻小異的個案始終層出不窮。前一陣子，我參與了一場訴訟，該場訴訟案與一名五十六歲的加拿大男性有關，我們就暫且以凱斯代稱他。

二〇〇五年九月，凱斯和妻子以及他們的三個孩子出了一場嚴重的車禍，當時凱斯四十九歲。他們的大兒子當場身亡，凱斯的腦部則受到了不可復原的重創，至於他的妻子和另外兩個孩子，雖然身心都因這場意外受到了不小的衝擊，但整體的狀況相對樂觀許多。

後來凱斯被診斷為植物人，他的妻子一直在一旁守候，直到二〇一二年，她才決定與凱斯道別。凱斯的妻子要求照護員移除供給凱斯食物和水的導管，如此一來，凱斯將在幾日之內離開人世。凱斯的手足強烈反對她妻子的做法，為了阻止她這麼做，他們向當地的法院提起了訴願。甚至，他們還同時向法院提出撤換凱斯代決人的訴求，想要把原本歸屬凱斯妻子的代決權轉移到他們自己身上（此舉大概是要避免日後凱斯的妻子再做出類似的決定）。

所幸，最終審判此案的法官在仔細考量此個案的整體情況後，駁回了凱斯手足提出的所有訴求。法官認為，車禍發生之前，凱斯和妻子已經結婚十二年，並育有三名子女，所以讓其妻子作為凱斯的代決人再合適不過。

此外，她或許也是最能設身處地為凱斯著想的人。這項判決結果深得我心。我認為，代決人之所以為代決人必定有其意義，如果單純是因為代決人的意見與其他人或組織的意見相左，就要撤銷其代決權，這樣未免也太不合理。

事情永遠不如我們想的那樣簡單

前一陣子有另一件個案，便一路上告到了加拿大的最高法院。該案的主角是六十一歲的哈桑．拉蘇魯（Hassan Rasouli），他是一名伊朗的工程師，二〇一〇年和妻子以及兩個孩子一同移居到多倫多。

同年十月，哈桑動了一個切除良性腦腫瘤的手術，卻不幸受到感染，腦部嚴重受損。之後多位醫師判定哈桑已無任何康復的機會，且維生機器更只能徒勞無功的延續他的生命；在這種情況下，哈桑勢必將陸續衍生出更多的併發症和感染症，並耗費大量的醫療資源。所以該怎麼辦？他們建議家屬移除維生機器。

哈桑的妻子，同時也是此個案的代決人佩瑞秋・薩拉瑟（Parichehr Salasel）否決了他們的建議。佩瑞秋不僅向醫療人員引述了他們夫妻倆信奉的什葉派教義，還堅信他丈夫處於最小意識狀態，因為他的肢體仍有些許反應。

後來，誠如加拿大國內各家報紙的報導，幾個月前我們團隊掃描了哈桑，根據多功能核磁共振造影掃描儀呈現的結果，我們也認為哈桑處於最小意識狀態。掃描結果顯示，哈桑似乎能夠執行想像打網球和在自家走動的心理任務，但執行率並非百分之百。我們評估他行為狀態時，也碰到了差不多的狀況；儘管他的目光可以隨著鏡子移動，我們把他全家福的照片拿到他面前時，他的視線也會聚焦在上面，但他卻非每次都能做出這些反應。

縱然如此，這些結果仍不足以讓其他資深的醫學專家改變立場，他們依舊認為繼續以維生機器延續哈桑的生命，不僅無法讓哈桑的病況有任何明顯的正面進展，還會不斷大幅消耗加拿大醫療體制的資源。

最終最高法院的裁決出爐，法官判定，在沒有病患、家屬或代決人的同意之下，醫師不可單方面地做出移除患者維生機器的決定。即便這些醫師的判斷無誤，即便他們的出發點是「為了病患好」，但即使是經驗再豐富的醫師也無法否決代決人的決定——至少在加拿大是如此。

坦白說，這類的訴訟案是近年才開始在司法界出現，相關律法尚未齊備，因此目前各國在這方面的律法大多也僅能隨著審理的個案逐步修訂。

說到有關生存權和死亡權的議題，美國在這方面的爭論出乎意料的多。除了泰莉案，美國還有另外兩件著名的訴訟案亦深深影響我們對「死亡權」的看法，不論是法律或是道德層面。

一九七五年，賓夕法尼亞州斯克蘭頓市（Scranton）的凱倫．安．昆蘭（Karen Ann Quinlan）去紐澤西的酒吧參加一個朋友的生日派對。派對上凱倫喝了幾杯烈酒，還吃了幾顆有鎮靜作用的安眠酮（methaqualone）。

由於當時凱倫正在節食，已經好幾天沒吃任何東西，加上酒精和藥物的效力，沒多久她就覺得頭暈目眩，被朋友先送回當天的住所，躺在床上休息。後來當朋友再次回到住所時，卻發現凱倫停止了呼吸。他們馬上打電話叫救護車，但入院時凱倫的意識已經陷入昏迷。

凱倫的父母，約瑟夫和茱莉亞，曾請求醫療人員移除凱倫的呼吸器，因為凱倫常常在病床上劇烈抽動，他們認為呼吸器會造成她的不適。然而沒有一個醫生願意這麼做，因為他們擔心凱倫父母的要求，會讓自己惹上殺人罪的麻煩。

因此，為了移除凱倫的呼吸器，她的父母只好訴諸法律途徑，主張用這樣的方式延續凱倫的生命太過極端。法庭上，昆蘭夫婦的律師主張，以凱倫目前的情況，其死亡權的行使力應該凌駕在生存權之上；相對的，法院指派給凱倫的辯護律師則主張，移除呼吸器形同殺人。

於是，初審的法官駁回了昆蘭夫婦的請求。其後昆蘭夫婦又上告至紐澤西的最高法院，最後法官終於讓昆蘭夫婦如願以償，讓醫護人員移除了凱倫．安．昆蘭的呼吸器。只不過接下來整個事件的發展完全出乎意料，且帶著濃濃的不幸色彩。移除呼吸器後，凱倫並未因此喪命，反而又在當地的照護機構活了長達九年的時間，直至一九八五年，才因為呼吸衰竭離世。

這一切的發展全都是拜餵食導管之賜。由於凱倫的父母覺得餵食導管跟呼吸器不一樣，不是一種「延續生命的極端方式」，所以他們從未打算移除她的餵食導管。就許多面向來看，凱倫的案子儼然成為美國在推動死亡權運動上的一個重要標的，至今仍有不少哲學家、法庭或倫理委員會針對她的案子進行討論。

另一個重大美國個案的主角是南西．克魯桑（Nancy Cruzan）。一九八三年，南西二十五歲，她因為車子失控，整輛車一頭栽進一條積滿水的大溝渠裡。陷入昏迷三個月後，她被正式宣判為植物人，並被植入一根餵食導管。

五年後，南西的父母希望移除她的餵食導管，院方卻以此舉會造成傷患死亡為由回絕了。

在南西發生意外前一年，她曾告訴一位朋友，假如有一天她因為生病或是受傷導致身體失能，除非她還保有至少一半的正常生活能力，否則她絕對不想以這樣的狀態苟活。

基於這層因素，一開始地方的法院同意了克魯桑家族的意願。不過，與凱倫．安．昆蘭相反的是，當這件案件上呈至密蘇里州的最高法院時，法官卻駁回了地方法院的判決，理由是「在欠缺可表明本人生存意願的證據下，任何人都不得擅自撤除他人接受治療的權利」。

後來，南西的案子又上呈到美國聯邦最高法院，最終審理該案的九名大法官以五比四贊同了密蘇里州最高法院的判決。美國聯邦最高法院表示，美國憲法沒有任何條文可以推翻密蘇里州最高法院的判決，所以他們也認為在終止患者的保命療程前，家屬須先向地方法院提出足以表明患者意願的「明確證據」。

法院在裁決南西這類的案件之所以有這層顧慮，是因為家屬做出的決定不見得一定跟患者本人的意願一致，且這些決定（如移除維生機器）往往會對患者本身造成無法逆轉的後果。

為了滿足裁決中的這條但書，克魯桑夫婦竭盡所能的向周遭搜集相關證據，力圖證明南西確實想要撤除維生機器，說服密蘇里州的法官他們確實是依據「明確證據」提出請求。

就在一九九〇年的耶誕節前夕，密州法官終於同意克魯桑夫婦的請求，讓醫護人員移除了南西的餵食導管。

在南西移除餵食導管後沒幾天，發生了一些意外的插曲：十九名捍衛生存權運動的支持者，接連闖入她的病房，企圖重新接回她的餵食導管（後來他們全部被逮捕了）。一九九〇年耶誕節的隔天，南西．克魯桑終於與世長辭。不過，在她辭世六年後，她的父親卻走上了自殺一途。

這些震懾人心的個案，皆深刻描繪了重度腦傷患者在法律議題上的複雜性，且他們不僅會對家屬造成深遠的影響，亦會帶動整個社會觀念的變革。一如泰莉案，昆蘭案和克魯桑案同樣引起了美國全民的激辯。

這些個案讓美國人民開始去思考，「拒絕治療」、「自殺」、「協助自殺」、「醫師輔助自殺」和「放任某人死亡」等狀態在法律上的差異性。面對這類抉擇時，政府又該扮演怎樣的角色？這些患者的生命應該就這麼由他們親友、主治醫師或政府單位來決定嗎？即便他們可能對生、死等相關事務有各自不同的見解？

又或者，我們應該無條件採納患者的預立醫囑或「生前意願」？真要如此，那如果我們碰到患者過去未曾表示過這方面意願，又該怎麼辦？昆蘭案和克魯桑案，對某些人而言代表的是

「死亡權」和「生存權」之戰的最高標的，但對另一些人而言，他們卻覺得患者家屬提出的訴求與謀殺相去不遠。

現在讓我把討論的焦點重新放到凱斯，這個和家人一起發生車禍的加拿大男性身上。我有機會參與這項訴訟案，是因為凱斯的手足曾看過我的研究成果，所以他們想尋求我的專業意見，看看凱斯的狀況是否適合到安大略的倫敦市接受掃描，如此一來，或許他們就能知道凱斯到底還有沒有意識。除此之外，如果可以的話，他們還想問凱斯「他想要怎麼做」。

當下，我在腦中快速評斷著，我們把凱斯帶來倫敦市，送入功能性核磁共振造影掃描儀的可行性；甚至是進一步評估我們發現他有意識，並可以用「是」與「否」回答問題的可能性。

嚴格來說，我們團隊確實可以接受凱斯手足的請求。因為凱斯不僅是一名腦傷患者，而且當時他的年紀和整體的健康狀況都還算不錯，綜觀各種因素來看，凱斯的狀況的確符合掃描的標準。我們的運氣不錯，凱斯真的有意識，也能夠以「是」與「否」跟我們溝通。

只不過，要是凱斯在掃描儀的輔助下，告訴我們他想「活下去」，與他妻子的意見相反，情況會變得怎樣？又如果，亞伯拉罕能夠透過掃描儀為妻子辯護，告訴牧師他真的想要「一了百了」，情況又會變得怎麼樣呢？

你大概會認為，一個腦部嚴重受損，餘生都將以植物人狀態活下去的人，如果有一天突然能夠告訴你「他想要死」，我們就應該成全他。難不成這種處境，還不足以讓他行使死亡權嗎？

很遺憾的，我必須說，事情並非我們想像的那麼簡單。讓我們換個角度想。如果今天有一個健康的人走到你身邊，跟你說他想要死，你的第一個反應不會是看看他的精神狀態是否正常嗎？就算不去管他的精神狀態，你應該也會去關心一下他最近的心理狀態吧？說不定他只是情緒低落，才會一時想不開。

即便你發現他當下的神智相當清楚，但難道你不會想要在隔天或隔週再去確認看看他有沒有重新考慮這件事嗎？或許他只是那段日子過得比較不如意，隨著時間的流逝，他尋死的念頭或許也會煙消雲散。

縱使那個人的死意甚堅，縱使你是一個醫生，當患者每天、每週來到你的面前都表示他想死，針對他的要求你能做些什麼？答案是：什麼也不能做。多數人所處的社會並不允許我們做出自殺，或協助自殺的行為。

現在回過頭來看這些腦部嚴重受損的患者，為什麼我們看待他們的標準卻有所不同？他們回答「是，我想死」的時候，也可能是因為當時的心理或精神狀態不穩定所致。他們求死的念頭說不定稍縱即逝。你根本不曉得明天或是一年後，他們還會不會有同樣的想法。

姑且不管究竟這些意識灰色地帶的患者會是怎麼想，但為什麼我們的社會比較能夠接受放棄他們生命的想法呢？難道我們應該隨心所欲地了斷生命嗎？面對這道問題，一般來說，大家的答案都是否定的。

不過，現在的科技卻讓這些意識灰色地帶的患者有機會道出心聲，自行決定是否要繼續以這樣的狀態活下去。更重要的是，依我們目前的研究來看，許多意識灰色地帶患者的意願並不如我們想像，這也是為什麼我要特別把這一點提出來討論，提醒大家在替親友做這類決定時，務必要謹慎考量。

現在不等於未來

史蒂芬·洛瑞斯的團隊曾經做了一個有關這個主題的研究，從該研究的結果，他們發現當我們遭逢橫禍時，心中的實際想法與我們現在所想（「拜託別讓我以困在意識灰色地帶的狀態活在這個世上」）的並不相同。[5]

史蒂芬的團隊對九十一名閉鎖症候群的患者進行了問卷調查，雖然這類患者只能靠眨眼或是轉動眼球對外溝通，但研究人員仍可透過問答順利了解有關他們病史、現況和對死亡的看法。史蒂芬同時也以量表的方式獲取他們對生活品質的看法，評分由正五分（等同他們覺得自己處於閉鎖狀態前的最佳狀態）到負五分（等同他們覺得自己處於人生中的最差狀態）表示。**調查的結果出乎我們多數人的預料，有很大一部分的患者（占有反應者的百分之七十二）竟然表示他們對現狀很滿意。不僅如此，史蒂芬他們還發現，處於閉鎖症候群狀態越久的人，對他們的現狀越滿意！**

然而我們多數人主張「假如自己不幸因腦傷被困在身體裡，寧求一死」的念頭，在這份調查中，卻僅有百分之七的患者如此表述，希望能透過安樂死得到解脫。這項調查的結果顯示，我們先前對這方面的看法簡直大錯特錯，因為多數閉鎖症候群的患者都很滿意他們的生活；在他們實際體會過這樣的生活經驗後，通常不會將死亡列入他們人生中的優先選項。

當然，這個研究的結果其實有一定程度的瑕疵。因為史蒂芬他們展開這項研究前，總共找了一百六十八名的閉鎖症患者，其中只有九十一名對他們的問答有所回應，但其他七十七名對他們的問答不予理會的患者，很可能正是那些已經對生活不滿到不願再回應任何問題的族群。

也就是說，這個研究在取樣受試者時，可能犯了「選擇性偏差」（selection bias）的失誤。「選擇性偏差」是指研究者選取研究對象時，選取的樣本不足以代表整個群體的狀態。這樣的失誤將會導致整個研究的成果偏離事實。

僅管如此，但史蒂芬的這份研究，在目前來說，仍極具參考價值，因為它的數據顯示，有很大一部分長期處於閉鎖狀態的病人，依然覺得人生充滿意義，而想要安樂死的人數卻出乎意料的低；這兩方面的結果皆顛覆了我們一般認為「這樣的人生不值得在活下去」的看法。

這個結果當然讓我相當震撼，但是對那些守候患者多年的家屬來說或許感到相當寬慰。

我不禁想，怎麼可能會是這種結果？怎麼可能會有這麼多人「樂於」活在這種狀態？這根本沒有道理。或許誠如史蒂芬他們團隊在研究報告中所言：「這些『樂於』現狀的閉鎖症患者可能重新調整了他們對人生的需求和價值觀。」就像是殘奧選手突破了生理上的阻礙，贏得勝利一樣，說不定這些閉鎖症的病人也找到了體驗人生和獲得快樂的新方法。

這個研究讓我們開始思考，自己在腦部受到重創時，心中的想法到底還會不會跟現在一樣。還有，預立醫囑會不會變成一個很危險的舉動？假如你在醫囑中表明，在這個狀態下「不願接受心肺復甦術」（Do-Not-Resuscitate）等急救手段，但在事發當下，你卻極度渴望醫療人員可以用盡方法救你一命呢？這會是一件多麼可怕的事。

科技日新月異，終有一天我們會能夠以可靠又經濟實惠的手段，直接在病人的床榻邊（甚至是意外現場），偵測他們的意識狀態。

我們可以找到那些人被隱蔽在大腦某個角落的意識，跟他們溝通，了解他們的想法。至於到了那個時候，我們是否能夠有權讓他們如願以償，就是另一回事了。

後來，一直躺在醫院裡的亞伯拉罕，因為中風引起的長期併發症辭世。六個月後，他的妻子在教會和親友的陪同下，似乎順利走出了喪夫之痛。

凱斯在二〇一三年獲准遵照他妻子的意願移除餵食導管，喪禮上他的手足皆有受邀出席。

哈桑呢？在我書寫這段文字的時候，他仍舊躺在多倫多的病床上，靠著維生機器活在這個世界上。

第12章

亞佛烈德・希區考克登場

我有治療喉嚨痛的好方法：割開它。

——英國懸疑電影大師 亞佛烈德．希區考克（Alfred Hitchcock）

人臉或房子

二〇一二年，要求別人在掃描儀裡想像打網球這件事，我們已經做了長達七年的時間。這段期間，我們證明確實有一小部被診斷為植物人的患者，能夠跟卡蘿一樣，透過改變大腦活動的變化來表達他們自己擁有清醒的意識。這一小部分的人幾乎占了百分之二十的比例。

我們甚至要求過一些比較具有知名度的人物在掃描儀裡想像打網球，例如美國有線電視新聞網CNN的當家主播安德森．古柏和以色列總理艾里爾．夏隆等人。我們掃描的這些病人中更有一些人，例如史考特，能夠突破意識灰色地帶的限制，透過想像打網球與外界溝通。

「想像打網球」這件事已經從一個盛夏在劍橋大學花園裡萌生的古怪點子，茁壯成學術界和媒體界耳熟能詳的檢測方法。這個檢測方法似乎解決了臨床上的一個大問題：找到那些意識被禁錮在灰色地帶裡的人。只不過前提是，他們必須能夠想像打網球。

我們近年在這方面研究的數據，漸漸開始告訴我們，我們還可以更精進檢測意識的方法。過去我們已經碰過好幾位病人，他們無法在掃描儀裡想像打網球（或者說得保守一些，是我們無法偵測到他們的大腦是否有在想像打網球），但卻可以做其他的事向我們證明他們的意識清醒。我們不曉得為什麼會這樣。

馬汀．蒙提在劍橋的時候，曾開發出另一種非常棒的心理任務，這項能在功能性核磁共振造影掃描儀裡執行的心理任務證明了，部分無法想像打網球的患者可以聽從要求，把自己的注意力放在某一個人像或房屋上。這項心理任務的運作基礎在於，我們的大腦在處理臉部訊息和空間訊息時，分別會運用到兩個不同區域的大腦。

回顧一下我們前面說過的，我們在辨識人臉的時候，大腦裡活化的區域是梭狀回。一九九七年我們掃描凱特時，她的梭狀回就因為我們給她看人臉的相片活化。大腦裡處理空間資訊的區塊則是旁海馬迴，二〇〇六年卡蘿的旁海馬迴就因為想像在自家走動活化。

馬汀的實驗用非常巧妙的方式結合了這兩項神經科學基礎。他把患者不熟悉的獨棟房屋影像疊印在一張印有某個陌生人面相的照片上，當躺在掃描儀裡的患者看到這張相片時，他們的注意力便會集中在人臉的特徵（如眼睛和鼻子的形狀等）或是房屋的特色上（如大門的位置、有幾扇窗等）。

比起在腦中想像，這樣具體呈現圖像能大大降低患者在執行任務的難度。雖然馬汀把房子和人臉的影像疊印在一塊兒，但在我們的眼中，這兩個影像仍會是獨立的畫面。也就是說，我們不會看到一棟房子裡有一雙眼睛，或是一張臉裡面有幾扇窗戶，我們只會看到一張完整的臉，或一幢完整的房子，端看你把注意力放在哪一個物件上。

如果你把注意力放在窗戶上，你的眼中就只會看到房子的存在，幾乎看不太到人臉；相反的，如果你把注意力放在眼睛上，你眼中就只會看到人臉的細節，房子則會變成畫面中被隱形的那個物件。

其實不一定要透過這張疊印的影像，平常你坐在車子裡，也可以自己創造出類似這樣的視覺效果。當你坐在車子前座，從擋風玻璃看向窗外的另一件物品，比方說另一輛車，也會有異曲同工之妙的效果。

縱使擋風玻璃和窗外那輛車同時倒映在你的視網膜上，但你的大腦卻會將兩者的影像分開處理，所以你眼中絕對不會同時看到擋風玻璃和窗外車子的細節，而只會看到你當下關注的那一個物件（擋風玻璃或窗外的車）的細節而已。

馬汀一開始先用健康的受試者測試這個實驗的可行性，他要求這些受試者在掃描儀裡先把注意力放在人臉影像上，然後再放在房屋的影像上；理想的情況下，他們腦部的活動狀態應該因為這個要求，先活化梭狀回，再活化旁海馬迴。[1]

結果證明，這個精妙的實驗確實會讓受試者的大腦活動產生這樣的變化。在實驗中，馬汀給予受試者的刺激都相同（一張疊印了房屋影像的人臉相片），但受試者大腦活動的狀態卻憑著自身注意力的轉換改變了。

這樣的結果令人讚嘆，因為這表示這個實驗可以達到跟「想像打網球」和「想像在自家走動」相同的效果：檢測出受試者是否有遵從指令的能力。

後來馬汀也把這個心理任務應用在意識處於灰色地帶的患者身上，發現部分無法執行打網球任務的患者，卻可以順利完成這個轉換注意力的任務。我們不知道為什麼會這樣，但我個人認為，執行想像打網球和在自家走動的任務，或許牽涉到太多「認知方面的能力」，所以對某些患者來說，他們必須耗費極大的精力才有辦法完成這類任務。

尤其當這些患者在執行心理任務時，還要兼顧我們掃描的標準：在五分鐘之內，依照我們的指令反覆想像這些任務，每次還必須持續三十秒。因此，這樣的推斷很合理。況且，我們都知道，所有的腦傷都會降低大腦執行任務的能力，特別是牽涉大量認知需求的任務。

即使只是輕微的腦傷，沒有嚴重影響你日常中的多數基本能力，但是你處理難題的能力幾乎一定會因此受到影響。為什麼呢？這是因為與簡單的任務（例如記住一個名字）相比，我們在處理難度較高的事情時（例如心算），需要動用到大腦裡比較多的認知資源。說白話一點，就是需要消耗比較多的「腦力」。

想想看在睡眠不足的情況下，你隔天做事的表現會變得怎樣。簡單（或熟悉）的任務，例如餵貓或開車，或許你依舊能夠輕鬆完成，因為這類任務並不用耗費你太多認知方面的能力；但如果此時你想要處理稅務或是安排家族旅遊的事情，很快就會發現自己應付不來。

因為比起餵貓和開車，報稅和安排旅程需要耗費比較多的認知能力，所以在你大腦因為睡眠不足或是受到重創，無法完整運作時，你處理這類任務的能力會受到最大的衝擊。

同樣的道理，我覺得在三十秒的時間內，單純要求患者轉換注意力去看眼前照片中的人臉或是房子，感覺會比想像自己在打一場激烈的網球賽還要容易許多。

或許某些我們測不出有意識的患者，並非沒有意識，而是因為我們要求他們做的事情（想像打網球）對他們來說太過困難。

不過，即便馬汀開發的任務難度比較低，但這個任務在執行上仍有一些限制。我們能把注意力集中在人臉或是房屋的圖像上，必須要有一個大前提，就是要能靈活的控制雙眼，但絕大多數的患者都無法如此。

他們根本無法控制自己眼睛要往哪裡看，更遑論要求他們特意把注意力集中在眼前畫面的哪一項物件上了。

顯然，我們還需要想辦法建立一個全然不同、百發百中的心理任務，如此一來，不論患者的「腦力」如何，只要他們有意識，便能輕鬆執行這個任務，讓我們知道他們還在。

心理性可報性結果

樂利娜．南茜（Lorina Naci）是跟我一起從英國來大加拿大做研究的其中一名博士後研究員。樂利娜是阿爾巴尼亞人，我們一塊兒在劍橋共事的時候，她就已經跟我的同事兼好友羅德里．庫薩克（Rhodri Cusack）共結連理，而我正是他們結婚證書上的見證人。

二〇一一年，羅德里就獲得了在加拿大西安大略大學的大腦與心智研究所工作的機會，但是直到二〇一二年他才把他的實驗室一併遷到了那裡，樂利娜也是在那個時候才有辦法跟他一起來到加拿大。他們育有一子，叫做卡林，年紀比我的兒子傑克森小了幾個月。

自從羅德里來到大腦與心智研究所工作後，我與羅德里和樂利娜就常一起腦力激盪，想要開發出偵測意識的新方法。我們把設計的重點放在執行的難度上，希望找出難度比較低，且每一位患者都可以輕易達成的心理任務；因為我們認為唯有這樣，我們才能夠稍微化被動為主動的偵測到那些比較沒有反應的患者的意識，而不是硬要他們用比較複雜的方式向我們「報告」他們有意識。

從理論上來看，這一點跟我們以往的研究方向很不一樣，但在我們研究中的重要性卻越來越大。諸如打網球這類的心理任務，從來就不是直接的測量出意識的存在，而是以間接的方式讓患者告訴我們他們是否具有意識。馬汀設計的那個疊印心理任務也不例外。

根據哲學家的說法，他們喜歡把這些方法所測量到的結果稱為「可報告性的結果」（reportability）；若以我們的狀況來解釋，這些心理任務的「可報告性結果」就是受試者能夠告訴你他有意識。

問題是，很有可能有人有意識，卻因為認知能力不足，無法在掃描儀裡利用這些方法告訴我們他們有意識，但他們不能說，並不代表他們沒有意識。

從哲學的角度來看，這正是當時我們苦惱多年卻不得其解的問題：我們要怎麼在缺乏可報告性結果的情況下知道患者是否具有意識？

以往我們都只考慮到患者欠缺「生理性可報告性結果」的問題，但此刻我們忽然明白，會不會他們表達「心理性可報性結果」的能力也是一大問題？

這一點對羅德里的研究很重要。羅德里的研究主軸是利用功能性核磁共振造影掃描儀掃描新生兒，藉以了解人類意識發展的過程。也因此傑克森和卡林在一歲以前接受掃描的次數，就比大多數成年人一輩子接受掃描的次數還多。

嬰兒是了解一個人是否有意識的最佳範本，因為他們肯定是擁有某部分的意識，只不過他們尚未擁有充足的反思能力或語言技巧，所以無法順利對外表達他們是有意識的。

簡單來說，你不可能要求一個路都還走不穩的小孩想像打網球，因為大多數年紀這麼小的孩子連網球是什麼都不知道，更不用說去「想像」你的要求。總之，想要有效評估一個嬰兒有沒有意識，你不能寄望他們能夠給你「可報告性的結果」，而是要想辦法主動從他們的大腦活動狀態，讀出他們腦中意識的蛛絲馬跡。

來看電影吧

到了二〇一二年，我們開始領悟到，我們也需要利用同樣類型的方式來檢測貌似植物人患者的意識；不是要求他們在掃描儀裡完成諸如打網球的心理任務，而是以比過往更直接、更簡單的方式主動測量到他們的意識。

為了滿足這個需求，我們把研究的方式導向一個全新又有趣的方向。我們漸漸發展出一套讓患者躺在掃描儀裡看好萊塢電影，就能檢測出他們意識的技術。這個點子的靈感是來自於一篇快十年前發表的以色列研究報告，不過這篇研究報告的內容完全與腦傷或是意識障礙無關。[2]

這篇以色列的報告指出，當健康的受試者躺在掃描儀裡觀看電影時，隨著電影劇情的展開，他們大腦活動的狀態也會出現同步的變化；也就是說，他們大腦裡的同一個部位，會因為同一個時間點的劇情，出現同樣的反應。

就表面來看，這個發現是很合理的。當電影中的槍聲大作，我們大腦裡偵測聲音的聽覺皮質區就會活化；由於電影院裡的每一位觀眾都在同一個瞬間聽到了槍響，所以他們的聽覺皮質區理當也該在同一個時間點活化。

許多電影中常見的橋段亦會對觀眾造成相似的影響。舉例來說，當螢幕上特寫某個人的面容時，每一個看著這張臉的觀眾，大腦裡負責處理「人臉訊息」的梭狀回就會活化。

隨著鏡頭場景的變化，假如眼前呈現的是一輛車高速行駛在街道上的畫面，我們腦中負責處理「空間訊息」的旁海馬迴就會跟鄰座的觀眾同步活化，一起記下畫面中飛馳而過的街景和地標。因此，在觀影期間，觀眾大腦裡的無數區塊都會因為劇情的起伏同步變化，反映出他們對這部電影有著共享的意識體驗（conscious experience）。

這個非凡的現象（我們的大腦會因為看同一部電影有同步的反應），給了我、欒利娜和羅德里一個靈感，而這個靈感所醞釀出的點子，將徹底改寫我們未來幾年檢測飄盪於灰色地帶的意識的方法。

如果我們的掃描發現，植物人在看電影的大腦反應與健康者看同一部電影時一模一樣，不就能以此做為合理的證據，證明這些患者也擁有跟常人一樣豐富的意識體驗了嗎？再者，假如這些患者在看電影的時候，擁有跟常人一樣豐富的意識體驗，那麼我們難道不可以進一步合理推斷，他們對自己的人生也有著同樣豐富的意識體驗嗎？

戲如人生，一部電影演出的內容往往就是某一個人的人生寫照，特別是那些劇情側重在人情世故的電影。當你被一部電影的情節吸引，此時此刻，這部電影就抓住了你的意識，在那段時間裡，你的意識就只會沉浸在那部電影營造出的奇幻空間裡，不再理會現實世界的紛紛擾擾。好的電影就是會如此攫獲我們的注意力，並掌控我們的意識體驗。

當時我們猜想，自己說不定誤打誤撞找到了一個比想像打網球簡單很多，而且又能更直接檢測到意識的方法。在這個檢測過程中，我們唯一要做的事，就是給患者看一部電影，並監測他們大腦在掃描儀裡的變化。倘若他們看電影時的大腦活動狀態變化跟健康者相同，就意味著他們擁有意識。

在我們正式執行這個實驗前，樂利娜花了很大的工夫去排除所有在理論上和實際操作面上會碰到的難題。其中最大的一個問題是：我們要給病人看哪一部電影？我們試了很多部電影，有幾部電影的檢測效果確實比其他電影好。

本來我們是希望以一九二八年查理．卓別林（Charlie Chaplin）主演的經典無聲電影《馬戲團》（*The Circus*）做為標的，他在該片中有一幕與獅子同關一籠的可笑畫面。受試者都很享受這部電影，可惜他們大腦對這部電影產生的同步反應並沒有我們預期的強。以我們的目標來看，我們需要的電影必須擁有層次分明的精彩劇情，以及各具特色的人物角色。

我們的這些要求都是有意義的。畢竟如果你想要用同一部電影抓住每一個人的意識，那麼這部電影就必須要能夠同時讓每一個人的注意力受到劇中的場景和人物吸引，並讓每一個人的思緒同步隨著劇情轉折。

甚至，你還會希望每一個人的意識在觀影期間都能一直沉浸在這部電影裡，而且投入的程度最好都「差不多」。基於這層考量，戲劇的張力似乎就是助我們達成這項實驗的最大幫手。

這個臨門一腳的要素，讓我們想到了懸疑電影大師亞佛烈德．希區考克。

事實證明，比起其他眾多電影，大腦的確深受亞佛烈德．希區考克的作品吸引。這樣的結果很可能是因為，亞佛烈德．希區考克的電影劇情本來就是以推理、恐懼、懸疑和衝突等元素去構築的。

換句話說，希區考克在製作電影時，就是希望他的電影可以帶給觀眾共享的意識體驗，所以在絕大多數的時候，每一位觀眾都會充分沉浸在劇情的推展中，去推理劇中每個人、事、物之間的相關性，進而讓每個觀眾的大腦都隨著劇情產生了類似的活動狀態。

希區考克電影的懸疑性是來自於觀者對劇情轉折的理解度，而非一般現代（和我歸類為比較次等）電影中常見的一連串聲光效果。這些充滿聲光效果的電影當然也會趨動大腦的活動，但是卻無法比擬希區考克電影對大腦造成的微妙影響；希區考克電影裡特有的引導和誤導情節，正是造成這項差異的原因。

我們最後選了一部希區考克的黑白片《砰！你死了》（*Bang! You're Dead*），這部片是於一九六一年為電視影集《希區考克劇場》（*Alfred Hitchcock Presents*）製作的戲劇。儘管該片的年代久遠，但它的劇情依舊很吸引人。

這部片子描述一名五歲的男孩無意間發現了他叔叔的左輪手槍，部分彈倉甚至裝有子彈，但他絲毫不曉得這把槍的危險性，不論是在家裡或是公眾場合都到處拿著它把玩。隨著其後劇情引人入勝的鋪陳，觀眾也會越來越堅信最終這把槍必定會擦槍走火，打死某個倒楣鬼。

樂利娜先召集了一批健康的受試者觀看這部電影，而它對這些受試者的大腦發揮了神奇的影響力：我們發現受試者們的大腦對劇情裡每個轉折點的反應幾乎一模一樣。我們找到了可以檢測意識的電影了！現在萬事俱備，只欠病人！

《砰！你死了》

一九九七年八月，十八歲的傑夫・特倫布萊（Jeff Tremblay）在朋友家外面遭到攻擊，他朋友的家位在加拿大艾伯塔省（Alberta）的勞埃德明斯特（Lloydminster），是一個位處該省首府艾德蒙頓（Edmonton）東方，車程約兩小時的小城市。傑夫的父親保羅在赫斯基能源公司（Husky Energy）擔任營運專員一職，他說，傑夫當時是一個外向活潑的青少年，朋友不少，那年春天從高中畢業後，他就很努力工作存錢，但不太確定自己未來想做些什麼。

徹底改變傑夫和他家人生活的起因，源自於一間夜店。案發當晚，傑夫和該夜店已離職保鑣的前女友相談甚歡，但湊巧的是，那名離職保鑣剛好那晚也在店裡消費。

爾後，傑夫和那名女孩一起離開了夜店，打算去另一位朋友的家裡看電影。那名離職保鑣尾隨他們走出了店外，然後大喊了一聲「傑夫出局」，保羅說。語畢，那名離職保鑣就把傑夫打倒在地，傑夫踉蹌起身時，他又朝傑夫的胸口猛踢了一腳。

這一踢讓傑夫的心臟瞬間停止跳動，整個人癱倒在地。傑夫先被送往勞埃德明斯特的當地醫院急救，之後便以直升機轉送到艾德蒙頓的醫院。

保羅當時不在城裡工作，所以到清晨才接獲這個消息，不過一聽到消息後，他馬上就飛到了艾德蒙頓。到了醫院，他發現他的兒子陷入昏迷，還必須靠維生機器保命，當下他的第一個念頭就是「像傑夫這種狀況的人，大多凶多吉少，就算他們能逃過死神的召喚，大概也會一輩子處於植物人的狀態」，幾位救治傑夫的醫師亦力勸保羅簽屬「拔管同意書」。

不過就在傑夫發生意外三週後，他從昏迷中醒了過來，開始能夠靠自己的力量呼吸，也開始恢復了睡眠週期，只是他的身體還是毫無反應，所以仍被醫師診斷為植物人。

傑夫出事後，保羅就不斷在勞埃德明斯特和艾德蒙頓之間奔波往返，說到傑夫第一次脫離昏迷狀態時，他說：「傑夫的目光呆滯，我在他的眼裡看不到半點生命力。他就只是睜著眼，一動也不動的沒有任何表情和反應。」

有一天，保羅坐在傑夫床尾的椅子上，守著正在睡覺的兒子。「我就一邊寫著填字遊戲，一邊陪著他。那時候我剛好寫到一道提示為『心誠則靈』的字謎，忍不住心想：『我天天為兒子祈禱，他的狀況還不是都沒有改變。』接著我抬頭望向兒子的睡顏，我看到傑夫睜開了眼睛，盯著我看，然後他突然對我綻放了一朵大大的笑容！我在他的眼裡看到了生機！這一刻實在是太奇妙了，彷彿他腦袋裡短路的電路終於再度被接通了。他『認得』我，我知道他回來了。這段期間他就像是歷經了一場超長的征途，然後再重返家鄉一般。」

然而，這神奇的一刻並未改變傑夫被診斷為植物人的命運。因為傑夫依舊無法對外界的要求做出任何回應，醫師也無法從傑夫身上找到任何可以證明保羅說詞和感受的生理跡象。

後來傑夫便被送回了勞埃德明斯特，並住在當地的庫克醫師療養中心（Dr. Cooke Extended Care Centre）接受全天候的照護。

時值二〇一二年，儘管傑夫遭逢攻擊已經是十五年前的事，但這段期間保羅仍不斷搜尋有關腦傷的資訊，渴望能夠找到什麼方法，幫助他證明他的兒子的確還有意識。那個時候，傑夫已經三十歲出頭，身體健康狀態良好，可是不能說話，也不能聽從指示做出一些簡單的動作。

因緣際會之下，保羅在網路上看到了報導我們實驗室研究的文章，他馬上寄了一封電子郵件給我，信中寫道：「我非常樂意讓傑夫成為你們意識研究中受檢的對象，如果檢測的結果可以證明傑夫了解我們對他說的話，我和他的哥哥都會非常開心。我相信此舉也會讓傑夫的心理比較好受。其實我很確定傑夫能聽懂我說的話，只是我無從得知他的確切想法。我想知道他是否痛苦，開心還是難過，還有知不知道大家有多麼愛他和想念他。只要你們願意檢測他的意識狀態，我一定會盡全力配合你們。」

我們答應了保羅的請求，於是，保羅開始張羅運送傑夫的事宜。二〇一二年七月，保羅戴著傑夫搭著商務客機，千里迢迢地飛越了兩千英里的路程，從艾伯塔省的艾德蒙頓來到了安大略省的漢密爾頓（Hamilton），漢密爾頓距離倫敦市約八十英里遠。一下飛機，救護車便將他們載往帕克伍德醫院。到醫院後，保羅先偕同醫療人員把傑夫安頓好，才到醫院對街，一間名為「Best Western Plus Lamplighter Inn」的旅館休息。

保羅回憶那段旅途時說：「傑夫在這段旅程中的反應令人難忘。當空服小姐對乘客說明飛行中的安全規範時，傑夫竟然自己把頭轉向那位小姐，並專注地聆聽她說的話。雖然我一直認為他知道身邊發生的所有事，但看到他能如此流暢地做出這樣的反應，還是讓我又驚又喜。」

傑夫安然抵達帕克伍德醫院後，我們團隊就開始著手評估他的狀態。我們請他看著一支筆——毫無反應；我們請他看著一面鏡子——毫無反應；我們請他伸出舌頭——依舊毫無反應。奇怪的是，測試期間他確實讓我們看到了一些能證明他有「視覺追蹤」（visual tracking）能力的證據：當撲克牌在他面前移動，他的目光有時似乎可以跟著卡片游移。以臨床的標準來說，傑夫的狀況應該算是處於「最小意識狀態」，不過我的團隊卻無法在傑夫身上找到任何能證明他神智清醒，或是可以對外溝通的跡證。

儘管如此，但有一件事卻讓我們認為，或許我們還是可以用「看影片」這個新方法來檢測看看傑夫的意識。這件事就是：自從傑夫回到勞埃德明斯特後，保羅每週都會帶著兒子去看電影。十多年來，每個週末，保羅都會讓傑夫坐在配有紅色防震墊的輪椅上，推著他到一間位在勞埃德明斯特鬧區，擁有多間放映廳，名叫「May Cinema 6」的戲院看電影。

這個舉動看起來有點不可思議，因為我們團隊認為傑夫頂多只擁有「最小意識狀態」，但保羅卻堅信傑夫看得懂螢幕上的每一段情節。保羅說，傑夫基本上比較喜歡看喜劇片，而且他還是美國影集《歡樂單身派對》（Seinfeld）的死忠影迷。聽到保羅的說詞，一方面我懷疑保羅是不是太想要傑夫有意識了，所以在自欺欺人；另一方面，我則認為，傑夫偏愛《歡樂單身派對》的喜好很有意思。

《歡樂單身派對》裡沒有一般喜劇常見的浮誇搞笑肢體動作，它走的喜劇風格是一種令人會心一笑的情境式喜劇，換句話說，該劇的笑點不會明言，觀眾必須隨著劇情的推展去理解角色在劇中的處境，才可心領神會劇情中隱含的幽默感。

隔天，我們派了另一部救護車去帕克伍德醫院接傑夫和保羅，將他們一塊兒載來掃描中心。保羅的外貌英挺高大，留著一頭鴿子灰的俐落短髮，當我們要把傑夫推進將掃描儀與外界隔開的厚重安全門時，他就站在病床旁邊。

傑夫的臉型瘦長，頭髮修剪成有型的五分頭，他看起來很機警、清醒，雖然靠著枕頭坐在病床上時，他的頭會往某一邊傾斜。我心想，這趟旅途保羅肯定付出了極大的愛和決心，而且他一定也很希望我們能夠讓他倆帶著好消息重返家鄉。我傾身向傑夫說明我們等下掃描他大腦的方式，以及他在掃描儀裡會看到的影片。

那是一個很奇妙，猶如電影場景的瞬間；那一刻我們終於要首次將我們的希區考克任務應用在病人身上，而且這位病人剛好還擁有豐富的觀影經驗，如此的巧合，我覺得簡直只有在電影裡才有機會發生！

傑夫在掃描儀中就緒後，我忍不住好奇，希區考克的影片究竟能不能讓保羅得到他想要的結果：可以證明他兒子有清醒意識的證據。

如果這一切真如保羅所料想，那這個結果肯定會帶給我們非常奇特的衝突感受。因為在那些週末，在那些電影時光裡，傑夫其實就跟你我一樣，能夠充分體會生活和影片中的每一個細節，但那些曾出現在他周遭的人，竟然渾然不覺這個事實。

我步出了控制室，往等候室走去，保羅正在那裡耐心等候。「我們才剛放了希區考克的影片給傑夫看，」我跟他說，「接下來我們要看看這部電影能不能活化他的大腦。」

重返控制室後，《砰！你死了》正在傑夫頭上的螢幕上撥放。我們知道螢幕上的畫面會反映到安裝在他眼前的一面鏡子上，但掃描期間我們不能確定他是否有認真在看這部片。影片結束後，我們把傑夫從掃描儀的艙體拉出，把他送回了帕克伍德醫院休息。

意識感觀來自歷練

分析這份數據需要幾天的時間。因為比起我們先前一個指令一個動作的打網球任務，從受試者看影片的過程中歸納出可用的大腦資訊，要花的功夫實在複雜許多，當時樂利娜一直努力排除這方面的問題。

這可不是一個蘿蔔一個坑那麼簡單。畢竟，單憑一個人看影片時的大腦活動狀態，你要怎麼去判定他是「有意識的」看這部影片呢？我們根本不知道，過去從沒有人做過這類分析。後來我們決定先分析出控制組的資料，因為我們知道控制組的那些健康受試者「一定」有意識，可以做為我們日後判斷的標準。

爾後在分析傑夫數據的過程中，我們便搭配這份標準，慢慢修正出一套能夠順利比對出患者是否具有意識的方法。結果出爐時，我驚得目瞪口呆；雖然與健康控制組相比，傑夫的大腦活動狀態稍微低了一些，但他的大腦在電影裡各個橋段活化的區塊，就跟健康者沒有兩樣。

聲效出現時，傑夫的聽覺皮質區活化了；鏡頭視角改變或是男孩從螢幕上出現時，傑夫的視覺皮質區活化了；最重要的是，在劇情的所有關鍵轉折處（這些轉折處，觀眾必須充分理解劇情的鋪陳，大腦才會有所反應），傑夫的額葉和頂葉亦出現跟意識清醒者完全一樣的反應。這些結果證明了傑夫真的有在看影片！

不僅如此，傑夫還可以完全理解影片的內容！就在傑夫被診斷為植物人的十五年後，我們終於用傑夫觀看希區考克影片的大腦反應，證明了他還擁有意識，而且就跟你我一樣具有欣賞這部片子的一切能力。那些週末，那些電影時光，保羅的苦心都沒有白費。

我們是如何確認傑夫真的有意識呢？自古以來，魔鬼總是藏在細節裡，做科學也不例外。

在看影片檢測意識的方法中，其檢測的關鍵點就在於懸疑大師希區考克表達劇情的手法。《砰！你死了》活化的大腦區塊，整體來說其實跟我們每天在日常生活中經歷的意識體驗沒有什麼不同。樂利娜在分析健康受試者的數據時，就已經發現了這個狀況。比方說，一部充滿誇張聲效的影片，理所當然會刺激觀者的聽覺皮質區，但根據我們先前在黛比和凱文身上得到的經驗，這樣的結果並不足以做為病人是有意識的有力證據。

同樣地，一部充滿光影和動作變化的影片，也必定會刺激觀者的視覺皮質區，但是，這一點亦不足以證明患者是「有意識的」體會這些視覺上的變化，因為即便患者在無意識的狀態，他的大腦也很可能會自動產生這些反應。

值得注意的是，《砰！你死了》這部片會讓觀者的大腦出現更微妙的變化，而這微妙之處正是我們用來檢測意識的優勢。

《砰！你死了》的劇情張力基本上是由幾個特別的元素組成：一為槍和其傷人的危險性，另一則為各主要角色身處的處境（是扮演射擊者或是被射擊者的角色）。

不過，觀影者若要從這幾個元素感受到製片者想要表達的意涵，就必須運用到心理學家稱之為「心智理論」（theory of mind）的能力。

「心智理論」是一種能讓我們理解他人心理狀態的能力，這些心理狀態包括他人的想法、信念、慾望和意圖等。

要徹底沉浸在《砰！你死了》的劇情鋪陳中，「心智理論」就是你的必備條件，因為你必須要了解製片者在劇情裡呈現的意涵，即：雖然你（觀影者）知道那是一把真槍，但那個小男孩卻以為他手中拿的是一把玩具槍。

這正是整部片讓觀眾看得提心吊膽的核心所在，因為當小男孩拿著他以為是玩具槍的手槍，跑去跟其他玩伴玩著他最愛的騎馬打仗遊戲時，你知道他手中拿的根本就是一把真槍！目前學界已經知道大腦裡有許多區塊都和我們「心智理論」的能力有關，但是其中最不可或缺的區塊，似乎是位在左右腦半球中央、前側的額葉裡。

一九八五年，我在劍橋的同事西蒙．拜倫．科恩（Simon Baron-Cohen）首次與他的團隊推斷，自閉症的兒童可能欠缺「心智理論」的能力。[3]

他們發現自閉症兒童面臨的許多問題，看起來都是源自於他們無法理解身邊其他人想法的關係。只不過我認為，西蒙的這個推斷引起極大的爭議，因為就如同我們根本不曉得非人類的物種到底有沒有「心智理論」能力一樣，面對一個年紀不到三、四歲的正常孩子，我們也不曉得他們到底具不具備這項能力。

除了「心智理論」，觀看《砰！你死了》還會引發大腦出現一連串更為複雜的認知反應，而這些認知反應同樣與意識的運作息息相關。譬如，你必須要先提取出你的長期記憶，才有辦法理解男孩手中握的是什麼（一把填有子彈的手槍），還有那個東西的用途（殺人）。

反之，如果一個人在看這部影片之前，從未看過或是聽過槍枝的用途，他們根本不會對這個劇情的安排感到驚恐，因為他們完全不知道男孩手中拿的那個東西有多大的危險性。在他們眼中，男孩揮舞那把手槍帶給他們的感受，說不定就跟他揮舞一根香蕉沒有兩樣！

正是我們對槍枝的了解，讓我們對拿槍的孩子萌生驚恐的感覺。我們知道，槍不僅能殺人，還會挑起戰端。另一方面，我們精巧的「心智理論」能力，又能讓我們理解孩子對槍枝的認知：他們不曉得槍枝的威力，不曉得它會殺人和挑起戰端。

也就是說，我們看這部片會有提心吊膽的感覺，都是出自於我們對這兩個概念的理解。我想，如果孩子手中拿的那把槍沒有子彈，我們就不會覺得心驚膽跳；又如果，是一個成年人拿到了那把手槍（而且那個人還很穩重），不管這把槍有沒有子彈，我們心驚膽跳的程度都會比孩子拿到槍的情況低。

換個角度來看，如果是一隻猴子看到槍呢？牠對槍會產生怎麼樣的感受？我想，不管這把槍有沒有子彈，對猴子來說，槍帶給他們的感受就跟香蕉一樣，因為在牠們的意識感觀裡，根本沒有如我們這般豐富的知識背景，不曉得槍在人類的世界裡有什麼樣的殺傷力（除非這隻猴子先前有看過獵人用槍獵殺了其他猴子）。

人類意識的運作就是如此精妙，更重要的是，或許我們應該說，我們對周遭事物所產生的意識感觀，全是來自於我們的「歷練」，而非其他人授予，或是我們天生就具備的。

知道一切都沒白費

傑夫在掃描儀裡對《砰！你死了》做出的驚人回應，讓我們在這條研究路上又立下了一個里程碑。這是我們第一次運用眾人在觀看同一部影片時，在大腦活動上產生的相似意識體驗，去推斷一個身體毫無反應的病人有沒有意識，而且過程中，患者完全不需特意回答我們任何問題——傑夫就只是躺在掃描儀裡看影片而已。

說得更明白一點，這個檢測法中，我們沒有特別去解讀傑夫大腦傳達出的任何想法，僅是透過記錄他觀影時的大腦活動狀況，發現他的表現跟其他看這部影片的健康人非常相似。

當我們在二〇一四年，於著名期刊《美國國家科學院院刊》（*Proceedings of the National*

Academy of Sciences）發表傑夫的故事和我們檢測意識的新方法後，我們的團隊又吸引了大批媒體的關注。[4]樂利娜不僅接受了好幾個電視新聞的專訪，還在世界各地的電台和報紙上談論這份研究。眾人對這項研究成果都予以相當正面的回應。看來，自從我們多年前首次證實大腦掃描影像可以用來偵測植物人是否具有意識後，媒體和學術界都已經漸漸接受了這個概念。就算真有人對此仍有異議，人數也相當稀少。

我們的發現對傑夫的哥哥傑森，意義尤為重大。傑森說：「現在我更喜歡跟他說話了，而且心中依舊對他有著滿滿的期待。」

傑森看著他弟弟說：「加油，不要輕言放棄！我不知道這樣說是不是有點自私，但是那種看得到人，卻不曉得他還在不在的感受真的令人很難熬。我希望他明白他對我的意義有多麼重大。現在我對傑夫有全然不同的感受，他還是我心中的那個傑夫。」

現在傑森知道，傑夫一直都能明白他以前對他說過的每一句話。「在你十八歲或二十歲的時候，或許不會對家人說『我愛你』之類的話，」傑森說，「但你對傑夫的檢測，卻讓我再次想起了過去我私下跟他說過的那些話。知道他一直聽得到我說的話，這種感覺真是太美好了。」

第13章

鬼門關前走一遭

眼前寸草不生，寶貝，這是無法改變的事實。
但是或許出走的生機，有一天會重返此地。

——美國搖滾歌手　布魯斯．史普林斯汀（Bruce Springsteen）

從意識灰色地帶逃脫

二〇一三年七月十九日，胡安整晚跟朋友聚在一起，將近午夜時分才回到家中。他給自己做了一點宵夜，向父母道了聲晚安後，便轉身進房。一切看起來都再尋常不過。然而，就在翌日清晨的六點半，這一切都大大偏離了正軌。

那天早上瑪格麗塔被一陣劇烈的嗆噎聲驚醒，聲音是從離她臥室僅幾碼遠的十九歲兒子房間傳來。她趕緊起身跑到胡安的房間查看，卻發現他已毫無反應的趴臥在自己的嘔吐物中。胡安的家人馬上把他送到了位於多倫多南部的當地醫院急救。

電腦斷層掃描的影像顯示，胡安大腦的白質出現了廣泛性的損傷：受損的範圍不僅遍及額葉和頂葉裡負責處理工作記憶、注意力和其他高階認知功能的大腦區塊，就連胡安位於大腦正後方、主掌視覺能力的枕葉也難逃一劫。

不僅如此，胡安大腦深層一個名叫蒼白球（globus pallidus）的結構亦受到嚴重的損傷；蒼白球是我們可以自主活動的關鍵要素，部分巴金森氏症患者身上出現的症狀，就是因為他們的蒼白球無法正常運作所致。

長時間缺氧，常會導致大腦出現廣泛又瀰漫性的腦傷，這類腦傷很難讓人清楚看出健康和受損腦組織之間的邊界。因為缺氧時，我們大腦會以漸進式的方式，一點一滴地中止大腦裡各區塊的運作，直到我們大腦裡的組織再也無法維持我們人體最基本的機能（例如呼吸）為止。

胡安的腦傷還沒有到這種境界，但也好不到哪裡去。入院時，醫療人員用格拉斯哥昏迷指數評估了胡安的昏迷狀況，正常人可得到十五分的指數，他只得到了三分。在病人尚未死亡前，三分就是這份評估量表的最低總分。

兩個月後，胡安的父母帶著他來找我們，他們從胡安出事的那一天起，便寸步不離的守在他的床沿。當時胡安依舊對外界的刺激沒有任何反應，並被醫生宣判為植物人，每天照護人員都必須透過導管餵他吃飯和喝水。胡安的父母希望我們能幫助他們更了解胡安的現況，如果可以，最好還可以跟他們說說胡安的未來可能如何發展。

對我的團隊來說，胡安看起來就跟我們過去見過的大多數患者沒有什麼不同：睜著眼，但似乎對眼前的事物沒半點知覺，身體也完全沒有任何反應。

我們帶他去做功能性核磁共振造影掃描，希望掃描的結果可以告訴我們更多有關他大腦狀態的蛛絲馬跡，以及未來康復的可能性。一開始我們先請他想像自己在打網球，沒有反應；後來我們又請他想像在自家走動，還是沒有反應。

最後，樂利娜甚至讓胡安看了希區考克的影片，試圖找出胡安擁有意識的跡象。那麼胡安的大腦對《砰！你死了》的曲折劇情有反應嗎？這項檢測的結果模稜兩可，讓人說不出個所以然。儘管胡安的聽覺皮質有明顯因影片的聲音活化，但奇怪的是，他的枕葉（負責視覺的大腦區塊）卻沒什麼反應。

難道是胡安遍及枕葉（視覺）皮質的廣泛性腦傷讓他失明了？這一點我們無從得知。不過，倘若胡安真的看不見電影，那他就不可能了解劇情的鋪成，當然我們也不會看到他的額葉和頂葉出現任何反應——這是我們判斷他是否有意識的依據。兩天後，我們又把胡安送進了掃描儀，讓他再做一次希區考克的檢驗。

在這種情況下，每一位患者都有權享有第二次的機會。這一次我們甚至更仔細嚴謹地觀測比對了胡安的大腦活動變化，但遺憾的是，最終我們還是無法從中找到任何他有意識的蛛絲馬跡。四天後，胡安和他的父母一起返家時，我們對胡安的狀況還是沒有任何進一步的了解，他的意識狀態就跟受檢測前一樣，令人摸不著頭緒。

七個月後，我的研究專員蘿拉（Laura Gonzalez-Lara）打了通電話給瑪格麗塔，想要了解胡安的後續發展。這是我們對每一位患者的例行公事，一方面是因為有些患者的病況確實會隨著時間的推進獲得改善，我們想要盡可能密切掌控他們的狀態；另一方面，這也是一種我們和患者家屬保持聯繫的方式。

每次不得不跟家屬說「謝謝你們參與研究，但我們對他的狀況無能為力」這句話時，總會讓我心裡覺得怪怪的。或許，在大多數的情況下，這麼說並沒什麼不妥，但如果不繼續為他們做一點事的話，我就是會渾身不對勁；因為沒有持續的追蹤，就沒有進一步的探討，而這些患者的未來，似乎也就沒有了希望。

「胡安最近好嗎？」蘿拉問。

「你何不自己問問他呢？」瑪格麗塔說。

神奇的事情發生了，胡安竟然又能夠說話、刷牙、吃飯和走路了。

當蘿拉跟我回報這個消息時，我驚訝得差點跌下椅子，不敢相信這是真的！「妳是說胡安康復了？他從鬼門關回來了！」我大喊，我是個只要一興奮用詞就會比較誇張的人。

蘿拉完全明白我的意思，她說：「顯然是這樣。」

我從未見過，或聽聞過任何跟胡安類似的案例。有時候是會有病人從「完全沒有反應」的植物人狀態，進展到「偶有反應」的最小意識狀態。但胡安的狀態完全不同。就像我的第一位患者凱特，胡安又能說話了，而且他甚至還可以「走動」。

你還記得我嗎？

胡安腦傷的好轉情況史無前例，這激起我滿心的好奇，想知道當初他在接受我們掃描時，是否真的是處於植物人的狀態。他是真的從意識的灰色地帶逃脫了出來嗎？還是他的意識根本從來沒有到過哪裡？或許當時他只是身體暫時性的癱瘓，四肢無法移動，才會讓人先入為主的判定他是植物人，但事實上，他其實只是無法反應？

我重新確認了一遍胡安的醫療紀錄，這些醫療紀錄是為胡安轉診的醫師給我們的副本，涵蓋了胡安過去就醫時所做的所有檢測和掃描結果。

醫療紀錄上顯示，許多神經科醫師和治療師都曾評估過他的腦傷，且每一個人都明確表示胡安的大腦受到永久性的重損，餘生恐怕僅能以植物人的狀態度過。不僅如此，電腦斷層掃描的影像也顯示，胡安當時的大腦的確有廣泛性的損傷。

我緊急召集了實驗室的所有人員開會。我們實驗室的每一個人都曾接觸過腦傷患者，儘管他們不是人人都見過胡安，但我還是希望集思廣益，想出一個所以然。於是沒多久，我們一大群，至少十二個人以上的實驗室成員，包括我的研究專員、學生和博士後研究員，全聚集到加拿大西安大略大學大腦與心智研究所的小小研討室裡，熱切討論對胡安這個個案的看法。

最終我們得出一個結論：我們必須盡快讓胡安回到倫敦市重新接受評估。如果我們再拖拖拉拉、不採取行動，胡安很可能會因為狀況持續好轉、人生重回正軌，而不願再協助我們進行研究；更糟的是，他的好轉也可能只是曇花一現，說不定之後不知何時，他又會回歸到我們七個月前評估他的狀態。

我非常清楚我想要從胡安身上知道些什麼。我想問他，他是否記得去年來倫敦市接受掃描的任何經過？這不只是純粹出於好奇，我們也希望透過胡安的答覆更了解其他患者的心聲。

這些年來，雖然我們看過部分腦傷患者的意識狀況不若肢體上的那樣毫無反應，但我卻從沒有碰過一位患者，有辦法在日後親口告訴我們當時他在掃描儀裡的感受。我想問問他，那種被身邊所有人誤以為是植物人的狀態，讓他有什麼樣的感覺？

那時候胡安有試圖移動身體、說話或是對旁人釋出任何他還有意識的訊號嗎？我想要知道當時我們對胡安使用的所有臨床儀器和診斷工具，對他這樣的病人會造成什麼樣的「感受」。

更重要的是，比起其他間接證明患者意識的證據，患者本人的自白應該是證明自己有意識的最佳證據吧？

如果胡安可以清楚描述他在掃描儀裡做過的檢驗內容，那麼我們就可以確定他當時意識清醒。否則他怎麼可能知道那時候他在掃描儀裡受檢的內容？以胡安的狀況來說，取得他對受檢過程的自白非常重要，因為當時他的掃描結果讓人看得一頭霧水，我們根本無從判斷他是否有意識，所以現在既然我們有機會從他本人口中直接探問到答案，何樂而不為呢？

為了看看胡安是否記得任何曾經跟我們相處過的經驗，我們特別為他設計了一系列的小測驗。就科學的角度來看，要從胡安口中得到確切的答案並非想像中的那麼容易，因為我們必須先重建他七個月前造訪我們的所有情景，才有辦法知道該怎麼從他口中問出可信的答案。

試想，如果朋友介紹了一個新朋友給你認識，你想知道你們兩個人在七個月前是否參加了同一場派對，你會怎麼做？你會問他記不記得派對上的某一個人？還是你會給他看派對場地的相片，看他對那個舉辦地點有沒有印象？

不論你打算採取哪一種做法，前提都必須是那位新朋友記得你所提出的那些派對細節，否則萬一你那位新朋友剛好都「不記得」或是「沒印象」你說到的細節，那麼你再怎麼問也是白搭。可是，就算他不記得你說的那個人，或是沒印象你給他看的那個派對場地，也並不表示當時他沒有參加過那場派對。

或許他只是沒有注意到那個人，也或者是他對這類事情的記性本來就不太好。像我本身就屬於後者，基本上我就連七個月前曾經參加過哪些派對都記不太清楚了，更不用說那些派對上出現過的人物或是派對舉辦的地點了。再說，即便我真的記得七個月前曾參加過一場派對，但老實說，我也根本無從判斷眼前這個人我是在哪一場派對上見過。

在相似的場景中，想不起自己是不是曾在某一個特定的場合見過某一個人，是每個人或多或少都曾碰過的問題。假如我們腦中一次只要記得一件事，而且在每個特定場合中最多也只會碰到一個人，那麼事情就會簡單許多。

問題是，現實生活不可能如此。一整年當中，絕大多數的人都會參加好幾場不同的派對，與會者往往也都不盡相同；其中有些人事物可能會讓我們印象深刻，但有些則否。

心理學家把這種因為訊息雷同，導致我們在一段時間之後，對記憶產生些許不確定感的現象稱之為「干擾理論」（interference theory），在我們剛剛說的派對情況下，干擾理論就會讓我們搞不清楚自己到底有沒有在某一個場派對中看過某一個人。

所幸，胡安的情況對我們來說還算有利，因為一般來說，大部分人接受功能性核磁共振造影掃描的頻率不太可能比參加派對還高（至於我們實驗室的成員可能各個都是例外，我們每一個人接受掃描的頻率大多比參加派對高），而對胡安來說，我們七個月前為他做的那一次掃描，更絕對是他此生絕無僅有的經驗。

同樣地，我們為他做過的其他檢測（神經學檢查和腦波評估），都很可能是他年輕人生中極為獨特的經歷，也就是說，他在這方面的記憶不太可能因為其他雷同的場景受到干擾。

更何況，他在那一週裡見過的許多人、事、物都是他平常不可能見過的，這些都會是我們確認他當時記憶的絕佳線索。只是儘管如此，在探問胡安對那一週記憶的時候，我們還是有可能會碰到一個一開始我們就提到的狀況：他可能完全不記得有關那一週的任何事情。

不過，誠如我們稍早說的，他不記得不表示他當時沒有意識，我們只能說，如果他能記得他曾經躺在掃描儀裡、見過我的學生或是被要求觀看希區考克影片的任何一段瞬間，那麼我們便有充足的證據可以證實他當時具有意識。

我們先列出了胡安在倫敦市期間，我們帶他去過的所有地方，包括醫院、救護車以及位在羅巴茲研究院（Robarts Research Institute）的掃描室；接著，我們有列出了曾經為他評估過意識狀態的人，諸如我的研究專員蘿拉、還在寫碩士論文的研究生史帝夫，以及其中一位為胡安檢測腦波的博士後研究員戴米恩（Damian Cruse），皆為名單上的一員。

列出這些名單後，我們便著手準備了一套可以代表這些地點和人物的圖片，並在這些圖片中穿插一些做為「控制組」的圖片。這些控制組圖片上出現的地點或人物，都是胡安上次造訪倫敦市沒見過的，例如大腦與心智研究所的實驗檢測室，還有另一位在實驗室裡做其他研究項目、從未見過胡安的研究生。

面對這一切，我們必須盡可能地小心謹慎，確保所有的準備都萬無一失，畢竟我們大概也只有這一次機會能夠知道胡安當時的狀態。一方面是因為，我們能列出的地點和人物名單其實並不多；另一方面則是因為，我們不能重複給胡安看這些圖片。

對我們來說，一旦胡安無法第一眼就認出是否見過這些圖片中的地點或人物，這些圖片就失去了檢測他記憶的效力，因為就算胡安在第二次看到這些圖片時記起了圖片中的地點或人物，但我們也永遠無法確定，他到底是想起了之前在植物人狀態造訪此地的記憶，還是因為後來看了這些測試他記憶的圖片，才覺得自己看過這些地點和人物。

他的意識確實很清醒

這次胡安和他的父母造訪倫敦市時，我們把胡安送到了帕克伍德醫院。

胡安坐在輪椅上等待做記憶檢測時，我注意到他的表情沉靜到近乎陰沉，這在我眼中看來實在是有一點弔詭，因為一個生命出現如此巨大轉變的人，竟然沒有欣喜若狂的感謝未來的每一天不必再躺在床上虛擲光陰。

胡安就只是安安靜靜、面無表情的坐在那裡。或許這就是胡安目前恢復的狀態，儘管他重拾了某部分的生理功能，但他原本的個性卻被遺落在某一個不知名的角落。也或許，胡安只是還需要一點時間去適應現在這個樣子的自己。

檢測室裡每一個研究人員的心都懸得老高，整個空間充斥著一觸即發的緊張氛圍。雖然我們籌備這項檢測的時間並不多，但我們仍極其謹慎地把所有可以探測胡安當時記憶的資料備齊。這場記憶檢測的執行者是史帝夫和戴米恩，整個檢測過程都是由他們兩人對胡安提問。

胡安的回覆讓大家覺得不可思議。沒錯，他記得七個月前曾滿心恐懼的在一個漆黑的艙體裡接受掃描；他記得他看過希區考克的影片；他仔細地描繪出了蘿拉的面容，也清楚記得史帝夫幫他做過腦波圖。

在那個星期，我們除了曾經用一系列的行為學評估法和兩次的功能性核磁共振造影技術掃描、診斷胡安的狀態，也曾用新建立的腦波檢測技術檢測胡安的大腦活動狀況；這一切的所作所為，就是希望可以從中找出一些他擁有意識的蛛絲馬跡。

胡安如此陳述他記憶中的史帝夫：「他的聲音很低沉，那時候他把電極放在我的頭上。」史帝夫的聲音確實很低沉，還有「他把電極放在我的頭上」是對腦波檢測相當貼切的描述。記憶檢測的結果證實，胡安記得他初次造訪倫敦市的每一件事情，就連那些枝微末節的小細節他都記得一清二楚。

我不知該如何言喻我內心的那股震撼。過去數年來，我們看過許多患者在做完制式的臨床檢查後，直接被歸類為植物人，而這些患者只有在掃描儀裡執行想像打網球之類的心理任務時，才能夠告訴我們，事實上他們仍保有意識。

但是要患者康復後，親口告訴我們他當時在掃描儀裡的感受？這件事從來沒有發生過，過去沒有半個患者能夠這樣當面告訴我們。

我們終於得到了一個無懈可擊的證據，證明即使胡安的外表完全呈現植物人狀態，但他還是能夠保有完整的意識，體驗到人生中經歷到的每一個環節。

想想看，如果胡安在被我們推進掃描儀的時候意識不清醒，他怎麼可能描述得出在裡面的感受？如果我們用那部影片刺激了他聽覺皮質的時候他沒有意識，他怎麼可能知道我們播的是哪一部影片？還有他怎麼可能認得史帝夫？

在胡安七個月前首訪倫敦市之前，他們兩人根本素未謀面，當然，從那次會面，直至胡安的病況顯著康復期間，他們兩人也沒再碰過面。

唯一可以解釋這所有現象的就是：在胡安看似植物人狀態的這幾個月，他的內心其實仍奮力對抗醫學對他的評斷，不斷監控和記住每天出現在身邊的各種人事物。

不過，在這項論述中，「最令人在意」的一點或許是，胡安在這段期間竟然還擁有這麼棒的記憶力。再怎麼說，他的大腦當時已經因為缺氧而出現大面積的瀰漫性損傷，怎麼可能還有這樣的記憶力？

我越是去細想胡安的狀況，就越是發現意識的多面性著實令人難以捉摸，更了解到我們對它的認識是多麼冰山一角。那時候我們已經用盡一切方法去檢測胡安的意識狀態，包括所有能夠檢測大腦活動狀態的心理任務，還有我們手中握有的每一項新穎檢驗技術，但是，我們還是絲毫沒有偵測到任何當時明明就存在胡安大腦裡的意識。

更神奇的是，雖然我們當時分毫未察胡安就跟你我一樣，能夠「有意識的感覺到」每一個掃描的過程，可是他還是自己努力在意識灰色地帶的迷霧中，找到了一條路，逃離了那個猶如萬丈深淵的境地。

直到那一刻，我才體悟到，原來我們的意識擁有這麼強韌的恢復力，而這個事實也迫使我不得不去重新反思何謂「人類的本質」，以及人要具備哪些條件才可以被定義為「活著」。

還有，我們是否真能如此果斷地說，某位患者一輩子都不可能再恢復意識？莫琳的掃描結果沒有顯現出任何她有意識的跡象，但胡安也是如此。所以，有沒有可能其實，莫琳和其他類似狀況的患者仍擁有一線希望？

胡安還有許多事讓我們百思不得其解。譬如，倘若他在初次造訪倫敦市的時候，意識完全清醒，那麼為什麼我們卻偵測不到半點他在掃描儀裡傳達出來的訊息？為什麼他不能想像自己在打網球，或是在自己家裡走動的畫面？為什麼希區考克的影片只活化了他的聽覺皮質區，卻沒有活化他的額葉和頂葉（這兩個大腦區域若活化，就表示他跟你我一樣，能夠理解影片中鋪陳的每一個劇情轉折）？

甚至，我們在兩天後再次對他執行相同的掃描程序，也依舊一無斬獲。老實說，面對胡安初次造訪倫敦市時的一切負面結果，我們始終想不出個所以然。

我們知道胡安在受檢期間一定沒有睡著，因為掃描儀裡有安裝一台微型的攝影機，它會即時回傳胡安在掃描儀裡的面部畫面；當時我們在控制室裡的電腦螢幕上，看到胡安的眼睛在檢測的過程中一直是睜開的。

另外，如果他睡著了，他又怎麼可能如此清晰地記住這些有關掃描的細節？或許，胡安之所以會有這樣的掃描結果，是受制於他腦傷的特殊狀況；也就是說，儘管他意識清醒，但生理狀態卻不允許他適時做出反應。

又或者，他當時的意識狀態並不穩定，所以就算有時候他突然意識清醒，也僅能勉強記得當下發生的事情，無法做出回應。也有可能，他純粹只是不想回應我們？我們完全無從得知。

在檢測完胡安對首次造訪倫敦市的記憶後，我們確切知道的事實只有：不管當天他在掃描儀裡的表現如何，但他那一天的意識確實清醒到足以體會、記憶和敘述那天發生的每一件事。

當時我很害怕

在胡安第二次造訪倫敦市，並以出色的狀態完成記憶力檢測的一年多後，我決定開車到他家看看他現在的狀況如何。

儘管蘿拉在這段期間仍一直跟瑪格麗塔保持聯繫，我也知道胡安的狀態有不斷好轉，但我就是想要親眼看看他的現況，順道問他一些已經在我心中糾結多時的問題。

我把車子轉入胡安家的那條街。他們家位在多倫多郊區一座有規畫的社區裡，社區裡的房舍清一色都是兩層樓的舒適獨立樓房，井然有序排列在社區的街區上。一頭黑髮的瑪格麗塔親切地請我進屋，我注意到他們屋前有一道專為胡安修建，方便輪椅進出的坡道。

「他會晚幾分鐘到家，」瑪格麗塔說，「他平常都搭公車上下課，但今天他爸爸開車去接他。」胡安竟然能自己搭公車？而且還去學校上課？

我簡直不敢相信自己耳朵聽到的話，我發現自己對胡安又有了全新的認識。我是知道胡安的狀態有不斷好轉，可是這樣的好轉遠遠超乎我的預期。

但願我在跟瑪格麗塔繼續閒聊時，沒有把心中的這份懷疑表露得太明顯。「我們去找你的時候，真的是面臨人生最黑暗的時刻。」瑪格麗塔說。

「是你給了我們希望。醫生都說胡安的大腦沒救了，他沒有半點康復的機會，也沒有其他的可能性。後來是加護病房的管理人員跟我們提到了你。」

此時前門打開了，胡安坐在輪椅上，雙手推著輪椅的輪子，把自己推進了屋內。看到這一幕，我心中的震撼感和好奇心更重了。

胡安看起來活力充沛，不僅黑髮修剪的俐落有型、黑瞳炯炯有神，就連他一年前在倫敦市看起來不知遺落何處的人格特質，此刻彷彿都重新回到了他身上。

「你想跟我談些什麼？」他問。

我先請他告訴我，他被轉診到我們那裡掃描大腦活動狀態前，發生意外後，他被送往醫院急救的感受。

「我覺得我整個人好像被困住了，但我沒有因此感到害怕或是絕望，因為我知道最終我一定會突破這道束縛我的障礙。」胡安說這些話的時候，字字充滿情感，這一點讓我更加確信胡安之前遺失的情感表達，現在都已經回到他身上了。

「這段期間你有試著移動身體或是說話嗎？」

「我一直都有試著開口說話。」

「那時候你很不舒服嗎？」

「沒有。我只是覺得自己被封印在身體裡，沒辦法控制它的行動。」

「我曾經拿冰塊碰他的腳掌過，」瑪格麗塔說，「也曾經拿咖啡豆給他聞過。為了讓他接受可能可以改善他病情的治療，我甚至自己帶著他去康復中心做了一百二十次的高壓艙療程。」

許多腦傷患者的家屬在患者被宣判為植物人後，都會另外為患者找尋其他可行的療法，瑪格麗塔提到的高壓氧治療就是其中之一。高壓氧治療是一種讓人在加壓室或是加壓艙裡吸純氧的療法，常用來治療俗稱潛水夫病的減壓症（decompression sickness）；潛水員如果從海底上升至海平面的速度過快，就會發生這種疾病。

在高壓氧治療的加壓艙裡接受治療時，艙體裡的氣壓會增加為正常氣壓的三倍，因此相較於在正常氣壓下吸純氧，這樣的高氣壓環境可以讓接受治療的人有機會吸進更多的氧氣。

簡單來說，高壓氧治療就是一種增加人體血液含氧量的方法。還有部分證據顯示，高壓氧治療對改善重度感染也有幫助。在醫師對胡安的病情一籌莫展的情況下，瑪格麗塔和胡安的其他家人決定讓胡安試試高壓氧療法。

「當時院方根本不曉得該怎麼處置胡安的狀況，」瑪格麗塔說，「他們就只是不斷開一堆藥物給他吃。三個月裡，他們連續開了七個抗生素的療程給胡安，這讓他的免疫力變得很差，持續高燒了四、五天。

後來是高壓氧治療增強了他的免疫力，他高燒的狀況才有改善。我還有聘請一位營養師，他對腦傷的食療非常有經驗，為胡安調配了專屬的營養補充配方。我想，胡安現在的狀態不是偶然更非奇蹟，這全都是因為我們竭盡一切，努力幫助胡安康復的成果。」聽完瑪格麗塔的補充說明後，我又把我們對話的重心導回到胡安的個人記憶和經歷上。

「你還記得我們第一次掃描你的感受嗎？」我問他。

「我很害怕。」胡安的話語再次充滿了情感。我不禁開始好奇，胡安的生理和心理狀態是不是都是這樣分階段、一點一滴從意識灰色地帶重返正常的。

一年前他回到倫敦做記憶力檢測時，確實是已經找回了某部分的自己（他的身體、記憶和生理機能），但同時，他似乎還是遺失了某一部分的自己，而這一部分顯然就是他的個性。

現在，這個代表胡安形象的重要本質終於回來了，雖然目前他的個性可能還稱不上是百分之百的回歸，但至少我知道，往後胡安的身、心狀態必定都會日趨完整，回歸到那個過去他親友眼中認識的胡安。

不論是患者或是健康的受試者，當時我們已經為成千上萬人做過功能性核磁共振造影的掃描。縱使偶爾確實會有人因掃描感到焦慮，但機率非常低。

「你為什麼會害怕？」

「因為我搞不清楚接下來要幹什麼。」

聽到他的回答，我不得不接著問他這個問題：「所以你的意思是說，我們第一次把你推入掃描儀時，沒有充分告訴你接下來會發生什麼事？」

他直視我的雙眼，說：「沒錯！」

他的答覆讓我十分震驚。因為不管患者看起來像不像植物人，我們總是會不遺餘力地向他們說明，接下來的掃描大概要做些什麼，但我猜想，有時候我們在這方面的說明可能做的還是不夠徹底。

不過，這還不是最糟的，胡安接下來說出的話，對我的衝擊更大。他說：「我害怕得要命，還不斷哭喊。」

我們在替患者掃描的時候，皆會利用安裝在其內部的小攝影機密切掌控患者的面部狀態。可是我們團隊在掃描胡安的期間，並沒有發現他臉上出現任何哭喊的表情。

「你有哭出眼淚來嗎？」

「我流不出眼淚，但我還是不斷哭喊。」

自從聽了胡安的這段自白後，往後我在為每一位患者掃描時，總會想起這個令人心碎的瞬間。我更進一步追問胡安：「你覺得你記得第一次造訪倫敦市發生的每一件事嗎？」

「當然，每件事我都記得一清二楚。」

跟胡安談到這裡，我幾乎可以百分之百肯定，現在在我眼前的胡安，他的思考邏輯和口語表達已經回到了他發生意外前的模樣。雖然他的回答都很簡短，大多只有短短一句話，但是卻句句都表達出完整的意思。

他只會針對我提出的問題應答，不會隨意岔開話題，說一些我沒有問到的事情。不過有的時候，他還是會不經意地離題，說到一些其他的事情，這對他這種歷劫歸來的人來說很正常，他們總是會有一些特別想和旁人傾吐的事情；而從他這些不經意的言談中，我也得以更深入的窺見他的世界觀，了解他對生活中各種經歷的看法。

它不太受我控制

在接下來一個小時左右的時間裡，胡安又陸續告訴我和讓我看見許多不可思議的事情，其中一件事就是走路給我看。他先把自己推到廚房那裡，他的父母在廚房旁邊的空間架了一套雙槓的復健走道，然後他撐著雙槓從輪椅上站了起來，一次一步的緩緩沿著走道向前走。

我注意到他移動左腳的靈活度並沒有像右腳那麼好。「你移動左腳的時候，有什麼感覺？」

「我好像要費盡千辛萬苦才有辦法移動它。」

「你的意思是，它不太受你控制？」

「對，我就是有這種感覺。」

「那你的右腳呢？」

「我的右腳很聽我的話。」

走到復健走道另一頭的胡安費力地在雙槓之間轉身，緩緩走回輪椅所在的位置，然後再一次費力地轉身，之後便一屁股坐回他的輪椅裡。

「胡安，你真是太棒了！」我忍不住脫口而出，但馬上就覺得這句話簡直是愚蠢至極。因為跟胡安現在的成就相比，這根本就不足掛齒。

胡安在大腦還沒有受傷前，原本就是一位小有名氣的新生代ＤＪ。我去找他的時候，他已經又重新開始玩混音了。他當場跟我們露了一手他的混音技巧，只見他的手緩慢但卻穩健的操控著滑鼠游標，在螢幕的混音介面上調節著控制音樂風格的各種音軌，頃刻間滿室都充盈著他混製的歡快樂聲。從胡安混音的表現看得出來，他已經完全恢復了執行精細動作的能力，儘管動作有一些緩慢。

我問他，是否有發現自己在認知方面出現了什麼障礙。

「思考。我在思考事情的速度比其他孩子慢，但最終我都還是能理解那些事情，只是需要花多一點時間。」

思考遲滯（bradyphrenia）是常出現在腦傷患者身上的症狀，某些神經退化性的疾病，如巴金森氏症，也會造成這種狀況，只是之前我從來沒聽過一個腦傷病人「親口告訴我」這件事。

對巴金森氏症患者來說，思考遲滯算是主要症狀之一。雖然巴金森氏症患者的行動力本來就會變慢，但即使把慢動作的因素納入考量，他們思考的速度也明顯比一般人遲緩許多。

我在念博士班的時候就發現，如果你給巴金森氏症患者一個簡單易解的任務，他們最終雖然也可以完成這項任務，但他們花的時間卻會明顯比其他健康的長者多。至今仍沒有人知道造成這些患者思考遲滯的確切原因，可是有人推測，可能是他們大腦缺乏多巴胺的緣故，因為缺乏多巴胺會導致行動變慢，說不定它對思考的速度也有相同的影響力。[1]

基本上，巴金森氏症患者只要病情控制得宜，他們的生活並不會有太大的改變，就只是速度全都放緩了一些。這種全面放慢患者生活步調的狀況就好比：車子減速不是因為油箱沒油，而是因為煞車一直被踩著。

胡安沒有巴金森氏症，但是在某些方面，他的症狀跟巴金森氏症的確頗為相似。我想，或許他之所以會有這種類似巴金森氏症的症狀，主要是跟他的蒼白球受損有關。

胡安說的「我的左腳不太受我控制」，讓我想起一些巴金森氏症患者也曾說過這樣的話。根據那些患者的說法，他們覺得自己的那條腿彷彿不再屬於自己，因為它就像是擁有了自己的生命般，不再聽命於他們。

無獨有偶，就在最近我也聽過其他腦傷患者有類似的感受。二〇一六年我去探望我們在一九九七年掃描的首位腦傷患者凱特時，她也有提到這種「解離感」或是「分離感」，但她是覺得她的大腦一直在跟她唱反調。

「我覺得我的大腦好像不再是我的了，」她說，「它不太受我控制。」胡安同樣出現了這樣的解離感，不過幸好他的狀況沒有凱特嚴重，他覺得不受控制的只有他的左腿。

然而就算胡安的復原狀況如此非凡，他還是認為某部分的他依舊遺落在意識灰色地帶的某處，沒有完全回到他的掌控中。

醒來並非「康復」

胡安並非是第一個如同奇蹟般，從意識灰色地帶重返這個世界的腦傷病人。二〇〇七年，這類奇蹟也曾發生在六十五歲的波蘭鐵路工人詹・格羅柴布斯基（Jan Grzebski）身上；他十九年前因為腦瘤陷入昏迷狀態，但十九年後，他卻從昏迷中「醒來」，這件事讓他成了當時新聞爭相報導的頭條。

格羅柴布斯基醒來之後，他記憶中的世界早已變得面目全非。他記得在他陷入昏迷前，波蘭還是由共產黨執政，那時候商店裡只有販賣「茶和醋」，肉品是定量配給，而且處處都可看到為石油排隊的長長人龍。

「現在我看到街上的人，幾乎人手一支手機，商店裡販售的商品更是五花八門，看得我眼花撩亂。」他在波蘭的某一個電視節目專訪裡說。另外，在他被困在意識灰色地帶的這段期間，他也陸續多了十一個孫子。

格羅柴布斯基的故事宛如德國電影《再見列寧！》（*Good Bye, Lenin!*）的翻版，而且就跟這部國際賣座的電影一樣，他引人注目的經歷也廣受世界各地的媒體報導。福斯新聞（Fox News）當時甚至以「活死人甦醒」的聳動標題報導格羅柴布斯基。

格羅柴布斯基把自己得以醒來的功勞歸功於他的妻子格翠妲。因為即使醫生說他永遠不可能康復，還說他只會再活個兩到三年，但她從來沒有放棄過他。

十九年來，她「每一個小時」都會為他翻身，以免他產生褥瘡；光是從這個舉動就足以看出，格翠妲對格羅柴布斯基的愛真的是堅貞不渝。

可惜，就在格羅柴布斯基「醒過來」一年之後，那顆曾經讓他陷入十九年昏迷的腦瘤，還是在二〇〇八年奪走了他的性命。

除了格羅柴布斯基以外，醫療史上還有另一起廣受報導的「植物人清醒」個案。這名個案的主角是美國阿肯色州的泰瑞・沃利斯（Terry Wallis），一九八四年他駕駛的小貨車在橋上打滑墜橋，他的頭部亦在這場意外中不幸受到重創，所以車禍之後，他就一直昏迷不醒，呈現最小意識狀態。醫生對他的預後相當不樂觀：他們說他永遠都不可能清醒。

儘管如此，二〇〇三年沃利斯卻神奇的在三天之內，慢慢地從意識灰色地帶裡「醒了過來」。只是醒過來後，他的時間還停留在一九八四年，而且以為自己才二十歲！對他來說，十九年的光陰就像是一眨眼就過了。在這段時間，「他」身在何方呢？他的大腦又是如何運作？

儘管醒過來的沃利斯心智還停留在二十歲，但歲月不饒人，他深陷在意識灰色地帶的期間，身體依舊不停老化，肌肉更因為長期臥床萎縮了不少，無法正常活動。除此之外，雖然沃利斯清楚記得意外發生前的每一件事，可是他的短期記憶卻大不如前。

也就是說，不管是在生理或是心理方面，這十九年的昏迷時光，還是或多或少的奪去了沃利斯某部分的正常能力。一如胡安的狀況，我們想不透是什麼原因讓沃利斯突然清醒，也搞不清楚是什麼原因讓他的腦袋無法再記下新的資訊和經歷。

我們因為胡安對意識灰色地帶有了全新的認識。他的康復狀況不僅令人震撼，更讓我們有一種見證奇蹟的顫慄感。畢竟，胡安在昏迷指數的評估上曾經只得到最低總分的三分，但我最後一次見到他的時候，他卻已經可以像個專業 DJ 那樣混音、玩音樂。

那時候瑪格麗塔一直強調，胡安能夠順利康復，家人積極正面的態度功不可沒。為了專心照顧胡安，帶他去做各種額外的治療，當時她毅然決然地離開了工作崗位長達半年的時間；為了籌措龐大的醫療費用，他們還在網站上募款，最終順利募得了約四萬五千美元的善款。

說實話，大多數的人都會認為：只要擁有充足的意志力、愛、家庭支持力、金錢以及運氣，人人都有機會獲得這種奇蹟般的結果。可是我卻不這麼認為。每一顆大腦都是獨一無二的，每一個大腦「受損的狀況」也不會一模一樣。

意識灰色地帶是一個另人摸不透的神祕、複雜之境，即便過去二十年間，我們已經研究了大量意識處於這個脆弱、纖細狀態的病人，但我們依然不太清楚為什麼有些人可以從那個神祕之境重返這個世界，有些人卻無法。

另一方面，對那些得以重返這個世界的人來說，「康復」（recovery）這個單字也絕非字面上所代表的那個意思。

極少數的人可以跟胡安一樣幸運，「康復」在他身上代表的就是「重返大學、自己搭公車，還有跟朋友聚在一起」；至於對其他徹底逃脫意識灰色地帶的人來說，凱特的狀態或許比較能說明「康復」對他們代表的意義。

沒錯，凱特是從意識灰色地帶回到這個世界了，她再次擁有了自行表達想法的能力，也正在一天一天慢慢地重建尚未恢復的行為能力，可是她若想要回歸到近乎常人的生活狀態，恐怕還有很長一大段路要走。

不過，不論是胡安或是凱特，他們的狀態都已經比絕大多數的腦傷患者好上許多，因為絕大多數的腦傷患者，就算是在做完大腦活動狀態的掃描後，也都僅能讓他們原本三分的昏迷指數，稍微再往上加個幾分，晉升為稍微具有一些反應能力的患者。

這些患者的狀態就像是腦袋的一部分已經從意識灰色地帶的深沉海面浮出，但身體的其他部位仍尚未掙脫意識灰色地帶的束縛一般。

幾年前，我在期刊上發表的論文，就不再使用「康復」這個單字。不是因為我覺得沒有人從腦傷中「康復」，而是因為「康復」一詞對我們這些相對健康的人而言，有著太過強烈的含意，它會讓大家對那些努力想要「康復」的腦傷病人有著過度不切實際的期望。

一九八一年，我成功戰勝癌症「康復」。儘管病癒之後，我還是有一些健康上的小問題，但整體上，我的健康狀態十分良好，生活也完全回歸正軌。

然而，重度腦傷患者的「康復」可不是這麼一回事，我很少見過他們恢復到所謂的「正常」人生。說得更明白一點，絕大多數的患者都不可能百分之百康復。

我在這個領域研究的二十個年頭裡，胡安大概是我所能舉出的最佳「康復」個案，但像他這樣的病人可說是少之又少、屈指可數（可這也告訴我們，不管希望多麼渺茫，永遠不要輕言放棄）。

況且，就算胡安幾乎全面掙脫了意識灰色地帶的束縛，但他曾經深陷其中的經歷，仍必定會讓他的視野和人生態度與以往不同，因為再怎麼說，胡安確實是體驗了絕大多數人一輩子都不會，也不該碰到的特殊考驗。

大腦決定了我們是誰

大腦跟人體的其他器官不一樣，任何一種腦傷都可能對患者造成長久且廣泛的影響。我們換掉腎、肺、心、肝或其他器官後，雖然有一小段時間身體狀態可能會不太穩定，但基本上我們還會是原本的那個自己；儘管這些曾危及我們生命的大病仍難免會在我們心理上造成一些傷疤，但最終多數的人還是可以順利回歸到正常、甚至是跟生病之前一樣的生活型態。

遺憾的是，重度腦傷對人體的影響卻截然不同。嚴重的腦傷會全面性的改變我們整個人的狀態，讓我們在活動、反應、互動或是回應的能力上皆大受衝擊。最重要的是，大腦一旦受傷後，其康復之路一定會比其他器官更為崎嶇難行。

至少到目前為止我們都還無法移植大腦，但就算我們可以，移植大腦對我們的幫助也跟移植心臟和腎臟南轅北轍。

因為，移植大腦後，「我們」不會就此康復，「我們」會變成別人。手術後我們的容貌看起來或許沒變，但腦袋裡裝著其他人的大腦，我們就換變成另一個完全不同的人。

相反地，如果把你的大腦移植到其他人身上，你不會變成那個人，你還會是原本的那個你；雖然你的容貌變了，甚至會或多或少感受到身體上的不同之處，可是原則上，你還會是你，擁有相同的思維、記憶和個性，只是住到了另一個人的身體裡。

除此之外，你對萬物的感受、看法、體悟和情感等（它們都是構成我們在意識體驗世界的元素），大致上也會保持原樣。這就像是你做了一個天衣無縫的易容術，雖然外表變了，但骨子裡卻還是同一個人。

凱特告訴過我，儘管醒來後她的能力大不如前，可是她內心的那個自我卻還是跟過往一樣，值得擁有跟其他健康人相同的愛、關注和尊重。胡安也是，我很確定他的內心還是跟意外發生前一樣，縱使他可能還是有某部分的狀態因為這場意外出現些許的改變，但那些改變絕非是指他生理或是認知功能的衰退，而是其他細微到難以言喻的微妙轉變。

這個事實讓我大感驚奇，因為我們是誰、我們的存在，還有那個讓我之所以是我、你之所以是你的核心本質，在大腦出現如此災難性的損傷後，顯然依舊難以撼動、改變。

看來，這是一條沒人例外的鐵則：大腦決定了我們是誰。

第 14 章

帶我回家

我看過這些國家的興衰
我聽過他們的故事，所有細節都沒遺漏
但愛才是生存下去的唯一力量

——加拿大詩人音樂家　李歐納．柯恩（Leonard Cohen）

胡安成功逃脫意識灰色地帶的非凡事蹟，猶如給了我一記當頭棒喝，讓我領悟到，我們永遠追趕不上意識的腳步。在找到用希區考克影片探測意識的方法之際，我們還沾沾自喜地以為覓得了一個完美的檢測方法，以為它可以萬無一失地幫我們探測出藏在患者大腦中最深沉、幽暗角落的意識蹤跡。

但，即便有了希區考克的影片相助，我們還是再次錯過了存在於胡安大腦裡的意識。依胡安的敘述來看，那段期間他的意識確實再清醒不過，可是當下我們卻絲毫未察他擁有意識。

對腦神經科學家來說，功能性核磁共振造影是一個功能強大的工具，過去我們也一直將它對研究的幫助推向新的境界。再加上近日電腦科技的日新月異，我們更得以藉由是非題的方式跟史考特和傑夫這類的病人溝通，讓我們離直接與他們雙向溝通的夢想又靠近了一大步。

同時，我們在這段探索意識灰色地帶的歷程，亦有助於我們釐清組成意識的基本架構。比方說，我們就更了解大腦是如何執行記憶力、注意力和推理能力，乃至它是如何把這些能力統合成所謂的「智力」；還有這些能力又是如何從我們腦袋裡由灰質和白質組成、僅三磅重的大腦無中生有（欲了解我們闡明這些問題的方法，請至 www.cambridgebrainsciences.com）。[1]

我們就跟世界各地的其他科學家一樣，不斷藉助這項超凡科技的力量刻劃出人類思維和感受的骨幹，並試圖找出大腦功能與人體意識世界運作、身分認同形成之間的重要連結點，進而了解歲月是怎麼樣形塑出每一個人的態度。

懸疑大師希區考克的影片證實，我們對一件事的想法和感受與我們自身的意識體驗和心智理論關係密切，有了它們我們才有辦法設身處地的理解其他人的心態。

儘管目前為止，功能性核磁共振造影掃描儀幫助我們探究了那麼多有關大腦的奧祕，可是它所費不貲，而且要讓患者到掃描儀裡接受掃描也必須克服許多難關，這些皆大大限制了家屬直接與他們墜入意識灰色地帶的心愛親人溝通的機會。

簡化檢驗的流程和工具是未來我們在此領域勢在必行的部分，我們必須盡可能把現在這套笨重又昂貴的檢測儀器轉變成更小巧、好操作的形式；如此一來，每一個像我這樣的科學家或是其他專業醫療人員，就可以人手一台，迅速且即時地檢測患者的意識狀態。

另一方面，那些投入大量精力，只為了重新喚回親人回應的家屬，也有機會藉此如願以償。接下來我要說的溫妮芙蕾德，就是這類家屬的代表，我想她對患者付出的心力大概沒多少人可以比擬。

二〇一〇年五月的某一天晚上，溫妮芙蕾德突然從睡夢中驚醒，當時差不多是凌晨三點半，她想她可能是被睡在她身邊的老公倫納德的鼾聲吵醒。當下溫妮芙蕾德出於本能地覺得狀況不太對勁，「我從來沒有被他的鼾聲吵醒過，」她說，「雖然說我這個人本來就是一睡著，就連天塌下來也不會知道。」

那個晚上，這一家人的世界確實天翻地覆。不知道為什麼，溫妮芙蕾德知道她老公出狀況了。原本她以為老公做了惡夢，試著叫醒他，但她怎麼也叫不醒他，她放聲叫喚她的兒女來幫忙，他們就睡在他夫妻倆旁邊房間。

她的兒子打了九一一求救，醫護人員要溫妮芙蕾德和她的孩子先把倫納德抬離床面，讓他平躺在地上。這不是一件容易的事。倫納德的塊頭很大，年輕的時候他曾經在孟買當過船員，也在杜拜的船塢工作過。

溫妮芙蕾德推估救護車大概是在十到十五分鐘後抵達。「等待救護車到來的期間，我一直不斷在心裡默數時間。」她說。醫療人員抵達現場前，倫納德的呼吸就停了，他們迅速判定倫納德的症狀是心臟驟停引起，對他施行心肺復甦術。急救過後倫納德的心臟是重新跳動了，但他的生命力卻飛快減退。

他們趕緊把他送往當地的布蘭特福德綜合醫院（Brantford General），一入院就先用藥物將他誘導為昏迷狀態，以減輕他大腦受到進一步傷害的機會。人體受傷後，大腦的代謝狀態常常會出現明顯變化，讓某部分的大腦無法獲得充足的血液。因此，在患者療養期間，若先用藥物降低大腦對能量的需求量，便可保護大腦倖免於不必要的傷害。

之後醫師馬上為倫納德動了心臟手術，他的一條動脈完全塞住，另一條動脈則塞了八成。手術順利結束，心臟外科醫師對溫妮芙蕾德說：「他現在的狀況很好，我們只需要靜待他從昏迷中醒來。」

一天半後，倫納德的意識脫離了昏迷狀態，但他沒醒來，反而陷入了意識的灰色地帶。「情況不太樂觀，」那位外科醫生說，「倫納德的大腦受損嚴重，整個人呈現植物人的狀態，恐怕很難醒過來。」

正是這一連串發生在二〇一〇年五月的事件，促成了倫納德和溫妮芙蕾德日後與我們團隊在西安大略大學的大腦與心智研究所碰頭的緣分。一切只是時機點的問題。

行動腦波車

買一輛吉普車作為探訪患者的檢測專車，是我們團隊裡在腦波室工作、聰明絕頂的住院醫師戴米恩想到這個絕佳的點子。

更棒的是，他還給這輛車取了一個「行動腦波車」（EEJeep）的封號。這不僅讓我們在深度探索意識上邁向下一個階段，剛好也符合我過去一直追尋的目標：建立一套更靈活的檢測方法，讓我們得以主動造訪各地陷入灰色地帶的腦傷患者，並讓他們和家屬之間重新產生交流。

戴米恩的這套方法完美解決了這個問題，吉普車能讓我們把檢測人員和相對輕巧的檢測儀器一塊兒送到患者面前，再透過腦波儀的小小電極讀取患者腦中的活動狀態。

這個點子讓我開心到忍不住做出了一個極具劍橋應用心理學部門風格的舉動。我委請一位有美術天分的朋友衛斯．金霍恩（Wes Kinghorn）幫我們設計一個專屬的標誌，打算把它貼在我們吉普車的引擎蓋和兩側前門上。不過，我跟他說：「我想要它看起來就跟侏儸紀公園的標誌差不多，但也不要太像，不然我們會被告。」

最終出爐的成品簡直棒透了！原本在侏儸紀公園圓形標誌上方的霸王龍骨骸被換上了一顆手繪的大腦圖；下方的叢林剪影則被換成了西安大略大學的兩座巍峨塔樓，整張標誌的顏色以紅黃兩色為主。但後來申請商標的時候，我們把原本的配色換成了紫白兩色，因為後者是代表西安大略大學的色彩。那年夏天，這輛車所到之處，總是吸引眾人目光，「那是……？不對，那是什麼呀？」之類的聲音更是此起彼落。

這輛吉普車成了我們裝載最新祕密武器「腦波儀」的最佳利器。雖然腦波儀的操作和運作原理跟核磁共振造影或正子放射斷層造影掃描儀完全不同，但它們三者最後都可以幫助我們達成相同的目標，那就是：偵測無反應患者的意識狀態，幸運的話，還可以進一步跟他們溝通。

多虧戴米恩，現在我們終於不用再讓腦傷病患舟車勞頓地來到掃描中心接受檢測，可以直接帶著儀器去這些病人的家裡、療養機構或醫院為他們檢測意識狀態了。

「行動腦波車」的概念對整個醫療界的影響甚巨，不僅僅是腦傷病人，就連因為神經退化疾病（如巴金森氏症或阿茲海默症）或其他病症導致身心狀態失能的患者亦能受惠。尤其現代社會越來越高齡化，這類患者的人數只會越來越多。

與我們先前偵測意識的方法相比，「行動腦波車」的優勢顯而易見。首先，功能性核磁共振造影掃描儀雖然給了我們首次得以窺探意識的機會，但它造價高昂，體積又龐大，我們不可能帶著它到處跑。再者，要把病人從其他地方送到我們掃描中心接受掃描，需要花不少錢，因為救護車運送病人要錢，提供家屬住宿要錢，安排照顧病人的護士和照護機構要錢，當然，掃描這些病人也要錢。

因此，能發展出這套病人不用待在掃描儀裡，只要在家裡就可以天天和旁人交流的技術非常可貴，它會為我們開創出一個截然不同的全新局面—患者將因為它有更多機會接受意識的檢測，並大幅降低在檢驗上的花費。

最後，從最基本面來看，對我們這些致力探索意識灰色地帶奧祕的科學家來說，我們對這個領域的了解也將因這套檢測技術快速拓展，看見更多超乎我們想像的驚人事實。

我要叫醒你

二〇一五年夏天，戴米恩、蘿拉和我開著我們裝備好的嶄新吉普車，花了短短一個小時的時間，從倫敦市開到了布蘭特福德，打算去看看溫妮芙蕾德和倫納德的狀況。布蘭特福德位在安大略省西南部，是一座宜人的城市，約有十萬人口住在此地。

自從幾個月前我在辦公室裡見過他們後，我就再也沒有同時見過他們兩人，這段期間我一直惦念著倫納德處境。其實我跟病人或是家屬很少在辦公室碰面，一般我跟他們碰面的地點多半是在掃描中心、家裡、醫院或是照護機構。

那次我們之所以會在我的辦公室裡碰面，是因為他們的女兒剛好是西安大略大學的學生，他們想來看看她，順道就跟我約了個時間碰面。

每次看到這些既沒有反應又貌似植物人的病人，仍可以不受空間的限制，長途旅行、看電影、看電視或是在感恩節與家人在桌邊共享大餐，我總會忍不住萬分感佩他們的家屬，因為他們可以做這些事，家屬必然要付出極大的心力從旁協助。然而，在家屬為他們做這些事之際，他們根本無從得知他們是否真的能夠感受到這一切。

那次我們在辦公室碰面的氣氛很融洽，甚至近乎歡快，溫妮芙蕾德滔滔不絕地跟我們說著倫納德的狀況。她說，倫納德的褥瘡已經好了，對外界也越來越有反應，甚至還很開心來見我。不過，儘管她這麼說，我們在倫納德身上看見的卻跟她說的有些出入。

那時候我們已經用功能性核磁共振造影掃描儀掃描過倫納德了，面對眼前充滿活力細數倫納德好轉跡象的溫妮芙蕾德，我實在是有點不曉得該怎麼開口告訴她檢測的結果。

我跟蘿拉已經把倫納德的檢測結果反覆推敲了好幾遍，但始終無法從他的最新檢測結果裡得出一個正面的結論。

一開始我們檢察了倫納德的行為表現，卻看不出他有任何知道自己是誰、身在何方或是身邊發生了什麼事情的跡象；後來我們把倫納德放到了掃描儀裡，請他執行各種心理任務，但即便他在裡面躺了兩個多小時，我們卻依舊無法從他大腦的活動狀態找出一絲足以證明他有意識的線索。倫納德似乎深陷在意識灰色地帶的泥沼，無法對我們傳達任何訊息。

最終我還是跟溫妮芙蕾德說出了我們對倫納德的看法，多數時間溫妮芙蕾德只是靜靜地聽著，但只要一聽到我們提到某些對倫納德的正面評價時，她就會熱切地應和，補充說明。譬如，當我說，我們注意到倫納德的身體狀況看起來比上次健康，溫妮芙蕾德馬上就接著說，他對外界的反應變得更好了，也很享受生活中的日常小事；後來我又說，我們很開心看到倫納德腿部感染的狀況完全痊癒了，溫妮芙蕾德則表示她也很開心，而且這讓倫納德的行動變得靈活許多。

我說這些不是要說溫妮芙蕾德在自欺欺人，因為她的態度非常真誠，我們提出有違她理念的看法時，她也願意默默傾聽，沒有表現出任何無法接受或是不悅的情緒。況且，她陪伴在倫納德身邊的時間比我們任何一個人都長，如果倫納德的狀況有好轉，她的確有機會能夠比我們更敏銳地感受到這些細微的徵兆。

溫妮芙蕾德到底有沒有高估倫納德的意識狀態呢？我很想知道答案。倫納德真的還擁有部分的意識嗎？如果真的有，那麼我們無法察覺，會不會是因為我們跟倫納德之間的關係不若妮芙蕾德和他之間緊密呢？為了徹底釐清這個問題，我們團隊必須想辦法拉近跟倫納德之間的距離。最後，我們決定親自造訪倫納德，打算運用最新的意識探測技術，在他熟悉的家庭環境下一窺他大腦裡的動靜。

這就是為什麼戴米恩、蘿拉和我會在二〇一五年的夏天，高速行駛在安大略四〇一號省道上，一路開往布蘭特福德的原因。我們把車停在一棟位處郊區的平房前，一下車就看到安靜的馬路對面，有一大片玉米田沐浴在璀璨的陽光下。那是一個陽光普照的大好天氣，溫妮芙蕾德從那棟平房走了出來，親切地迎接我們。她才剛帶著倫納德回家，把他從車庫階梯旁特別建置的金屬坡道推進家門。「歡迎、歡迎、歡迎！」她熱情地說。

戴米恩取下了裝載在車內的腦波儀，把它一併拿進屋裡。為了方便攜帶和保護腦波儀，我們把它裝在一個專門收納器材的堅固黑色航空箱裡。溫妮芙蕾德在倫納德身邊照料著他，我一面站在窗邊眺望著那片閃閃發亮的玉米田，一面在心裡想著上次在辦公室見到他倆的畫面。

今天會有所不同嗎？我們會得到好消息嗎？我必須再次面臨評估上的嚴峻挑戰嗎？我們這次有備而來，檢測倫納德意識的戰力比上次又更上一層樓。我們不但設計了更好的檢測方法，編寫了更棒的程式分析數據，還帶來了更靈敏的工具探測意識。我非常希望這些「新戰力」可以助我們得到一個好結果。

倫納德靜靜地坐在客廳的一角，即便坐在輪椅上，他看起來還是非常高大。「我最近又在倫納德身上發現了很棒的進步，」溫妮芙蕾德說，「他會笑了！雖然這只是一個小小的轉變，但對他來說是很重要的一步。」

溫妮芙蕾德告訴我們，在倫納德心臟驟停前，他們本來計畫要去印度度假，看看他住在果亞的家人。「那晚我們原本要訂機票，但看完了舞蹈節目《與星共舞》（*Dancing with the Stars*）後，時間已經很晚了，所以我們決定明天再來處理這件事。沒想到再也沒有明天了。」

後來，溫妮芙蕾德拿了一杯用塑膠杯裝的水，用吸管餵倫納德喝。「你應該要靠自己的力量喝一點水。」她語帶責備地說，並輕輕擦去從他嘴角淌流到臉頰和脖子的水珠。「如果你能讓我知道你可以吞嚥，我就可以給你喝更多水。拜託，『讓我看看』，我要叫醒你。再喝一小口，我就心滿意足了。我想要看見你自己把水『嚥下去』。」溫妮芙蕾德語句中流露的滿滿活力令人大開眼界。

「不要睡著，你必須保持清醒！」她與倫納德十指緊扣，「你看他剛剛嘆氣了嗎？」溫妮芙蕾德的這個問題顯然是在問我。

我不曉得該如何回應這個問題。我剛剛確實看到倫納德嘆了一口氣，但我不知道他的這個舉動是針對溫妮芙蕾德的哄騙做出的反應，還是只是個自發性、潛意識的無意義反應。看著溫妮芙蕾德和倫納德的互動，我開始思考構成一個人的元素是什麼。很顯然，倫納德就坐在我面前，可是我卻覺得他少了某個構成他的關鍵元素；不過對溫妮芙蕾德而言，倫納德依舊是她認識的那個倫納德，雖然我們完全看不到她所看到的那個關鍵元素。這個狀態就像是倫納德活在她妻子身上一樣；溫妮芙蕾德宛如接管了倫納德的意識，讓他的意識暫時借住在她的體內，讓她為他發聲，直到有一天他的身體重拾掌控意識的能力為止。

我們需要你動動腦

戴米恩跟溫妮芙蕾德要了一點水，把水注入腦波儀配件的一個小碗裡。接著他拿出要套在受檢者頭上，用來偵測腦波的頭套，把它整個丟到了盛滿水的小碗裡，就像是把一大把義大利麵丟到滾水裡一樣。水有很好的導電性，把頭套丟到水裡，等上面的電極全吸滿了水分，戴米恩就可以確保待會兒這些電極能順利測得從倫納德頭皮傳出的電子訊號。

我們測量腦波的頭套就像是一個大髮網，橡膠製的網狀結構上總共安裝了一百二十八個電極。每一個電極上都有外接一條電線，這些電線全都會連接、匯整到一台作用跟高保真放大器（hi-fi amplifier）很類似的金屬裝置，它連接這些線路的面積大概有一平方英尺。這台訊號放大器的另一端則會連接到一台擁有頂級性能的筆電上，一般我們會選用蘋果或戴爾的電腦。

腦波儀的運作模式跟功能性核磁共振造影很不一樣。神經細胞受活化的時候，它們的電位會產生變化，腦波儀就可以在頭皮上偵測到這些微小的電波。

基本上，我們不可能測到單一神經細胞的電位變化，除非我們把電極直接植入受檢者的腦袋裡（這必須要進行昂貴又危險的神經手術才能達成）。

那我們用腦波儀測到的電波是什麼呢？是一大群神經細胞活化後的電位變化，這些積少成多的微小電波甚至能夠穿越顱骨，讓受試者頭套上的電極偵測到它們的存在，不過，由於這些電波的差異實在太過細微，如果沒有放大器的幫忙，我們根本無法從中判讀出什麼訊息。

我們說某部分的大腦「活化」（以「想像打網球」為例，此時前運動皮質會活化）是表示，與你沒想像打網球相比，許多在這個區域的神經細胞，其活化度變得更好。這個活化度的差異，就會讓神經細胞產生腦波儀電極可以捕捉到的電位變化。

美中不足的是，腦波儀的檢測方式會衍生一個難以直接排除的問題，即：電極測得的電位變化，不見得全來自同一區的神經細胞。

也就是說，電極正下方的神經細胞或許真的大量活化、發出訊號，可是，其他離電極比較遠的神經細胞，可能也會影響該區訊號的強弱。畢竟我們只是在頭皮的表面檢測神經細胞活動的狀態，就算我們把頭套上的電極做得再密集，也絕對不可能單靠腦波儀準確指出這些訊號是從大腦的哪個區域發出來的。

幸好現在科學家已經找到一些降低這方面干擾的方法，雖然仍然無法完全排除這個問題對腦波儀檢測結果的影響。舉例來說，他們會輔以功能性核磁共振造影來進一步了解腦波儀檢測到的訊號到底是位在大腦的哪個區塊，或是用一些新開發的統計方式盡量排除數據中的雜訊。

另外，腦波儀探測腦中神經細胞電位變化的方式也有一些無法突破的限制。誠如剛剛所說，腦波儀是透過頭套上的電極接收患者頭皮上傳達出的電位變化，但這也表示，這些電極偵測到的電位，大多侷限在靠近大腦表面的神經細胞。

換句話說，腦波儀不可能偵測得到位處深層大腦組織的神經細胞活動狀態，旁海馬迴即為一例，因為這個主要掌管空間記憶的大腦組織，所在位置靠近大腦底部，離大腦的表層非常遠。戴米恩把濕透的腦波儀頭套從碗中撈起，說：「一般來說，這些電極上的海綿要三十到四十五分鐘才會徹底乾掉，所以在這之前我們都可以從患者頭皮上接收到良好的訊號。」

他小心翼翼地把吸飽水的頭套套在倫納德的頭上，並且前後調整這些電極在倫納德頭皮上的位置，好讓整個頭套服貼地包覆在他的頭上；一切調整就緒後，頭套上飽滿的水分也在倫納德的臉上留下了幾道水痕。

「我知道在家他的狀態會比較好，」溫妮芙蕾德說，「你看他的手掌攤開了。你覺得那代表他正在感受和回應這一切嗎？我覺得是，這表示他的天線接收到了外面的訊息，但如果他沒心情回應這些訊息，他就會皺眉或抽動臉部的其他肌肉。還有，如果你白天讓他一刻不得閒，晚上他就會精疲力盡的呼呼大睡。」溫妮芙蕾德的這番話再度讓我大開眼界，我很好奇她到底是如何得知倫納德的想法、感受和態度，不過就情緒這方面，溫妮芙蕾德的確是可以依自己的經驗去「感受」出倫納德的情緒狀態。

在意識灰色地帶這門學問打滾這麼久，我早就體悟到，意識並非是一件非有即無、非黑即白的二分法是非題，因為在關於意識的這條路上，本來就存在著許多曖昧難辨的模糊地帶。

「好了，兄弟，現在我要把耳機放到你耳朵裡。」戴米恩說。

「我們需要你動動腦！」溫妮芙蕾德大聲說。

接著，戴米恩把頭套上的線路接到放大器上，打開筆電，叫出啟動腦波儀的程式，然後說：「從現在開始，我們都必須保持安靜，以免倫納德在檢測期間分心。」整個房間馬上陷入一片沉靜，大家都聚精會神地盯著倫納德看。

我們裝載在行動腦波車上的這套設備，不僅可以增加我們檢測病人意識狀態的機動性，還能讓我們更有效率的分析數據。我們只需要對戴著頭套的病人提出問題，電腦便會立刻將頭套上接收到的大量訊號加以分析處理，讓我們即時了解病人當下的回應狀態。相較於過往我們用於檢測意識狀態的每一種檢測儀器，腦波儀的使用方式可說是非常簡便。

回顧一九九七年，我們首次掃描凱特的時候，就連分析數據都是個大工程，因為要分析那些數據，我們必須先自己撰寫一大堆複雜的分析程式。更重要的是，當初我們使用的 MATLAB 演算軟體，其操作介面可沒像微軟的 Word 程式這般親民，一般沒有受過專業訓練的人，根本不曉得該怎麼使用這套軟體。

MATLAB 軟體沒有所謂的樣板程式，也沒有什麼額外的輔助系統，一切的程式都必須由我們自己從頭編寫。時值今日，分析數據的狀況已經跟以前大不相同。雖然現在分析腦波儀數據的軟體還是沒有普及到你可以在百思買（Best Buy）這類連鎖３Ｃ賣場裡買到，但是在學界，卻有不少管道可以取得這類專業的分析軟體，而且許多研究人員也會將自己編寫的分析程式公開分享給大家使用。

大腦的語文力

倫納德靜靜地端坐在輪椅上，聽著我們在他耳機裡播放的聲音。我們聽不到倫納德現在聽到了什麼，更不曉得他到底聽不聽得見那些聲音。我們唯一能做的，就是等待，等待數據出爐，等待它告訴我們結果。

耳機裡播放的，是大量由戴米恩精心揀選的「成對」單字和片語，它們有的有明顯的關聯性，例如「桌子和椅子」；有的則毫無關聯性，例如「狗和椅子」。這些單字有機會透過刺激大腦的 N_{400} 腦波，幫助我們一窺倫納德大腦的活動狀態。[2]因為神經科學界發現，我們在聆聽成對的單字時，如果聽到第二個單字和第一個單字沒有關聯性，我們的大腦就會在聽到第二個單字的四百毫秒之後，產生一個負向的電波高峰，而這個電波就是所謂的 N_{400} 腦波。

目前科學家尚不清楚人體形成 N_{400} 腦波的確切原因，不過我們大多認為這是一種名為「促發」（priming）的心理因素造成的現象。「促發」跟我們的「期望值」（expectancy）有關，譬如，當你聽到「桌子」這個單字時，你的大腦或許很自然就會覺得下一個聽到的單字應該會是「椅子」，因為這兩個單字常常形影不離。

同樣地，聽到「狗」這個單字時，你大腦很可能會預期下一個聽到的單字是「貓」，所以當你聽到「狗」後面的單字是「椅子」時，大腦的活動狀態就會因為這種出其不意的意外感，產生一個明顯的變化。

也就是說，即便成對單字的第二個單字都是「椅子」，但隨著第一個單字與它的關聯性不同，我們大腦對「椅子」這個單字產生的反應就會有所不同。這樣的差異性意味著，我們聽到這些單字時，大腦必定是充分理解了這些成對單字之間的相關性，知道「桌子和椅子」的相關性比「狗和椅子」大。

換而言之，我們的大腦必須要能了解這些單字的「語意」，才有辦法做出這樣的反應。不只單字，任何超出我們預期的語句都可能對我們的大腦造成類似的反應。比方說，當我們聽到「這個男人上班都開馬鈴薯」這個句子時，大腦產生的電位變化就會比「這個男人上班都開車」大；這全是前者出其不意的結語對大腦造成的影響力！

房子裡一片寂靜，宛如時間靜止般。要不是屋外偶爾有呼嘯的車聲從馬路上傳來，我幾乎要以為自己進入了什麼靜謐的奇異時空。倫納德看起來似睡非睡，而他耳機裡仍持續播放著戴米恩用成對單字組成的怪誕詩句：

老鷹—獵鷹；獵豹—追獵

雞鳴—椋鳥；鼴蜥蜴—毛線衣
地下室—地窖；橘子—籬笆
短刃—匕首；緊身衣—駱駝

除了播放數百對相關或不相關的單字，我們也有準備一段聲音作為對照組。這段聲音跟十五年前我檢測黛比意識時的對照組一樣，是由多段精心設計的簡短雜音組成，聽起來就像是你要用古舊的收音機聽廣播，在調頻時發出的雜訊聲。

如此一來，我們就可以藉由兩個面向觀測倫納德的大腦電位變化：一個面相為聽到相關和不相關單字，另一則為聽到單字和雜音；再依據它們之間電位變化的差異性，進一步評估倫納德的意識狀態。

我們十分希望這個方法能找出倫納德還有意識的確切證據。老實說，這個方法得到的結果，跟黛比做的檢測其實沒有太大的差異，只不過，現在我們使用的這套設備，造價僅是正子放射斷層造影掃描儀的六十分之一，而且可以直接在「倫納德的客廳裡」完成這項檢測。

檢測腦波的時間讓人有點度日如年，不過最終我們還是完成了。戴米恩把手伸到倫納德頭套的左右兩側，準備取下倫納德頭上的頭套。他先是用指尖稍微撐開緊貼在倫納德頭部的頭套邊緣，然後便順勢勾著頭套邊緣的兩側，把整個頭套向上拉，完好無缺地拿下了頭套。

值得一提的是，不論是檢測或是取下頭套的過程中，倫納德的頭幾乎一直保持在文風不動的狀態，這一點很重要，因為他的動作越少，腦波儀接收到的訊號就會越清晰，我們也就越有機會在此次檢測中得到良好的數據。

需要有人為他發聲

戴米恩在收拾設備的時候，我和溫妮芙蕾德一起走出屋外，站在行動腦波車旁。我注意到有一輛灰色的福特 Mustang 敞篷車停在車道上。這輛車看起來不太像是溫妮芙蕾德會開的車，所以我順口問了她一下這部車的來歷。「這輛車是倫納德的驕傲和最愛。現在我還是會開著這輛車載他出去兜兜風，我看的出來，他非常樂在其中！」

我們離開之前，溫妮芙蕾德提到，她打算繼續按照倫納德呼吸停止前那晚的計畫，完成他們同遊的行程。「我還是想要帶他去果亞。我希望我們能一起去，帶他回到那裡是我的目標。我跟他說的時候，他的雙眼睜得老大，整張臉也亮了起來。我曉得他一直沒有忘了我們的計畫。」溫妮芙蕾德還問了我這本書的狀況，並告訴我，如果有任何她幫得上忙的地方，請務必跟她說。「像倫納德這種情況的人，需要有人為他發聲。」她說，「這件事我從他墜入意識灰色地帶的那一天開始，就一直放在心上。所以如果你目前的檢測方法都無法探測到倫納德擁有意識的蛛絲馬跡，我想你要做的應該是想辦法增進你的檢測方法！」

我們再度奔馳在安大略四〇一號省道上，重返安大略的倫敦市時，溫妮芙蕾德的話不斷在我心中迴盪。「像倫納德這種情況的人，需要有人為他發聲。」她這麼說。她就是那個為倫納德發聲的人。她提醒了我，「肯定每一條生命的價值」正是意識灰色地帶這門科學的核心宗旨。

隨著時間的日積月累，我們每一個人的腦袋裡都會堆砌出一座專屬自己的小世界，而且絕大多數的時候，只有我們自己才會知道這個小世界裡蘊藏了哪些風景。

因此，當我們要從這些患者的大腦裡追尋意識的蹤跡時，一定要從許多不同的面向去探尋，畢竟每一個人都是獨一無二的個體。

大約一個月之後，我在西安大略大學的辦公室裡打了通電話給溫妮芙蕾德，蘿拉則一如往常地坐在我旁邊。打電話之前，我們已經花了二十分鐘的時間，仔細研究過倫納德的腦波檢測結果。「倫納德現在的狀況如何？」我問。

溫妮芙蕾德的語調依舊充滿活力，她說：「他一天比一天更好！現在他甚至可以發出一點聲音，告訴我他覺得自己的狀態比上週好多了！」

任誰都可以感受到溫妮芙蕾德言詞裡的無限樂觀。「那真是太棒了，可惜，我們這裡對倫納德並沒有什麼新發現。」

儘管我們費盡心思分析倫納德的腦波結果，但我們還是找不到任何足以證明他可以分辨單字和非單字聲音的證據。「我很開心能知道倫納德的身體狀況一天比一天好。」我說，盡量讓語調聽起來輕快些。「對吧！」，溫妮芙蕾德在電話那頭興奮地大喊，「我之前就跟你說過，他的狀況一天比一天還好！」

我答應她之後仍會跟他們保持聯絡，如果未來有什麼新的意識檢測方法，也一定會優先把倫納德列入檢測名單。掛上電話後，我忍不住想著，溫妮芙蕾德是不是一直以來都感受得到倫納德的那些小小改變、身體變化和細微徵兆。

或許，倫納德正慢慢用他自己的方式重返這個世界。但在這段從無意識到有意識的軌道上，此刻的他究竟回歸到了哪裡呢？

我在探索意識灰色地帶的過程中，確實碰過許多狀況跟倫納德一樣的人：他們看起來好像還有部分意識，至少在深愛他們的親友眼中是如此。

這些留存在這些人身上屹立不搖的部分意識，超乎了身體和大腦的範疇，我們的探測雷達根本無從測得它的存在。可是，這部分的意識到底是什麼？

我知道溫妮芙蕾德說的對，我們需要更加精進檢測意識的方法。我們必須不斷修正檢測步驟，改善分析條件，找出新的方法和這些患者的內心連上線。建立人與人之間的連結是最重要的事，而溫妮芙蕾德顯然是一直都跟倫納德有一股緊密的連結。

很多時候，不論檢測的方法有多麼周密，應用的科技有多麼先進，我們探測患者內心的能力，都難以超越這種深厚連結的力量。

我發現自己當下由衷希望，有一天，溫妮芙蕾德會實現她和倫納德互相許下的承諾。即便倫納德在那一晚便墜入了意識灰色地帶的深淵，但我仍希望終有一天，他可以在妻子的陪伴下，重返印度，回到那個多年前讓他們相知相惜的地方。然後，在這趟返鄉的旅途中，他們曲折的人生也可以就此回歸圓滿。

第15章

讀心術

現今最悲哀之事，莫過於「科技匯聚知識的速度，遠比人類累積智慧的速度快」。

——美國科幻小說大師　艾薩克・艾西莫夫（Isaac Asimov）

記憶的痕跡

日前，我坐在巴黎最小，但大概是最道地的五星級法式餐廳裡用餐時，忍不住對意識灰色地帶這門科學這些年來在哲學界激起的漣漪大表讚嘆之情，因為哲學家對它的熱烈討論讓我們更了解意識本身的樣貌。

這間餐廳附屬於座落在塞納河左岸的L酒店（L'Hotel），過去兩百年來它一直以美味珍饈聞名於世。我是在七月初，某一個溫暖宜人的傍晚，造訪此地。傍晚的巴黎街頭滿是熙熙攘攘的人潮，這些巴黎人不是剛下班準備回家，就是打算在晚上好好放鬆一番。

餐廳裡，數把絨面的紅色和黑色座椅交錯排列在一張張鋪有清爽白色桌巾的小圓桌旁，且每一張小圓桌上都擺放著幾只寬口的高腳酒杯。

我的朋友兼同事提姆・貝恩（Tim Bayne）點了一道田螺料理。提姆是來自紐西蘭的哲學教授，探討意識的本質以及意識與語言之間的關聯性是他研究的重心，所以他的研究主題多半不脫我們的思想是否是由自己掌控，還有文化是否會影響人類思維模式這兩大面向。他寫了很多有關意識灰色地帶的論文，一直以來都十分認同我們團隊的研究成果。

坐在我和提姆對面的是聞名全球的比利時心理學家艾克索・克利爾門斯（Axel Cleeremans），他的研究側重在剖析大腦如何在有意識或無意識的狀態下學習各種事物。二〇〇九年，艾克索、堤姆和另一名同樣致力於意識方面研究的澳洲科學家派翠克・威爾肯（Patrick Wilken）曾共同出版了一本名為《牛津意識指南》（直譯，*Oxford Companion to Consciousness*）的精采著作。[1]

巴黎的認知神經學家席德・奎德（Sid Kouider）是促成我和他們碰面的貴人，席德本身也跟我們團隊一樣，非常熱衷於探討大腦與意識心智之間的微妙關係，只是他的研究對象和方式與我們不太一樣，他主要是以年幼的嬰兒作為研究對象，並用腦波儀觀測他們的大腦活動狀況，藉以探討人類意識出現的時機和機制。

我們的第一道菜上桌了：法式蒜味烤田螺。這道料理色香味俱全，宛如一件精緻的藝術品呈現在我們眼前，不論是擺盤或料理的滋味都可以讓我們充分感受到主廚對這份料理的用心。佳餚配美酒，席間的氣氛很快就熱絡了起來。我們舉杯同慶，因為近日我們才成功和一群研究夥伴取得一筆來自加拿大高等研究院（Canadian Institute for Advanced Research，CIFAR）的研究經費，可以執行一項以大腦、心智和意識為研究主題的計畫。

為了讓這項跨國合作的計畫順利進行，每一年我們都必須聚在一起開會兩到三次，不過由於參與這項計畫的研究人員來自多個國家，所以每次我們都會選擇不同的國家作為開會地點。

去年，加拿大高等研究院發起了一項名為「改造世界的四大奇想」（Four Ideas to Change the World）的全球性活動，希望號召各國人才提出足以反轉全球未來的絕妙研究計畫。這個活動總共收到了兩百六十二件提案，提案人遍及五大洲二十八國，而我們的計畫正是最後雀屏中選，獲得國際贊助研究經費的四項提案之一。

那晚在巴黎聚首，我們四人除了慶祝提案獲得青睞，還詳細討論了一番當前應用在意識研究的新興科技，希望從中找出潛力股，幫助我們徹底了解人類意識與大腦的哪些部分有所連結。基本上，我們團隊給腦傷患者看希區考克影片《砰！你死了》的實驗結果，跟席德最近在五個月、十二個月和十五個月大在的嬰兒身上獲得的實驗結果相仿。

也就是說，我們實驗中部分在功能性核磁共振造影掃描儀裡對《砰！你死了》有所反應的患者，大腦活動狀況和這些小嬰兒透過腦波儀偵測到的大腦活動狀態雷同，他們兩者大腦活動的狀況就跟許多有意識的成年人一樣。

堤姆和艾索克對此也表示贊同，只不過這些發現仍存有不少值得我們四人細細討論的地方。其中我們著墨最多的部分，就是這些用來辨別受試者有無意識的「生理特徵」（physiological signatures），代表的實質意義到底為何，因為不管是腦波儀還是功能性核磁共振造影掃描儀等探測意識的儀器，眾人對它們探測到的訊號始終有著兩派不同的解釋。

有些人覺得那些高低起伏的腦波曲線代表的就是意識本身的樣貌，而有些人則覺得那些曲線僅僅是代表受試者還存有意識的提示。然而，這一點很重要嗎？就算這些曲線不足以代表意識本身，但只要它們能作為受試者還有意識的提示，讓我們知道患者（或嬰兒）還具備意識，其實就很足夠了。

這就跟我們尋找大腦是否有儲存某個特定記憶的原理一樣。比如說，你是如何記下這本書的書名，又把它存放在大腦的哪個位置呢？在神經心理學的科學文獻中，科學家多半以「記憶的痕跡」（engram）一詞，統稱這類模糊難辨的大腦生理特徵。我之所以會用「模糊難辨」來形容這些生理特徵，是因為即便我們能夠測得一個人記不記得這本書的書名，但是卻無法明確知道他的大腦是如何記下書名，又把這條記憶存放在大腦的哪個位置。

你在回想這本書的書名時，我們確實可以用腦波儀或是功能性核磁共振造影掃描儀監控你大腦的活動狀態，也必定能夠在你腦海中浮現《困在大腦裡的人》這幾個字時，測得特定的腦波或是大腦活動影像，可是這些大腦在提取記憶產生的生理特徵代表了什麼樣的實質意義？這些腦波或是大腦活動影像的變化就是「記憶的痕跡」嗎？恐怕並非如此。

與其說這些儀器測得的生理變化是記憶的本體，倒不如說它們測到的是一段過程，是我們把原先已經儲存在大腦某個角落的記憶，提取出來的一連串反應。

意識也不例外，當我們運用儀器探測意識時，測得的那些生理數據代表的往往都是「大腦在運轉意識的過程」而非意識本身。

嗨！我還有意識

那一晚，我們四人就在美酒和精緻佳餚相伴的輕鬆氣氛下，愜意地暢談著諸如此類的話題。待大家品嚐完滿桌好菜，啜飲著香醇餐後酒之際，天際的彩霞早已轉為點點星光。我們推測，未來探索心智的相關技術，很可能會進展到一種讓生物與科技之間的界線越來越模糊的境界，而且我們的研究計畫亦會成為推升這股趨勢的助力之一。

不久的將來，憑藉著科技的力量，我們真的有機會擁有「讀心術」的能力；到了那個時候，人類的思維全都可以透過一台手掌大小的超級電腦解碼，而我們也就可以直接讀取到其他人內心的想法。往後的二十年，我們在第九章提過的「腦機介面」，將變得跟現在的智慧型手機、平面電視和平板電腦一樣普及。

一台腦機介面可以讀取一位使用者的大腦反應，當它從輸入端讀取到使用者大腦發出的訊息加以分析後，變可以直接轉換成一個動作訊號，傳達給輸出端的接收者。

這個動作訊號可能是像移動電腦螢幕上的游標那般簡單，也可能是像操作一隻機械手臂拿一杯咖啡到你嘴邊這般複雜。目前科學家已經研發出以腦波儀為運作基礎的腦機介面，這款腦機介面是利用我們大腦的 P_{300} 腦波來跟患者溝通。

溝通期間，電腦螢幕會出現一個6×6的虛擬鍵盤（包含所有英文字母和數字），操作者會先請受檢者專心盯著鍵盤上自己想要選取的字母或數字看，然後再以看似隨機的方式閃現虛擬鍵盤上的其中一行或列，此時如果受檢者看到自己盯著看的字母忽然亮起，他的大腦就會發出一道名為 P_{300} 的微小電波，之後電腦就會自動根據腦波儀偵測到 P_{300} 腦波的時機判斷出受檢者注視的字母為何，進而逐字拼出受檢者想說的話。[2]

雖然這樣的溝通方式受檢者還是必須花上好幾秒的時間才有辦法打出一個字母，稱不上十分迅速，但是大多數人在稍加訓練後，要在數分鐘內利用這款 P_{300} 腦波腦機介面拼出「嗨！我還有意識」之類的簡短英文字句倒不是問題。

儘管如此，在這些系統完善到足以讓意識灰色地帶的患者暢行無阻地和外界溝通前，科學家仍有許多需要克服的難關。

首先，若患者想要使用上述所說的 P_{300} 腦波腦機介面和外界溝通，他們的首要之務就是必須能夠把注意力集中在一個字母上一段時間，也就是說，他們必須要能夠「目不轉睛」的盯著一個字母看一段時間，但大多數落入意識灰色地帶的患者根本無法做到這一點。

所以現在我們和其他的科學家正著手設計以聽覺為主的腦機介面系統，希望讓受檢者不需要盯著字母看，只需要靠聽力聽出自己心中想要的字母，即可達到相同的溝通效果。

其次，誠如我們在上一章所看到的，腦波儀本身在操作層面上還是存有一些技術上的限制，例如，它無法準確測得大腦特定神經細胞發出的電流。

由於一般腦波儀只能把電極貼在受檢者的頭皮上，偵測從受檢者顱骨內大腦發出的微弱電流，所以我們很難判定這些電流是發自哪些細胞。不過這項限制倒不是無法可解，只要我們多花一點功夫，替受檢者進行繁複的神經手術，將腦波儀的電極「直接」放置在受檢者的大腦表面，便可發展出擁有超凡成果的腦機介面系統。[3]

位在美國羅德島州首府，普洛維頓斯的布朗腦科學研究所（Brown Institute for Brain Science）就曾利用這項技術完成一項創舉，順利讓四十五歲的凱西．哈金森（Cathy Hutchinson）在歷經十五年無法移動四肢的歲月後，得以靠著自己大腦的意念控制機械手臂。該團隊在凱西的大腦裡植入一組感測器（sensor），這組感測器同時連有一顆解碼器（decoder），這顆解碼器可以將感測器在她大腦裡偵測到的訊號轉化為一連串具體的指令，讓機械手臂依照她的想法活動。

凱西原本是一位在郵局工作，獨力撫養兩個孩子的單親媽媽，但自從她在一九九六年腦幹大中風後，就完全喪失了移動四肢和說話的能力。所幸後來在布朗腦科學研究所團隊的幫助下，她終於得以靠著先進的腦機介面系統，操縱機械手臂伸向桌上的一罐咖啡，拿起它，再讓機械手臂把這罐咖啡送到她嘴邊，讓她在早晨享用一口香醇的咖啡。

或許，再不用多久的時間，這項應用在凱西身上的新科技也有機會讓陷入意識灰色地帶的患者重拾自己上網、書寫電子郵件、與他人談話和表達自己內心感受的能力。然而，就算這項新科技有著無限光明的前景，但在科學家走到那一步之前，這項新科技還是存有不少技術和道德層面的問題等著我們去克服。

老實說，腦部手術本身的風險就很高，所以我們不可能隨隨便便就把人的腦袋打開，將電極植入患者的大腦表面。況且就凱西．哈金森的例子來看，其實她還是保有和外界溝通的能力，因為中風後她還可控制眼睛的動作，所以輔以一些聰明的程式系統，她依舊有辦法透過鍵盤打出她想要說的話，讓外界知道她神智清醒。我想，四十三歲的凱西之所以願意冒這個風險動手術，大概全是為了擺脫長達十五年無法移動她四肢的命運。

可是你能夠想像，這項新科技假如應用在意識灰色地帶、重度阿茲海默症和巴金森氏症患者身上，會為他們帶來什麼樣更大的影響嗎？

數十年來，這些患者一直無法順利對外界表達自己的想法，在他們的大腦裡植入這些電極，很可能讓他們因此重獲對身體的自主權，甚至讓他們有能力再次掌握自己人生的命運。

換句話說，那些原本無法說話、活動，甚至被認為只剩下一具空殼的患者，都將因這項新科技，重新擁有說話、活動和身為一個活生生的人應該受到的合理對待。

讓被害者來說兇手是誰

有時候，這類讀心術的科技，也可以在一些意想不到的地方派上用場，比方說刑事案件的調查。二〇一五年，我們團隊碰到了二十幾歲的丹，他之前在在安大略省的薩尼亞受到槍傷，子彈直接貫穿他的頭部，從眉心射入大腦，再從頂葉和顳葉之間的位置射出。儘管急救後救回一命，但他對外界卻毫無反應，而且身體虛弱到必須靠維生機器才有辦法活下去。

槍擊案在治安良好的安大略省實屬罕見，更糟的是，還沒有人知道是誰對他開了槍。於是，我們希望可以幫助他們了解丹的意識狀態，看看丹有沒有可能告訴他們，是誰對他開了槍。

前一陣子，美國有線電視台，特納電視台（TNT TV）播出的影集《罪案第六感》（*Perception*），就曾經把我們的研究成果編入劇情，讓裡頭的辦案人員用功能性核磁共振造影掃描儀成功與意識處於灰色地帶的受害者溝通（該片段請見 www.intothegrayzone.com/perception）。[4]整體來說，我們對丹進行檢測的過程就跟《罪案第六感》演出的畫面相去不遠（不過現實中我們與患者溝通的步調會稍微慢一點，大家的顏值可能也沒有像那些演員那麼高），在功能性核磁共振造影掃描儀的協助之下，受害者的確是告訴調查人員兇手的最佳人選。

丹能夠跟影集中的受害者一樣，用同樣的方法告訴我們兇手是誰嗎？我們想要盡快向院方取得掃描丹的許可權，可是向院方提出申請書並沒有想像中的簡單。首先，我們做這個掃描的目的是什麼？很顯然我們做這項掃描的目的，不是純粹為了滿足研究需求，或是臨床應用，而是為了找出兇手！

再來我們還必須思考，什麼樣的說法能說服倫理委員通過這項提案？當事人的同意權又該由誰行使？丹的代決人是誰？假如丹的代決人其實就是兇手怎麼辦？我們該怎麼知道這些事？

我們大略擬定了一個模糊的計畫，打算先蒐羅所有跟丹有關的人事名單，然後等丹躺在掃描儀裡，再問他是否知道謀害他的人是誰，如果知道，就請他想像自己在打網球。假如丹想像了打網球，我們才會接著問：「是強尼嗎？是的話請想像打網球，不是就想像在自己家裡走動。」或是「是戴夫嗎？」等諸如此類的問題。我們為此興奮不已，因為我們從沒想過這個研究意識的方法，有一天竟然可以拿來破案！

然而，計畫趕不上變化。就在我們還在斟酌該如何撰寫計畫書上的方案之際，丹的狀況好轉了，他不僅在幾天之內恢復了意識，甚至能依照指令舉起手來。

這樣的轉變對丹來說絕對是件好事，但我卻不免感到有些失落，因為這表示我們錯失了讓他單憑「腦力」告訴我們兇手的機會。

儘管最終，我們無緣讓丹如影集中的受害者一般，透過功能性核磁共振造影掃描儀說出足以揪出兇手的呈堂供證，但我相信，要證明這套方法也可以對刑事案件的調查有所貢獻，只是早晚的事情。總有一天，我們一定會碰上另一位無法正常表達自己的想法，卻可以讓我們用日新月異的科技讀出心聲的患者。

人類獨有的謀劃思想能力

今日我們在意識灰色地帶這門科學裡解決掉的問題，還有發展出的技術，同時也為我們在科學研究上開啟了全新的可能性。

譬如，我們看懸疑電影大師希區考克影片的心理任務，或許還能用來了解患有阿茲海默症等認知性神經退化疾病的患者，在觀看這部影片時，其大腦的變化究竟是跟你我相同，還是比較類似嬰兒大腦的反應（可以感受到片中聲、光的刺激，卻無法理解劇情的微妙轉折）。

如果這個方法真的可以讓我們發現患者大腦反應之間的差異性，那麼我們不就可以進一步根據他們的實際情況，量身訂做出更符合患者個人需求的相關輔具和療法，讓他們獲得最佳的支援和照顧嗎？二〇一四年在美國日舞影展（Sundance Film Festival）贏得觀眾獎（Audience Award）的紀錄片《如夢幻音》（*Alive Inside*），就紀錄了多位阿茲海默症患者在聽到熟悉和喜愛的音樂時，行為舉止上出現的驚人轉變。[5]

這部片完美呈現了音樂的魔力，因為這些患者在年輕時聽過的音樂，不但喚起了他們腦中許多沉睡的記憶，更讓他們找回生命中部分的重要人際關係。

意識灰色地帶領域的研究成果，除了可以讓阿茲海默症等認知退化疾病方面的研究受惠，亦對動物意識的探討大有幫助。其他的動物到底有沒有意識？絕大多數的人認為，狗、猿類和其他比較高等的靈長類動物都擁有某種程度的意識，但是牠們所具備的意識狀態卻必然跟人類不太一樣。

以出生於舊金山動物園的大猩猩可可（Koko）為例，雖然她學會了數千個手語和英文字意涵，但多數人仍認為她的語言能力頂多就跟幼童差不多，無法理解文法和語法的規則。同樣地，雖然許多動物，例如狗，可以透過訓練學會不少複雜的動作指令，但牠們卻不可能跟人類一樣，在沒有指令的情況下，即興隨意地做出這些動作。

提姆、艾克索、席德和我就這樣兩兩對坐在 L 酒店餐廳的圓桌旁，一起思考著動物意識與成人意識、嬰兒意識和機器意識之間的異同。令我驚訝的是，就算是專精於意識方面研究的科學家，多數人在討論到動物意識的時候，仍不免會把自家寵物的行為舉止搬出來討論一番。事實上，這些生物所具備的實際能力往往比你以為的還要複雜許多。

另一方面，儘管其他物種可能也具有謀劃等初步的思想能力，但似乎只有人類才有把這些能力發揮到淋漓盡致的境界。因此，究竟其他物種的生物能不能像我們這樣思考自己的意識狀態，或是回顧自己的過往和展望未來呢？這一點我們沒辦法說出一個明確的答案，但我認為，我們都同意，表達和感受情緒並非人類獨有的能力。

只要去問問養狗的人，你就會發現大部分的飼主都會說牠們的狗狗情緒鮮明。不過，若說到用音樂或藝術來表達自身的情緒和感受，肯定就是只有人類才有的獨特能力。除此之外，其他動物似乎不太會花力氣去揣測他人的心思。

反觀人類，不論我們自己是否有所察覺，基本上我們從還是嬰兒的階段，就一直不斷把大量的時間和精力用在揣測他人的想法、動機和喜好上，甚至是試圖和自己的內心對話或是隱藏自己內心的想法。

終有一天，新興科技一定會讓我們以不同於功能性核磁共振造影掃描儀的方式，判讀、解碼大腦活動狀態，讀懂別人的思想，達成我們想要直接從其他人的大腦裡讀取到他們想法的終極目標。到時候，這類科技註定會在商業、政治和宣傳方面掀起巨大的道德難題，因為它們很可能會讓人一味、甚至是惡意的想要窺探他人的想法；就像網際網路和全球資訊網的出現一般，世界運行的方式將就此發生巨變。然後，隨著時間的推移，這些頂尖的科技才會漸漸成為我們後代生活中一種再尋常不過的工具。

另一方面，日後社會上一定會出現越來越多能夠依照內建程式自主行動的機器，屆時設計者必然需要參考人類意識運作的形式，賦予這些機器一定程度的責任感，才能讓它們以符合人類道德規範的模式行動。

從很多方面來看，未來這些具有責任感的機器，在執行任務的穩定度都會優於人類，因為我們有時候就愛不按牌理出牌，執意去做我們想要做的事，即便這些事可能不對、不道德、非法或不合邏輯，但我們依舊常常一意孤行的要去做。

到底是我們基因裡的哪一條ＤＮＡ讓我們不顧一切地硬要往擺明錯了的方向走呢？假如我們可以徹底釐清人類任性的根源，或許就可以避免那些可以自主行動的機器，因一時的衝動犯下與人類相同的錯誤。

意識的力量

在我們仔細研究意識的本質，以及實踐我們想法的能力（又稱作「行動力」〔agency〕，許多意識灰色地帶的患者缺乏這項能力）時，還值得考慮一個問題：我們是否擁有自由意志？雖然許多偉大的思想家都想要解開這道棘手的問題，但答案恐怕比我們想像中的複雜許多。

從溫妮芙蕾德和倫納德身上，我們就可以清楚看見，人類的意識常常會受到生活中其他人事物的左右。身為一個有意識的人，我們很少能夠完全不受人際關係或周圍環境的影響，依照自己的意念，如實說出或理解自己的想法。

雖然大腦決定了我們是誰，但我們對他人的記憶、態度、觀點和情感同樣決定了我們的樣貌。人與人之間的羈絆就是如此深遠，所以即使有一天我們死了，我們的精神通常還是會繼續啟發和影響其他人的生活。

這種現象或許在所謂的「集體意識」（collective consciousness）下表現得最為明顯。當我們生活在和其他人有所重疊的家庭、社區和國家環境中，或是和別人加入了同一個宗教組織或體育俱樂部，這些因素都會讓生活在相同圈子裡的人不斷相互影響各自的思維，進而讓這些小團體裡的個體漸漸發展出一套相似的決策、思考、判斷、行動、組織和重組能力。

他們甚至能夠反思自己在群體中扮演的角色，並與群體中的其他人在信仰、道德態度、傳統與習俗方面共享相同的「意念」。

大致上，只要我們有與其他人、家庭、社區甚至是國家交流，我們的大腦就會在這些互動中，漸漸與這些群體中的個體培養出集體意識。集體意識是展現我們人性的關鍵，也是其他有形物質無法比擬的感受。

集體意識對我們意識產生的涓滴效應（trickle-down effect），**不僅雕鑿了我們的信念，同時也會加深了我們心中對某些看法的成見**。不論是兩人的翻雲覆雨，或是十萬名志同道合的人在奧運會場上快樂地表演「波浪舞」，都是個體之間形成共享意識體驗的基礎。

集體意識與某些人所稱的全體意識（universal consciousness）或宇宙意識（cosmic consciousness）有異曲同工之妙。據說全體意識就像是「一座無限、永恆的智能汪洋，而我們每個人、每個靈魂，在每個時刻產生的意識，都是組成這座汪洋的一滴水。在這座汪洋裡，我們根本不可能分辨每一滴水的先來後到，因為它們在這座汪洋中早已合而為一。」[6]這隱喻的描述頗富興味，因為它把我們每個人擁有的意識都喻作是匯聚成一座意識汪洋的「一滴水」。

現實生活中，我們的確也不可能辨明每個人對全體帶來的貢獻，畢竟人生絕大多數的際遇都難以捉摸，而且在人生變化莫測的命運中，我們亦必須團結一致、相輔相成，方能不斷突破眼前的難關向前邁進。這也正是生活的趣味所在！

那個夜晚，我們四人一起舉杯對意識灰色地帶這門科學的未來展望致敬時，我突然領悟到，我們的這場對話也可能對未來造成無法預測的影響力。

不可諱言，在這場熱絡的交談後，我們的想法和思維一定都會巧妙地受彼此影響，我們腦中原本的理念也很可能因為這場談話出現變動，改變各自團隊的研究方向，進而對未來科學或世界的發展增添了無限的變數。

不過說實話，我認為，用「水滴」和「汪洋」之類的概念來隱喻意識，其實有些多此一舉。事實上，大腦本身的構造就足以讓我們明白意識運作的奧祕。我們每個人的大腦裡都有上千億個神經細胞，而每一個神經細胞都是構成意識的一顆小螺絲，它們時時刻刻都在替我們做無數的決定。

正如我們先前看到的，位處梭狀回的神經細胞有可能會對某張人臉有反應，卻不會對另一張人臉有反應；旁海馬迴裡的「位置細胞」可能會對某個地方有反應，卻不會對另一個地方有反應。有時候，如果我們毫無反應的神經細胞不幸位在腦幹或視丘裡，我們的意識就可能陷入無法對外溝通的灰色地帶。

在巴黎的餐廳裡暢談意識話題的我們四人，各個都和世界各地的數千名同儕有著或深或淺的交流。我們認為大腦裡上千億的神經細胞為我們做出的每一項小小決策，以及它們細胞之間的相互交流，在我們腦中串聯起的思想、感受、情感、記憶和計畫，全是形成我們意識的基礎。就像我們每個人都是構築這個社會的一員，每個神經細胞也都是構成意識的其中一根骨幹，只是難免其中還是會有一些神經細胞對意識的貢獻比較多。研究意識灰色地帶的經驗，更讓我對這個道理有深刻的體會。

我相信，意識就是一種神經細胞相互活化和連結的產物。然而，若把這個過程運轉到淋漓盡致，意識就會讓我們擁有身為人最珍貴的一部分：自我、行動力以及感知這個世界的能力。這也難怪我們始終很難理解意識的全貌，因為它就是神經細胞相互交流的最高境界。

在這段探索意識灰色地帶的歷程我漸漸明白，意識絕非是一門神祕、抽象又無法解釋的哲學性問題，它有具體的運作方式，只是過程比較奇妙，甚至可以說是有點不可思議，特別是我們的意識還可以影響到別人生活方式的這一點。意識的力量比誰都大，它就有如滔滔江水般，不斷把我們帶往未知的目的地。

二十年前，許多人對我們的研究主題嗤之以鼻，認為發展應用在意識灰色地帶患者身上的讀心術是異想天開的想法。然而，現在這種解碼思想的科技，普及化的日子指日可待，全世界將有數百萬人能因此受惠。

這正是科學的魔力，它能用越來越精進的科技，一點一滴消除我們在研究路上碰到的每一個問題，帶領我們走向過去無法到達的境地；然後有一天，我們必會在歷經這一連串艱辛的旅程後，斬獲一大片令人難以置信的美妙景緻，迎來科學上的大躍進。我們每個人的腦袋裡都有一座小宇宙，自一九九七年我們首次掃描凱特之際，科學家便紛紛在意識灰色地帶這條路上展開了長征。我想，最終這門科學一定會引領我們揭開這片小宇宙的祕密，讓我們如願一窺自己大腦的奧祕。

—後記—

她必將持續影響我的人生

在第一章末段我曾說過，莫琳的不幸或許是讓我踏上探索意識灰色地帶這門學問的關鍵，但二〇一五年五月，莫琳卻在我毫無防備之際突然辭世。在此之前我一直跟她的兄弟菲爾保持聯繫，莫琳辭世的七個月前，我們還曾在愛丁堡一起喝啤酒。當時他告訴我，莫琳的狀況一如往昔：依舊保持穩定的生理狀態，依舊住在同一家療養院裡，依舊受到她父母和家人的關愛。在她去世那天，我正好要飛往紐約，與出版商談這本書。當天菲爾透過臉書和我聯繫，他說：「莫琳這兩天都在奮力與胸腔感染搏鬥，但仍不敵病魔在今天早上的九點二十分走了。她走得很快，我想你應該會希望我告訴你這個消息。」接下來，在第五大道上遊說多家出版商出版這本書的時候，我不得不特別一一向他們說明，我書裡提到的莫琳今天剛好過世了。

每次想到莫琳過世的時機點，我腦中總會浮現英國詩歌《古舟子詠》（The Rime of the Ancient Mariner）的劇情，覺得自己簡直就像那首詩裡的老船長！從我一踏入意識灰色地帶這門學問開始，莫琳就一直在我心中揮之不去，這二十年來她彷彿與我形影不離，儘管那一刻起，她徹底揮別了意識的灰色地帶，回歸大地，但我知道她在我心中永遠不會消失，因為透過這本書，她必將以其他未知的方式持續影響著我的人生。

即便這二十多年來，我沒再見過莫琳，但她的辭世仍讓我刻骨銘心，我清楚感受到她對我過去二十年的人生產生了多大的影響。莫琳的影響力很難衡量，更難以言喻，過去我鮮少坦白承認這一點，或許是跟我們年輕時各自相左的理念有關，但我想我們之間的對立早在很久以前就消弭了。甚至，我還體悟到，從某些方面來看，我做的事一直都在呼應她的堅持，即：「造福人群」是科學家做研究最重要的中心思想。

撇開精妙的實驗方法和炫目的科技不說，意識灰色地帶這門科學的核心理念就是「找回意識迷失他方的人，讓他們與所愛的人重新建立起聯繫」。就算是現在，每每成功看到家屬和病患重新建立連結時，我仍會有種見證奇蹟的感動。

現在，寫著這篇後記，莫琳的一顰一笑和聰明慧黠似乎又在我眼前閃現。我看到她對我說：「看吧，我早跟你說過，做研究就是要以『造福人群』為宗旨。」此刻我知道她說的沒錯。

二十多年前，那一個以解開人類大腦奧祕為目標的菜鳥科學家，在歷經時間的淬鍊後，已經在神經科學領域裡看見了另一片截然不同的風景；往後他也將繼續以「造福人群」為宗旨，設法幫助那些身陷意識灰色地帶的人，脫離那片泥沼，重新在這個世界上擁有一席之地。

致謝

截至目前為止，我已經寫過數百篇的致謝，但感謝的對象都不是「人」，而是資助研究經費的「機構」，所以之前我在寫這類文字的時候都有一種虛應故事的感覺（這並不是說我就不感謝這些機構，而是我在寫那些致謝的時候，真的不曉得自己到底是在對「哪些人」表達感謝）。這次可以終於可以直接對幫助我的「人」表達感謝，讓我在寫這篇致謝時心理格外踏實。

首先，我要感謝這幾年來，參與我們研究的數百名患者和其家屬，謝謝你們願意給我們團隊這些機會，你們才是促成這項成就的真正英雄。不管我有沒有把你們的故事寫入這本書，我都發自內心的感謝你們，因為你們每一個人肯定都對這門科學有所貢獻。

我還要特別感激凱特、保羅和他的兒子傑夫、溫妮芙雷德和她的丈夫倫納德、瑪格麗塔和她的兒子胡安，謝謝他們願意暫時放下自己手上繁雜的事務，花時間親口告訴我他們的故事。由衷感謝你們大家，要是沒有你們，我不可能寫出這本書，希望我有如實呈現你們的故事。

另外，我也要謝謝莫琳的父母和她的兄弟菲爾，謝謝他們不斷鼓勵我將她的故事寫進這本書。其實，一開始我並不打算這麼做，但莫琳是我踏上這段旅程的開端，如果沒有寫下她的故事，這本記述我探索意識灰色地帶的作品就不可能完整。我想雖然莫琳提早離開了這個世界，但她慷慨助人的精神必長存於你們三人身上。

這些年來，我很幸運能夠與一群優秀的人才一起工作，不論他們是研究助理、技術人員、研究生或博士後研究員，都或多或少為這項科學成就出了一份心力。由於人員眾多，若要一一列舉，恐有疏漏之憾。

因此，在此我僅列出幾位在這場科學冒險中扮演舉足輕重角色的研究人員姓名，聊表我對實驗室夥伴的滿心謝意。他們分別是（先後順序沒有特別意義）：崔斯坦（Tristan Bekinschtein）、馬汀（Martin Monti）、達維妮亞（DaviniaFernández-Espejo）、戴米恩（Damian Cruse）、斯里法斯（Srivas Chennu）、樂利娜（Lorina Naci）、洛雷塔（Loretta Norton）、瑞秋（Raechelle Gibson）、蘿拉（Laura Gonzalez-Lara）、安德魯（Andrew Peterson）和貝絲（Beth Parkin）；謝謝你們，希望你們跟我一樣樂在其中。

除了實驗室的夥伴，過去幾年來，我亦曾和數百位來自各方的傑出人員共事，才得以完成我在本書提到的多項研究計畫。雖然這些人的名單同樣難以一一列出，但我必須先特別誠心感謝大衛（David Menon）、史蒂芬（Steven Laureys）和梅蘭妮（Melanie Boly）對這個領域的重大貢獻（本書稍早的頁面已有詳述）。

當然，在這條路上還有很多扮演著重要角色的人值得我致上萬分謝意，像是英格麗（Ingrid Johnsrude）、馬特（Matt Davis）、珍妮（Jenni Rodd）、約翰（John Pickard）、布萊恩（Bryan Young）、馬汀（Martin Coleman）、查理斯（Charles Weijer）、羅德里（Rhodri Cusack）和安德烈（Andrea Soddu）。與我一起擬定本書初步綱要的羅傑（Roger Highfield），也應該在此特別感謝，要不是他一開始給我的支持，這段故事大概永遠都不會公諸於世。

我非常慶幸我有潼恩這個精力充沛的得力助手，她對工作的熱誠，讓我很放心把事情交給她處理。如果沒有她，我撰寫這本書的過程（還有生活上的許多地方）就不能如此圓滿。

衷心感謝和我合作出版本書的肯尼斯・威普納（Kenneth Wapner），多虧他從我的稿件中找出了這個故事的亮點，給了我許多建議，才讓這本書擁有如此的廣度和深度。

老肯，能和你共事真是三生有幸，希望很快我們就能再次攜手合作。我也很感激我的經紀人蓋爾（Gail Ross）力勸我撰寫《困在大腦裡的人》，還有我的編輯里克（Rick Horgan），在他的引導之下，整本書呈現的面貌有如脫胎換骨。

最後，我想對告訴各位，我在此書開頭寫給我兒子傑克森的獻詞，背後隱含的寓意並非是我來日無多（我也不擔心自己會死），它代表的只是我對生命的體悟。畢竟，我的工作就是在研究這道臨界生與死的微妙邊界，難免會對人生的無常和脆弱有比較多的感慨。

——安卓恩．歐文（Adrian Owen），二〇一七年二月十二日

參考文獻

For most of the cases described in this book I have had the invaluable cooperation of the patients and their families, for which I am enormously grateful. For others, sometimes for obvious reasons, I have not. In those few cases, I have changed names, dates, and other unimportant details to maintain privacy.

前言 探索人腦的灰色地帶

1. *Perhaps most important, we have discovered that 15 to 20 percent of people in the vegetative state who are assumed to have no more awareness than a head of broccoli are fully conscious, although they never respond to any form of external stimulation.*
   For further details, see M. M. Monti, A. Vanhaudenhuyse, M. R.
   Coleman, M. Boly, J. D. Pickard, J-F. L. Tshibanda, A. M. Owen, and S. Laureys, "Willful Modulation of Brain Activity and Communication in Disorders of Consciousness." *New England Journal of Medicine* 362 (2010): 579–89, and D. Cruse, S. Chennu, C. Chatelle, T. A. Bekinschtein, D. Fernandez-Espejo, D. J. Pickard, S. Laureys, and A. M. Owen, "Bedside Detection of Awareness in the Vegetative State," *Lancet* 378 (9809) (2011): 2088–94.
2. *With the help of an assistant and a writing board, he composed* The Diving Bell and the Butterfly, *a memoir, which took two hundred thousand blinks to complete.*
   I enthusiastically refer readers to this fascinating and moving book, which I have read several times over the years. J. D. Bauby, *The Diving Bell and the Butterfly* (New York: Vintage, 1998).

第一章 我心中揮之不去的痛

1. *Over the next three years, we spent many hours poring over his drawings of the frontal lobes, scribbling little notes about what*

each area of the brain probably did and designing new tests that would show us how different parts of the brain contributed to memory.

Versions of several of the memory tests that we developed around this time are now available online at www.cambridge brain sciences .com.

2. *Much of the early work was confirmatory, but that just added to the excitement. For instance, we'd known for some years that an area on the undersurface of the brain, close to where the temporal lobe and the occipital lobe intersect, is involved in face recognition.*

For some early evidence from patients who have sustained damage to this area resulting in difficulties with face recognition, see J. C. Meadows, "The Anatomical Basis of Prosopagnosia," *Journal of Neurology, Neurosurgery, and Psychiatry* 37 (1974): 489–501.

3. *One of my early successes showed that one area of the frontal lobes was crucial for organizing our memories.*

For further details, see A. M. Owen, A. C. Evans, and M. Petrides, "Evidence for a Two-Stage Model of Spatial Working Memory Processing within the Lateral Frontal Cortex: A Positron Emission Tomography Study," *Cerebral Cortex* 6 (1) (1996): 31–38; and A. M. Owen, "The Functional Organization of Working Memory Processes within Human Lateral Frontal Cortex: The Contribution of Functional Neuroimaging," *European Journal of Neuroscience* 9 (7) (1997): 1329–39.

4. *This process is an example of what we call* working memory, *which is a special kind of memory that we only need to retain for a limited period.*

Several of the working memory tests that we used in our PET activation studies at the time can now be taken online at www.cambridgebrainsciences.com.

5. *We started to scan patients with Parkinson's disease to try to understand why it is that they, in particular, have problems with working memory.*

For further details, see A. M. Owen, J. Doyon, A. Dagher, A. Sadikot, and A. C. Evans, "Abnormal Basal-Ganglia Outflow in Parkinson's Disease Identified with Positron Emission Tomography: Implications for Higher Cortical Functions," *Brain* 121 (pt. 5) (1998): 949–65.

第二章　首次與處於「意識灰色地帶」的病人交流

1. *When our paper describing Kate's extraordinary case came out in the* Lancet, *one of the world's oldest (1823) and best-known medical journals, there was a flurry of media attention.*
   D. K. Menon, A. M. Owen, E. Williams, P. S. Minhas, C. M. C. Allen, S. Boniface, and J. D. Pickard, "Cortical Processing in the Persistent Vegetative State," *Lancet* 352 (9123) (1998): 200.
2. *Why did Kate recover?*
   Kate was my first experience of such a patient, and, I believe, the first suggestion that any of us working in this field had that a positive brain response in the scanner could indicate the potential for recovery. It would be another twelve years until we were able to publish evidence in the British neurological journal *Brain* from a large group of patients like Kate, showing that a positive response in the brain scanner is a good sign, can herald some kind of recovery, and is therefore a valuable prognostic tool. For further details, see M. R. Coleman, M.H.Davis, J.M.Rodd, T.Robson, A.Ali, J.D.Pickard, and A.M. Owen, "Towards the Routine Use of Brain Imaging to Aid the Clinical Diagnosis of Disorders of Consciousness," *Brain* 132 (2009): 2541–52.

第三章　改變我一生的研究單位

1. *Most of us can listen to and correctly repeat "digit spans" of a five- or six-number sequence.*
   If you would like to know how many numbers you can remember, you can test your digit span online at www.cam brige brain sciences.com.
2. *Through a series of clever studies at the Unit, my former student Daniel Bor showed that this memory recoding, where information is repackaged and organized to make later retrieval easier, is carried out by regions of the brain that have been linked to general intelligence, otherwise known as g, which is measured by tests of IQ.*
   For further details, see D. Bor, J. Duncan, and A. M. Owen,
   "The Role of Spatial Configuration in Tests of Working Memory
   Explored with Functional Neuroimaging," *Journal of Scandinavian Psychology* 42 (3) (2001): 217-24; D. Bor, J. Duncan, R. J.

Wiseman, and A. M. Owen, "Encoding Strategies Dissociates Prefrontal Activity from Working Memory Demand," *Neuron* 37 (2) (2003): 361-67; D. Bor, N. Cumming, C. E. M. Scott, and A. M. Owen, "Prefrontal Cortical Involvement in Verbal Encoding Strategies," *European Journal of Neuroscience* 19 (12) (2004): 3365-70; D. Bor and A. M. Owen, "A Common Prefrontal-parietal Network for Mnemonic and Mathematical Recoding Strategies within Working Memory," *Cerebral Cortex* 17 (2007): 778-86.

第四章　正子放射斷層造影對研究的助益

1. *O-15 has a half-life of 122.24 seconds.*
The term *half-life*, when used about a radioisotope such as O-15, refers to the time that it takes for half of the radioactive nuclei in any sample to decay. Thus, after two half-lives (in this case 244.48 seconds), any sample of O-15 will be one fourth its original size, and so on.
2. *When we wrote about Debbie's case in the scientific journal* Neurocase *late that year, we sat firmly on the fence.*
For further details, see A. M. Owen, D. K. Menon, I. S. Johnsrude, D. Bor, S. K. Scott, T. Manly, E. J. Williams, C. Mummery, and J. D. Pickard, "Detecting Residual Cognitive Function in Persistent Vegetative State (PVS)," *Neurocase* 8 (5) (2002): 394–403.
3. *In part, we were responding to the results of a scientific paper that had been published in the* Journal of Cognitive Neuroscience *a year or so after our paper about Kate appeared in the* Lancet.
For further details, see N. D. Schiff, U. Ribary, F. Plum, and R. Llinas, "Words without Mind," *Journal of Cognitive Neuroscience* 11 (1999): 650–56.
4. *Plum was a giant in the field of brain injury.*
Fred Plum coined the terms *persistent vegetative state* and *locked-in syndrome*. His 1966 book, *The Diagnosis of Stupor and Coma*, remains the bible for all of us to this day. For further details, see F. Plum and J. B. Posner, *Diagnosis of Stupor and Coma* (Philadelphia: F. A. Davis, 1966). For the current edition, see J. B. Posner, C. B. Saper, N. D. Schiff, and F. Plum, *Plum and Posner's Diagnosis of Stupor and Coma*, 4th ed. (Oxford, England: Oxford University Press, 2007).
5. *Their brains appeared to be less tightly "connected" than healthy controls, with disorganized or fragmented patterns of overall*

activity.

For further details, see S. Laureys, S. Goldman, C. Phillips, P. Van Bogaert, J. Aerts, A. Luxen, G. Franck, and P. Maquet, "Impaired Effective Cortical Connectivity in Vegetative State: Preliminary Investigation Using PET," *Neuroimage* 9 (1999): 377–82.

6. *And the same year that we published our paper about Debbie, Dr. Joe Giacino and colleagues published a landmark paper describing, for the first time, the minimally conscious state.*

   For further details, see J. T. Giacino, S. Ashwal, N. Childs, R. Cranford, B. Jennett, D. I. Katz, J. P. Kelly, J. H. Rosenberg, J. Whyte, R. D. Zafonte, and N. D. Zasler, "The Minimally Conscious State: Definition and Diagnostic Criteria," *Neurology* 58 (3) (2002): 349–53.

第五章　意識的骨幹

1. *As Daniel Bor argued in his excellent 2012 book,* The Ravenous Brain. D. Bor, *The Ravenous Brain: How the New Science of Consciousness Explains Our Insatiable Search for Meaning* (New York: Basic Books, 2012).
2. *As the great Francis Crick, a physicist and molecular biologist, wrote in his seminal 1994 book,* The Astonishing Hypothesis ...

   F. Crick, *The Astonishing Hypothesis: The Scientific Search for the Soul* (New York: Scribner, 1994).

第六章　心理學語言

1. *My psycholinguist friends had found a way in—a way to distinguish between a brain that was* understanding *speech and one that was merely* experiencing *it.*

   For further details, see M. H. Davis and I. S. Johnsrude, "Hierarchical Processing in Spoken Language Comprehension," *Journal of Neuroscience* 23 (8) (2003): 3423–31.
2. *We had replicated our findings. There could be little doubt that Kevin's brain was processing* meaning.

For further details, see A. M. Owen, M. R. Coleman, D. K. Menon, I. S. Johnsrude, J. M. Rodd, M. H. Davis, K. Taylor, and J. D. Pickard, "Residual Auditory Function in Persistent Vegetative State: A Combined PET and fMRI Study," *Neuropsychological Rehabilitation* 15 (3–4) (2005): 290–306.

3. *It's possible with fMRI to see how a single sentence such as "The boy was frightened by the loud bark" is decoded into its correct meaning by our brains in milliseconds.*
For further details, see J. M. Rodd, M. H. Davis, and I. S. Johnsrude, "The Neural Mechanisms of Speech Comprehension: fMRI Studies of Semantic Ambiguity," *Cerebral Cortex* 15 (2005): 1261–69.

4. *No experiment like this had ever before been conducted.*
For further details, see A. M. Owen, M. R. Coleman, D. K. Menon, I. S. Johnsrude, J. M. Rodd, M. H. Davis, K. Taylor, and J. D. Pickard, "Residual Auditory Function in Persistent Vegetative State: A Combined PET and fMRI Study," *Neuropsychological Rehabilitation* 15 (3–4) (2005): 290–306.

第七章　意念的世界

1. *To paraphrase the famous twentieth-century Canadian neuropsychologist Donald Hebb, "Neurons that fire together, wire together."*
This phrase, or at least a version of it ("neurons wire together if they fire together"), was first used in Siegrid Lowel and Wolf Singer's "Selection of Intrinsic Horizontal Connections in the Visual Cortex by Correlated Neuronal Activity," *Science* 255 (1992): 209–12. However, they were paraphrasing Donald Hebb, a Canadian neuropsychologist known for his work in the field of associative learning. In 1949, Hebb wrote, "When an axon of cell A is near enough to excite a cell B and repeatedly or persistently takes part in firing it, some growth process or metabolic change takes place in one or both cells such that A's efficiency, as one of the cells firing B, is increased." This concept has become known as Hebbian theory, Hebb's rule, Hebb's postulate, or cell assembly theory. For further details, see D. O. Hebb, *The Organization of Behavior* (New York: Wiley & Sons, 1949).

2. *Back in my Maudsley days with Maureen, I showed that patients who had sustained massive damage to the frontal part of their brain were still able to recognize a picture they had seen before, even if they'd only glimpsed it briefly.*

For further details, see A. M. Owen, B. J. Sahakian, J. Semple, C. E. Polkey, and T. W. Robbins, "Visuo-spatial Short Term Recognition Memory and Learning after Temporal Lobe Excisions, Frontal Lobe Excisions or Amygdalo-hippocampectomy in Man," *Neuropsychologia* 33 (1) (1995): 1–24.

3. *If you are inundated with names of aunts and distant cousins, then you may have to bring in the heavy artillery—one particular area within the middle and top half of the frontal lobes known as the dorsolateral frontal cortex.*
Over the years, my team and I have developed specific cognitive tests for assessing how well your dorsolateral frontal cortex might be functioning. Some of these tests are available online at www.cambridgebrainsciences.com. To test your dorsolateral frontal cortex, try the test called "Token Search."

4. *It should come as no surprise then that this region of the brain has also been associated with aspects of general intelligence (g) and performance on IQ tests.*
For further details, see J. Duncan, R. J. Seitz, J. Kolodny, D. Bor, H. Herzog, A. Ahmed, F. N. Newell, and H. Emslie, "A Neural Basis for General Intelligence," *Science* 289 (2000): 457–60; and A. Hampshire, R. Highfield, B. Parkin, and A. M. Owen, "Fractioning Human Intelligence," *Neuron* 76 (6) (2012): 1225–37.

5. *This was interesting in and of itself and made a modest impact on the scientific literature on frontal-lobe function when Anja and I published it in the journal* NeuroImage *two years later.*
For further details, see A. Dove, M. Brett, R. Cusack, and A. M. Owen, "Dissociable Contributions of the Mid-ventrolateral Frontal Cortex and the Medial Temporal-Lobe System to Human Memory," *NeuroImage* 31 (4) (2006): 1790–1801.

第八章　哈囉，要打網球嗎？

1. *Your hippocampus, a sea-horse-shaped structure deep in your brain, has specialized neurons known as place cells, which were first discovered in rats in 1971 by neuroscientist John O'Keefe and his colleagues.*
For further details, see J. O'Keefe and J. Dostrovsky, "The Hippocampus as a Spatial Map. Preliminary Evidence from Unit Activity in the Freely-Moving Rat," *Brain Research* 34 (1) (1971): 171–75.

2. *Close to the hippocampus, in an area of cortex called the parahippocampal gyrus, is a piece of brain tissue that becomes highly active when humans view pictures of places, such as landscapes, city views, or rooms.*

The functions of this region of the brain weren't described in any detail until 1998 by my colleagues Russell Epstein and Nancy Kanwisher, who'd conducted experiments using fMRI in humans. An fMRI study two years earlier, by Geoffrey Aguirre and his colleagues at the University of Pennsylvania, had already pointed the finger at this part of the brain and its potential role in our "mental map" of our environment. Those investigators asked their volunteers to mentally navigate from A to B through a maze that they had previously learned using a virtual-reality system inside the scanner. The researchers found that simply imagining moving through this now-familiar environment activated the parahippocampal gyrus, as scenes and views came to mind. For further details, see G. K. Aguirre, J. A. Detre, D. C. Alsop, and M. D'Esposito, "The Parahippocampus Subserves Topographical Learning in Man," *Cerebral Cortex* 6 (6) (1996): 823–29; and R. Epstein, A. Harris, D. Stanley, and N. Kanwisher, "The Parahippocampal Place Area: Recognition, Navigation, or Encoding?," *Neuron* 23 (1999): 115–25.

3. *Every participant activated an area on the top of the brain known as the premotor cortex.* Every single subject. *All exactly the same.*
For further details, see M. Boly, M. R. Coleman, M. H. Davis, A. Hampshire, D. Bor, G. Moonen, P. A. Maquet, J. D. Pickard, S. Laureys, and A. M. Owen, "When Thoughts Become Actions: An fMRI Paradigm to Study Volitional Brain Activity in Non-Communicative Brain Injured Patients," *Neuroimage* 36 (3) (2007): 979-92.

4. *A single-page article describing our results appeared in* Science *in September 2006.*
For further details, see A. M. Owen, M. R. Coleman, M. H. Davis, M. Boly, S. Laureys, and J. D. Pickard, "Detecting Awareness in the Vegetative State," *Science* 313 (2006): 1402.

5. *In 2000, a case report in the* South African Medical Journal *described a young man who "awakened" within thirty minutes of receiving zolpidem after three years in a vegetative state.*
For further details, see R. P. Clauss, W. M. Guldenpfennig, H. W. Nel, M. M. Sathekge, and R. R. Venkannagari, "Extraordinary Arousal from Semi-Comatose State on Zolpidem," *South African Medical Journal* 90 (1) (2000): 68–72.

6. *A comprehensive recent study by my friend and colleague Steven Laureys in Liege, Belgium, failed to show an improvement in even one of sixty patients with disorders of consciousness who were tested on the drug.*
For further details, see M. Thonnard, O. Gosseries, A. Demertzi, Z. Lugo, A. Vanhaudenhuyse, M. Bruno, C. Chatelle, A. Thibaut, V. Charland-Verville, D. Habbal, C. Schnakers, and S. Laureys, "Effect of Zolpidem in Chronic Disorders of

Consciousness: A Prospective Open-Label Study," *Functional Neurology* 28 (4) (2013): 259–64.

第九章　是與否

1. *Our findings suggested that as many as seven thousand might actually be aware of everything going on around them.*
   It is estimated that in the United States aound 5.3 million people are living with a disability related to a traumatic brain injury; in Europe, that figure is close to 7.7 million. According to the World Health Organization, many of the 15 million people who suffer stroke worldwide each year experience long-term cognitive and physical disabilities. Improvements in roadside medicine and intensive care have led to more people surviving serious brain damage and ending up alive but with no evidence of preserved awareness. Such patients can be found in virtually every city and town with a skilled-nursing facility.
2. *Six years on we would know the answer to this question, but at the time it was puzzling.*
   For further details, see A. M. Owen and L. Naci, "Decoding Thoughts in Behaviourally Non-Responsive Patients," in W. Sinnott-Armstrong (ed.), *Finding Consciousness* (Oxford University Press, 2016).
3. *As Rabbi Jack Abramowitz wrote in an interesting blog on the subject in 2014 ...*
   For further details, see http://jewinthecity.com/2014/09/canyou-ever-pull-the-plug-life-support-jewish-law/.
4. *In fact, my colleague Brian Levine at the Rotman Research Institute in Toronto has described a whole new condition known as severely deficient autobiographical memory syndrome.*
   For further details, see D. J. Palombo, C. Alain, H. Sodurland, W. Khuu, and B. Levine, "Severely Deficient Autobiographical Memory (SDAM) in Healthy Adults: A New Mnemonic Syndrome," *Neuropsychologia* 72 (2015): 105–18.
5. *When our paper describing John's case was published, once again my lab was deluged with frenzied media attention.*
   For further details, see M. M. Monti, A. Vanhaudenhuyse, M. R. Coleman, M. Boly, J. D. Pickard, J-F. L. Tshibanda, A. M. Owen, and S. Laureys, "Willful Modulation of Brain Activity and Communication in Disorders of Consciousness," *New England Journal of Medicine* 362 (2010): 579–89.

第十章　你痛苦嗎？

1. *A BBC film crew had asked if they could record the scanning session with Scott, which added, for me at least, an extra level of anxiety to it. The BBC had been following our work for their series* Panorama, *which was first broadcast in 1953 and is the world's longest-running current-affairs documentary program.*
   The final award-winning documentary can be viewed online at www.intothegrayzone.com/mindreader.
2. *I heard one story about a patient who loved the Canadian artist Celine Dion.*
   Like many of the most interesting stories I have been told over the last few years, this tale was recounted to me by my brilliantly insightful graduate student Loretta Norton.
3. *Scott told us otherwise. He answered all of those questions and more. When we asked him what year it was, he told us correctly that it was 2012, not 1999, the year of his accident.*
   For further details, see D. Fernandez Espejo and A. M. Owen, "Detecting Awareness after Severe Brain Injury," *Nature Reviews Neuroscience* 14 (11) (2013): 801–9.
4. *The most famous case of anterograde amnesia is Henry Molaison, or H.M., as he is more widely known.*
   For further details, see W. B. Scoville and B. Milner, *Journal of Neurology, Neurosurgery and Psychiatry* 20 (1957): 11–21.

第十一章　挽留或放手？

1. *"The healthy subject is taken with sudden pain; he immediately loses his speech and rattles his throat. His mouth gapes and if one calls him or stirs him he only groans but understands nothing."*
   This quote is taken from the Hippocratic writings, translated by E. Clarke, "Apoplexy in the Hippocratic Writings," *Bulletin of the History of Medicine* 37 (1963): 307.
2. *The term* pie vegetative *was used in 1963 and* vegetative survival *in 1971, predating the introduction of* persistent vegetative state *in a landmark paper published by Bryan Jennett and Fred Plum in the* Lancet *on April Fools' Day in 1972.*
   Pie vegetative was used in a paper by M. Arnaud, R. Vigouroux, and M. Vigouroux, "Etats Frontieres entre la vie et la mort

en neuro-traumatologie," *Neurochirurgia* (Stuttgart) 6 (1963): 1–21. *Vegetative survival* was used by M. Valpalahti and H. Troupp, "Prognosis for Patients with Severe Brain Injuries," *British Medical Journal* 3 (5771) (1971): 404–7. The classic paper by Bryan Jennett and Fred Plum was published as B. Jennett and F. Plum, "Persistent Vegetative State after Brain Damage: A Syndrome in Search of a Name," *Lancet* 299 (7753) (1972): 734–37.

3. *At the Royal Society in London, I recently co-organized a meeting on consciousness and the brain with my friend and colleague Mel Goodale.*

The meeting was one of the first of the CIFAR Azrieli Program in Brain, Mind & Consciousness, which I codirect with my friend and colleague Mel Goodale. The meeting's title was "Biomarkers of Consciousness," and it was held at the Royal Society of London. Founded in 1660, the Royal Society has existed for centuries to "promote science and its benefits, recognise excellence in science, support outstanding science, and provide scientific advice for policy, foster international and global cooperation, education and public engagement." It's an institution in the grandest sense. To be elected a member of the Royal Society is among the highest accolades bestowed upon academics worldwide.

4. *Think about boiling mussels. Relatively few people are troubled by throwing a bag of them into boiling water.*

I must thank my good friend and colleague of many years John Duncan of the MRC Cognition and Brain Sciences Unit, Cambridge, for initiating this lively debate. John was one of our guests at that meeting at the Royal Society, and I am fairly sure that he started the conversation with exactly this sentence.

5. *Steven Laureys and his colleagues have conducted a study that suggests that what we all think we want to happen to us ("Please don't let me live in a gray-zone state") is not what we actually want when disaster strikes.*

In locked-in syndrome an individual is fully conscious, but unable to move or speak due to quadriplegia and anarthria. It is not generally considered to be a "disorder of consciousness," but is frequently confused as such. Where signs of awareness are missed (such as eye movements or eye blinking), locked-in patients can be mistaken for vegetative or minimally conscious. For further details, see M. A. Bruno, J. Bernheim, D. Ledoux, F. Pellas, A. Demertzi, and S. Laureys, "A Survey on Self-Assessed Well-Being in a Cohort of Chronic Locked-In Syndrome Patients: Happy Majority, Miserable Minority," *British Medical Journal Open*, 2011, 1:e000039, doi:10.1136/ bmjopen-2010-000039.

第十二章　亞佛烈德・希區考克登場

1. *What Martin showed with his elegant experiment is that if you ask healthy participants in the fMRI scanner to focus first on the face and then on the house, activity in their brains would switch from the fusiform gyrus to the parahippocampal gyrus, exactly at the point that they made the attentional switch.*

   For further details, see M. M. Monti, J. D. Pickard, and A. M. Owen, "Visual Cognition in Disorders of Consciousness: From V1 to Top-Down Attention," *Human Brain Mapping* 34 (6) (2012): 1245–53.

2. *The idea came from a study that had been conducted almost ten years earlier by colleagues in Israel that had nothing to do with brain injury or disorders of consciousness.*

   For further details, see U. Hasson, Y. Nir, I. Levy, G. Fuhrmann, and R. Malach, "Intersubject Synchronization of Cortical Activity during Natural Vision," *Science* 303 (2004): 1634–40.

3. *In 1985, my Cambridge colleague Simon Baron-Cohen and his colleagues were the first to suggest that children with autism lack theory of mind.*

   For further details, see S. Baron-Cohen, A. M. Leslie, and U. Frith, "Does the Autistic Child Have a 'Theory of Mind'?," *Cognition* 21 (1) (1985): 37–46.

4. *When we published Jeff's story and our new approach to measuring consciousness in the prestigious journal the* Proceedings of the National Academy of Sciences *in 2014 ...*

   For further details, see L. Naci, R. Cusack, M. Anello, and A. M. Owen, "A Common Neural Code for Similar Conscious Experiences in Different Individuals," *Proceedings of the National Academy of Sciences* 111 (39) (2014): 14277–82.

第十三章　鬼門關前走一遭

1. *Back in my PhD days we'd shown that when you give Parkinson's patients a simple problem-solving task, they take far longer than healthy elderly people to find the solution, although they do get there in the end.*

   For further details, see A. M. Owen, M. James, P. N. Leigh, B. A. Summers, C. D. Marsden, N. P. Quinn, K. W. Lange, and T. W. Robbins, "Fronto-striatal Cognitive Deficits at Different Stages of Parkinson's Disease," *Brain* 115 (pt. 6) (1992): 1727–51.

第十四章　帶我回家

1. *At the same time, our explorations into the gray zone were helping us to unravel the building blocks of consciousness—how brain processes like memory, attention, and reasoning relate to unitary concepts like "intelligence" and how they emerge from that three-pound lump of gray and white matter inside our heads.*
   In 2012, we published a scientific paper debunking the concept of "g" or general intelligence ("IQ") and described a new way for understanding differences in brain function in terms of memory, reasoning, and verbal abilities. We recruited more than 44,000 members of the general public and analyzed their performance on a wide variety of cognitive tests. If you would like to try this for yourself, the tests are available online at www.cambridgebrainsciences.com. For further details, see A. Hampshire, R. Highfield, B. Parkin, and A. M. Owen, "Fractioning Human Intelligence," *Neuron* 76 (6) (2012): 1225–37.
2. *What was being played through the headphones was a cornucopia of words and phrases dreamed up by Damian, carefully designed to unearth what might be going on in Leonard's brain.*
   For further details, see S. Beukema, L. E. Gonzalez-Lara, P. Finoia, E. Kamau, J. Allanson, S. Chennu, R. M. Gibson, J. D. Pickard, A. M. Owen, and D. Cruse, "A Hierarchy of Event-Related Potential Markers of Auditory Processing in Disorders of Consciousness," *NeuroImage Clinical* 12 (2016): 359–71.

第十五章　讀心術

1. *Axel and Tim, together with their colleague Patrick Wilken, have produced the excellent* Oxford Companion to Consciousness.
   For more details, see T. Bayne, A. Cleeremans, and P. Wilken, *The Oxford Companion to Consciousness* (New York: Oxford University Press, 2009).
2. *One system presents people with a screen display of letters from* A *to* Z *and asks them to focus their attention on specific letters.*
   For further details, see L. A. Farwell and E. Donchin, "Talking off the Top of Your Head: Toward a Mental Prosthesis

Utilizing Event-Related Brain Potentials," *Electroencephalography and Clinical Neurophysiology* 70 (1988): 510–23.

3. *One way around this is to place the electrodes directly on the brain's surface—a complex neurosurgical procedure for sure, but one that can produce miraculous results.*

For more details, see L. R. Hochberg, D. Bacher, B. Jarosiewicz, N. Y. Masse, J. D. Simeral, J. Vogel, S. Haddadin, J. Liu, S. S. Cash, P. van der Smagt, and J. P. Donoghue, "Reach and Grasp by People with Tetraplegia Using a Neurally Controlled Robotic Arm," *Nature* 485 (2012): 372–75.

4. *A recent episode of the TNT show* Perception *used our research to build a plotline involving almost exactly this scenario.*

Perception, Season 1, Episode 4, "Cipher," directed by Deran Serafian, written by Jerry Shandy (TNT, 2012). The relevant scene can be viewed at www.intothegrayzone.com/perception.

5. *The recent documentary* Alive Inside, *which won the Audience Award at the 2014 Sundance Film Festival, chronicles the astonishing experiences of several people with Alzheimer's disease whose lives were turned around when they were played music that they had known and loved.*

Alive Inside: A Story of Music and Memory, written and directed by Michael Rossato-Bennett, produced by Projector Media and the Shelley & Donald Rubin Foundation (2014).

6. *Collective consciousness has features in common with what some have termed universal or cosmic consciousness. Universal consciousness is said to be "an infinite, eternal ocean of intelligent energy ..."*

I found this relatively recent description of "universal consciousness" at www .love or above .com /blog /universal -consciousness. The term "cosmic consciousness" was coined in 1901 by the Canadian psychiatrist Richard Maurice Bucke in his book *Cosmic Consciousness: A Study in the Evolution of the Human Mind* (Philadelphia: Innes & Sons, 1901).

愛悅讀
VOLUNTARYREADING
09　愛悅讀系列 09

困在大腦裡的人：
揭開腦死、昏迷、植物人的意識世界，一位腦神經科學家探索生與死的邊界
INTO THE GRAY ZONE: A Neuroscientist Explores the Border Between Life and Death

作　　者　安卓恩．歐文（Adrian Owen）
譯　　者　王念慈
總 編 輯　何玉美
選 書 人　周書宇
編　　輯　盧羿珊
封面設計　張天薪
版型設計　葉若蒂
內文排版　菩薩蠻數位文化有限公司

出版發行　采實文化事業股份有限公司
行銷企劃　陳佩宜．馮羿勳．黃于庭
業務發行　林詩富．張世明．吳淑華．林坤蓉．林踏欣
印　　務　曾玉霞
會計行政　王雅蕙．李韶婉
法律顧問　第一國際法律事務所　余淑杏律師
電子信箱　acme@acmebook.com.tw
采實官網　www.acmebook.com.tw
采實ＦＢ　http://www.facebook.com/acmebook

ＩＳＢＮ　978-957-8950-29-0
定　　價　450 元
初版一刷　2018 年 5 月
劃撥帳號　50148859
劃撥戶名　采實文化事業股份有限公司
104 台北市中山區建國北路二段 92 號 9 樓
電話：02-2518-5198
傳真：02-2518-2098

國家圖書館出版品預行編目資料

困在大腦裡的人：揭開腦死、昏迷、植物人的意識世界，一位腦神經科學家探索生與死的邊界 / 安卓恩.歐文(Adrian Owen)著；王念慈譯. -- 初版. -- 臺北市：采實文化, 2018.05
面；　公分. --（愛悅讀系列；9）
譯自：Into the gray zone : a neuroscientist explores the border between life and death
ISBN 978-957-8950-29-0（平裝）

1. 腦部 2. 腦部疾病 3. 神經學

394.911　　　　107004878

采實出版集團
ACME PUBLISHING GROUP

廣	告	回	信
台北郵局登記證			
台北廣字第03720號			
免	貼	郵	票

采實文化 ACME PUBLISHING 采實文化事業股份有限公司

10479台北市中山區建國北路二段92號9樓

采實文化讀者服務部　收

讀者服務專線：（02）2518-5198

困在大腦裡的人

INTO THE GRAY ZONE

A Neuroscientist Explores the Border Between Life and Death

安卓恩·歐文 Adrian Owen／著　王念慈／譯

愛悅讀
VOLUNTARYREADING 09 系列專用回函

系列：愛閱讀系列09
書名：困在大腦裡的人：揭開腦死、昏迷、植物人的意識世界，一位腦神經科學家探索生與死的邊界

讀者資料（本資料只供出版社內部建檔及寄送必要書訊使用）：

1. 姓名：
2. 性別：□男　□女
3. 出生年月日：民國　　年　　月　　日（年齡：　　歲）
4. 教育程度：□大學以上　□大學　□專科　□高中（職）　□國中　□國小以下（含國小）
5. 聯絡地址：
6. 聯絡電話：
7. 電子郵件信箱：
8. 是否願意收到出版物相關資料：□願意　□不願意

購書資訊：

1. 您在哪裡購買本書？□金石堂（含金石堂網路書店）　□誠品　□何嘉仁　□博客來　□墊腳石　□其他：＿＿＿＿＿＿＿＿（請寫書店名稱）
2. 購買本書日期是？＿＿＿年＿＿＿月＿＿＿日
3. 您從哪裡得到這本書的相關訊息？□報紙廣告　□雜誌　□電視　□廣播　□親朋好友告知　□逛書店看到　□別人送的　□網路上看到
4. 什麼原因讓你購買本書？□對主題感興趣　□被書名吸引才買的　□封面吸引人　□內容好，想買回去做做看　□其他：＿＿＿＿＿＿＿＿（請寫原因）
5. 看過書以後，您覺得本書的內容：□很好　□普通　□差強人意　□應再加強　□不夠充實
6. 對這本書的整體包裝設計，您覺得：□都很好　□封面吸引人，但內頁編排有待加強　□封面不夠吸引人，內頁編排很棒　□封面和內頁編排都有待加強　□封面和內頁編排都很差

寫下您對本書及出版社的建議：

1. 您最喜歡本書的特點：□實用簡單　□包裝設計　□內容充實
2. 您最喜歡本書中的哪一個章節？原因是？

3. 您最想知道哪些關於醫療科技和社會議題的觀念？

4. 未來，您還希望我們出版哪一方面的書籍？